AF614377

L'ACIDE FORMIQUE

OU

MÉTHANOÏQUE

L'ACIDE FORMIQUE

OU

MÉTHANOÏQUE

PAR

André DUBOSC

INGÉNIEUR CHIMISTE

ANCIEN INGÉNIEUR A LA SOCIÉTÉ MALETRA

INGÉNIEUR A LA SOCIÉTÉ « LE CAMPHRE »

PARIS

H. DUNOD ET E. PINAT, ÉDITEURS

47 et 49, Quai des Grands-Augustins

1912

L'ACIDE FORMIQUE

OU

MÉTHANOÏQUE

C'est le plus simple des acides organiques et le premier des acides gras.

Il est le générateur de ce groupe, car, par substitution d'un radical à son hydrogène basique, on peut en dériver tous les composés acides acycliques.

En notation atomique, sa formule brute s'écrit CO^2H^2. Acide aliphatique, sa formule peut se développer, selon ces deux schémas :

$$\underset{\underset{\textstyle O}{\|}}{H\text{-}C\text{-}OH} \qquad \text{ou} \qquad \underset{\underset{\textstyle OH}{|}}{H\text{-}C{=}O.}$$

En notation équivalentaire, sa formule était $C^2H^2O^4$.

Son poids atomique est égal à 46.

Sa composition centésimale est la suivante :

Carbone	26,09 0/0
Hydrogene	4,34 0/0
Oxygène................................	69,57 0/0

Au point de vue physique, l'acide formique se présente sous la forme d'un liquide incolore, fumant à l'air et jouissant d'une odeur spéciale très piquante.

Le nom vulgaire, acide formique, dont on désigne couramment ce corps, tire son origine des fourmis rouges, qui, pendant longtemps, en fournirent la matière première.

Il possède une autre qualification plus scientifique.

Comme il dérive du premier des hydrocarbures, le méthane CH^4, par substitution d'une molécule de O^2 à deux atomes de H, la nomenclature de Genève lui a assigné le nom de *Méthanoïque*.

L'acide formique est susceptible de donner naissance aux produits suivants :

1° Des sels neutres de la forme $H\text{-}CO^2H$;

2° Des sels acides de la forme $H\text{-}CO^2H, CO^2H^2$;

3° Des sels basiques, surtout avec le plomb et le calcium.

Ces divers sels portent le nom de formiates ;

4° Des éthers, tel l'éther éthylformique $H\text{-}CO^2\text{-}C^2H^5$;

5° Des amides, dérivés, soit de NH^3, comme la formiamide, soit des ammoniaques composés ;

6° Un nitrile, l'acide cyanhydrique, obtenu, selon l'équation :

$$HCO^2NH^4 = 2H^2O + CNH ;$$

7° Un anhydride formique $H\text{-}CO^2\text{-}COH$, qui n'a pas encore été isolé ;

8° Un chlorure d'acide formique COClH, encore inconnu.

Notons cependant que l'on prépare le trichlorure formique $CHCl^3$, qui n'est autre que le chloroforme, et le chlorure formique chloré, CCl^2O, qui n'est autre que l'oxychlorure formique de carbone, Cl-CO-Cl.

L'ÉTAT NATUREL

Résidu de la vie animale, produit de transformation de la vie végétale, excretum de l'activité interne du sous-sol, existant dans les trois règnes, l'acide formique est l'un des rares acides gras qui existe, libre, dans la nature.

Nous allons, successivement, étudier sa présence dans chacune des grandes classifications de la vie générale.

RÈGNE ANIMAL

Les premiers êtres où l'on rencontre l'acide formique et desquels, d'ailleurs, on a pu l'isoler, sont les fourmis, les abeilles et les chenilles processionnaires. C'est, en observant ces insectes et leurs mœurs, que les naturalistes, bien avant les chimistes, ont pu connaître son existence.

Il est normal, d'ailleurs, que les produits élaborés, par ces divers animaux, contiennent de l'acide formique qui semble, chez eux, être un produit de sécrétion.

Campbell a trouvé CO^2H^2, dans les venin des abeilles, et, aussi, dans leur miel.

A ce sujet, le Dr Mullenhoff a fait, en ces dernières années, de fort curieuses observations que le *Moniteur Quesneville* a reproduites. Ce savant allemand a remarqué que l'abeille, avant de clore, avec de la cire, la cellule de la ruche où elle avait déposé son miel, prenait la précaution d'y injecter avec son aiguillon quelques gouttes de l'acide formique, qu'elle sécrète. Le miel extrait de ces cellules fermées est, on peut le dire, aseptisé, par la sage précaution de l'animal ; il se conserve, beaucoup mieux, que celui que l'on recueille dans les cellules ouvertes.

Au point de vue de l'étude de l'acide formique et de ses applications, il convient de tirer, du travail du Dr Mullenhoff, deux conclusions d'ordre différent.

1e Scientifiquement, il semble prouver que l'abeille sécrète CO^2H^2 et est apte à le projeter à l'aide de son aiguillon : ainsi s'explique, d'ailleurs, la douleur causée par sa piqûre, car, cette dernière détermine, dans les tissus, un apport de CO^2H^2, dont nous verrons plus loin l'action destructive, sur l'épiderme.

2e Pratiquement, il apparaît que l'acide formique jouit de propriétés antiseptiques intéressantes.

A propos des chenilles processionnaires, qu'a patiemment étudiées Floriepp Will, à propos des fourmis rouges, on peut faire des constatations de même ordre.

Ces bestioles sont susceptibles d'éjecter de l'acide formique.

D'où provient-il? L'ont-elles recuilli tout formé dans la nature? Ou bien, est-ce un produit élaboré par elles, un résidu de leur vie propre?

Les opinions sont fort divergentes à ce sujet et, même, en se basant sur les multiples observations faites, il semble, actuellement, fort difficile de se faire une opinion bien assise sur la question.

Ou bien, ainsi que semble le démontrer l'étude du Dr Mullenhoff, les insectes fabriquent CO^2H^2, de toutes pièces, par oxydation des hydrates de carbone absorbés pour leur nourriture?

Ou bien, ces animaux le trouvent tout fourmé dans les résidus de la vie végétale et l'absorbent, en cet état, avec d'autres matières servant à leur existence : telle est la classique explication donnée par Floriepp Will de l'existence de CO^2H^2, chez les fourmis rouges; elles l'emprunteraient simplement aux aiguilles de sapin.

En ces temps derniers, une interprétation nouvelle de la genèse de CO^2H^2, dans le corps des animaux, a été donnée. Geddes a isolé que certains animalcules, comme les Annelidés, les Planaires, les Hydres, possèdent des pigments analogues à la Chlorophylle des plantes et susceptibles, comme elle, de s'assimiler, en les décomposant, CO^2 et H^2O de l'atmosphère. Au cours de ses recherches, Geddes a, entre autres choses, isolé, chez les Planaires, une chlorophylle verte dont le rôle est analogue, vis-à-vis de CO^2 et de H^2O, sous l'influence de la lumière, à celui de la chlorophylle des plantes et qui ne diffère, de cette dernière, qu'en analyse spectrale. Sorby a extrait des *Bonneliæ virides*, un corps particulier, la *bonnèlline*, qui, rougissant au contact des acides, reprend sa coloration initiale, sous l'influence des bases et réagit, sur CO^2 et H^2O, à la façon de la Chlorophylle.

Le *Phyllodora viridis* fournit, lui aussi, un pigment qui, bien que différent de la chromule, n'en décompose pas moins CO^2 et H^2O, en donnant, comme produit subséquent, CO^2H^2.

Selon Griffiths (S. C., t. XXXIII, p. 864), l'*Eschinus esculatus* possède, lui aussi, un pigment particulier, de coloration violette, soluble dans l'alcool, l'éther et la benzine, donnant au spectroscope des bandes caractéristiques, décomposant, sous l'influence de la lumière, CO et H^2O et susceptible de donner, avec les acides minéraux, de l'acide formique et de la leucine.

Dans les *Phyllies orthoptères*, insectes de la famille des Phasmides, qui vivent à Bornéo, au Laos, aux Seychelles, à Java, à Sumatra, dans l'Inde et en Nouvelle-Calédonie, Becquerel et Brogniart (*C. R.*, 1894) ont constaté la présence d'une Chlorophylle. Ces insectes, dont la femelle ne vole pas et dont le mâle vole peu, ressemblent, énormément, à une feuille. Histologiquement, on rencontre, chez ces animaux, sous les lames de la membrane chitineuse, de grosses cellules à grains ovoïdes amorphes.

Celles-ci, au spectroscope, présentent le spectre de la Chlorophylle ; soit qu'on les examine sur l'animal lui-même ; soit qu'on utilise, pour cet essai, des Phyllies broyés dans l'alcool absolu.

Sapprey a, plus particulièrement, étudié le *Phyllium pulchrifolium*, individu de cette famille, dont les ailes rappellent absolument les feuilles. Il y a reconnu la présence de la chlorophylle ou, tout au moins, d'une matière identique, en ses actions, sur CO^2 et H^2O.

Il n'y a, d'ailleurs, point à s'étonner de ces diverses observations qui montrent que, tout comme la feuille, certains individus du règne animal possèdent les éléments nécessaires à la préparation catalytique de CO^2H^2. Darwin, d'ailleurs, n'a-t-il pas reconnu, depuis longtemps, que l'on peut isoler, dans une certaine catégorie d'animaux, quelques-uns des caractères des végétaux.

A côté de ces faits, qui tendent à expliquer la formation de CO^2H^2 chez l'animal, par des corps et sous des influences analogues à ceux qui existent dans le règne végétal, il est bon de citer, à propos des fourmis rouges, une curieuse expérience de Déherain. Elle signale la préférence que ces insectes donnent, à certaines radiations solaires, aux rayons rouges, en particulier. Or on sait leur rôle dans la formation de CO^2H^2, à partir de CO^2 et de H^2O, en présence de la Chlorophylle.

« Des fourmis, dit Deherain, construisirent une fourmilière sous un verre rouge. Pour savoir si le choix de cet emplacement était fortuit, je déplaçai le verre : après quelques jours, les fourmis avaient quitté leur ancienne demeure pour venir s'établir, à nouveau, sous le verre rouge. »

Quel fut le motif de cette préférence?

Faut-il voir, là, une relation de cause à effet?

Les fourmis sécrètent CO^2H^2. La lumière rouge, agissant sur un pigment comme la chlorophylle, en permet aussi la formation, à partir de CO^2 et H^2O : les fourmis contiennent-elles un pigment impressionnable et est-ce, pour le faire travailler, qu'elles recherchent les rayons rouges? Autant de questions restées sans réponse, car, à propos des fourmis, jamais il n'a été fait d'études semblables, à celles de Geddes, au sujet des Planaires.

De cette masse d'observations, peut-on actuellement conclure à un mode de formation de CO^2H^2, chez les abeilles, les chenilles et les fourmis? Cela semble bien difficile et il paraît prudent de s'abstenir.

L'acide formique existe, aussi, à l'état libre, chez l'homme : Scheurer a rencontré dans le foie; Schotten le trouve dans la sueur, qui lui doit son caractère acide; Muller l'extrait de la muscine (*S.C.*, t. XXVIII, p. 717) qui, dans les bronches, en contient 30,9 0/0, dans la salive 20 0/0, dans le liquide des kystes 30 0/0, dans l'ovomuscine 34,8 0/0. Il existe, également, dans le sang, dans les urines, dans les divers liquides musculaires et, dans les matières excrémentielles.

Le dernier cas n'est pas particulier à l'homme, puisque Lucius en a reconnu la présence (*Ann. d. Ph.*, t. LXIX, p. 199) dans le guano d'oiseaux. Dans l'organisme, CO^2H^2, selon Fleig, se transforme lorsqu'il se trouve en un milieu aérolisé : il est attaqué, dans le tube digestif, par les microbes et, à l'état de formiate, il est oxydé par le sang.

Ubreicht et Reich l'ont isolé dans le suint, où, enfin, d'après Buisine (*S. C.*, t. XLVIII, p. 641), il y existerait sous la forme d'éther.

RÈGNE VÉGÉTAL

L'acide formique se trouve, en quantité notable, soit libre, soit sous forme de sels ou d'éthers, dans un grand nombre de végétaux.

Sa recherche a déterminé de nombreux travaux que nous résumerons, sommairement, et desquels, il résulte qu'il est un des éléments essentiels de la vie botanique.

Sa formation dans la feuille, par la transformation de l'acide carbonique et de la vapeur d'eau, au moyen de la Chlorophylle, sous l'influence de la lumière solaire, constitue l'un des phénomènes les plus passionnants de la chimie végétale : là se trouve, en effet, l'un des points de transition où, la matière inanimée se modifie pour prendre vie, et nulle chose n'est plus intéressante que l'étude d'une semblable évolution.

Aschoff et Pauls ont isolé l'acide formique, dans les aiguilles du pin et du sapin, et, au cours de leurs recherches sur les différentes gemmes, Tirsch et ses élèves l'ont trouvé dans la plupart des résines. Décelable par l'azotate d'argent et le bichlorure de mercure, il a été rencontré par Tirsch et Koch dans la gemme de Transylvanie provenant du *Picea vulgaris ;* par Tirsch et Schmidt dans le pin d'Autriche ; par Tirsch et Horischner dans la résine d'Amérique, provenant du *Pinus palustris ;* par Tirsch et Weigel dans la gemme du mélèze, dans la résine du sapin blanc ou *Abies pectina ;* par Tirsch et Brunnig, dans le baume de Canada, provenant de l'*Abies Canadensis ;* dans la térébenthine du Jura ; dans la térébenthine de Bordeaux provenant du *Pinus pinaster* et du *Pinus maritima Poiret.* Cross et Bevan (*S. C.*, t. XXI, p. 654) ont cru le trouver, à l'état de traces, dans la feuille d'orge.

Hess, Solden, Schimmel, Tiemmann et tous les chimistes qui, dans ces derniers temps, se sont occupés de la chimie des parfums, ont trouvé l'acide formique, sous la forme d'éthers dérivés d'alcools terpéniques, dans la plupart des plantes odoriférantes, où il constitue, presque toujours, une fraction importante de l'huile essentielle : c'est également, sous cette forme, qu'il se présente dans les essences de térébenthine russe, polonaise et sibérienne, dans l'huile de Piktea, dans l'essence de bouleau, dans l'huile de camphre, dans certaines labiées et dans les fruits, du genre *citrus*, où il voisine, toujours, avec les terpènes.

On soutient enfin que, $C^2O^4H^2$, qui se trouve dans bon nombre de plantes, n'est autre qu'un produit de polymérisation de CO^2H^2 : nous aurons occasion de revenir sur ce point.

On trouve CO^2H^2 dans les diverses sortes d'orties, (*Urtica ureus* et *Urtica dioïca*) ; ces plantes sont couvertes de poils unicellulaires, dits urticants, dont l'axe renferme CO^2H^2 ; la pointe en se brisant, au contact de la peau, y déverse CO^2H^2, d'où une douleur cuisante et une ampoule. L'ortie perd cette propriété désagréable en séchant. Sécrété par l'*Assa fœtida*, Dobereiner l'a encore isolé de la rhubarbe et des fruits de la joubarbe ; Gorup Besanez, du tamarin, du *Sapidus saponaria*, de la sève du *Semper vivus tectorum*. Associé à l'acide caproïque, Deschamp l'a retiré des fruits du *Benko biloba*, comme Power et Tatin, du *Pettospercum* d'Australie, et Moch de l'*Austerio Dendron*.

Bœrowelеff et Turin l'ont trouvé dans les racines et dans les feuilles du *Morindo Longliflora* (Ogalbo) plante de l'Ouest africain ; Power, dans la muscade de Ceylan (*Ch. S.*, t. XXIII, p. 1653), dans l'oseille, à côté de l'acide oxalique qui en est, probablement, un produit de polymérisation, dans le *Muromeria Chammissonensis*, dans les extraits aqueux de feuilles de vigne, de peuplier, de saule, dans l'huile de croton *Tigelium*, dans l'essence de *Najægæræ*, bois odorant de la Nouvelle-Guinée, où, suivant Eycken (*S. C.*, t. XXXVI, p. 1290), il est associé au gayacol. Vallé (*S. C.*, t. XXVII, p. 350) l'a rencontré dans l'huile de blé, à côté de l'acide acétique ; Hennelmeyer l'a isolé des racines de l'*Ononispinosa*; Guerbet, de l'essence de santal, où il atteint une richesse de 3,8 0/0 ; Power, des grains du *Chaulmograu* de Birmanie, de l'huile de laurier de Californie ; Sees l'a tiré (*J. Ch. S.*, 1904, p. 630) du cajeput, où, on le trouve, dans les feuilles qui restent constamment vertes ; du goudron de Norvège, extrait des racines du pin sylvestre ; du suc de levure pressée de Buchner (*S. C.*, t. XXVIII, p. 206).

Lisi (*R. f. A. c.*, 1883, t. III, p. 33) a trouvé l'acide formique, à l'état libre, dans onze échantillons authentiques de rhum de la

Jamaïque. Au laboratoire du conseil central d'hygiène, on a obtenu, d'ailleurs, les mêmes résultats. L'arack contient, ainsi, CO^2H^2, à la dose de 0,0135 0/0, ainsi que, du formiate d'éthyle.

Deherain, d'ailleurs, dit que l'on rencontre l'acide formique dans tous les végétaux et, suivant Charabot et Hebert (*S. C.*, t. XXVI, p. 959), c'est lui l'un des agents actifs de l'éthérification qui se produit dans la partie verte des plantes ; opinion qui concorde, d'ailleurs, avec les observations de Berthelot, d'André et d'Astruc.

On le trouve constamment dans les terpenes et dans les essences et, en particulier, dans l'essence de térébenthine, où Wigers prétend qu'il se forme, par oxydation de $C^{10}H^{16}$: quelle que soit son origine, sa présence y est constante et Laurent, en traitant la térébenthine par le plomb métal, a obtenu, dans une expérience classique, du formiate de plomb.

Le problème de la formation de l'acide et des composés formiques, dans les plantes, est l'un des plus intéressants que puissent présenter la chimie et la biochimie végétale : il a été l'objet de nombreux travaux, et a donné lieu à d'innombrables discussions; aussi comprendra-t-on que nous nous étendions, quelque peu, à son sujet.

En principe, on admet aujourd'hui que, sous l'influence de la lumière et, en particulier des rayons compris entre le jaune et le vert, les cellules chlorophylliennes des plantes absorbent, puis décomposent l'anhydride carbonique et la vapeur d'eau de l'atmosphère ; bien que, selon Théodoresco, la chlorophylle voie son action s'atténuer, sous l'influence des anesthésiques.

Selon Schlœsing fils et Laurent, certains organismes chlorophylliens, contenues dans des végétaux inférieurs, comme les algues, seraient, même, susceptibles de fixer, non seulement CO^2 et H^2O, mais aussi Az : le bien fondé de cette observation a, d'ailleurs, été reconnu par Berthelot.

La chlorophylle se présente donc comme l'agent qui, à la fois, permet l'accumulation de l'énergie solaire et sa transformation en énergie chimique. Les lois de Roscoe et de Bunzen, dont les travaux de Meyer Widermann ont montré la parfaite exactitude, sont applicables à ce travail, et il semble y avoir proportionnalité étroite, entre l'intensité lumineuse et l'action chimique : selon l'expression heureuse de Leullier et de Cohen, il s'établit, dans ces actions, une sorte d'équilibre photochimique. Une telle série de phénomènes dont l'importance est énorme et, dont les résultats sont sans limite doit être étudiée méthodiquement, si on veut arriver à en saisir, d'une façon certaine, le mécanisme.

Comment se forment les cellules chlorophylliennes?

Quelles en sont la constitution physique et la constitution chimique?

Comment réagit, sur elles, la lumière? Quelles parties du spectre solaire sont absorbées et, par suite, entrent en réaction; quelles autres restent inactives?

Comment l'absorption de l'anhydride carbonique et de vapeur d'eau s'effectue-t-elle?

Par quelles phases de transformation, ces corps passent-ils, à l'intérieur de la plante, avant de donner naissance à CO^2H^2 et aux composés formiques?

A quelle dépense d'énergie correspond un semblable travail.

Voici toute une série de questions, au sujet desquelles, nous allons tenter de résumer les réponses qu'y ont fourni les innombrables travaux d'une pléiade de savants.

C'est, d'ailleurs, une partie du mystérieux passage de la vie minérale à la vie végétale qu'il faut tenter d'expliquer et, ce sont les principes mêmes du mécanisme de la biochimie végétale, qu'il va falloir exposer.

Au point de vue d'anatomie végétale, on admet, généralement, que les cellules chorophylliennes sont constituées par des corpuscules protéiques, autonomes, au milieu du protoplasma: on leur donne le nom de *Leucites* ou de *Chloroleucites*.

Elles sont enveloppées d'un premier pigment jaune, qui se nomme *Xanthophylle* ou *Étioline*.

Sous l'influence de la lumière, un second pigment vert se forme, auquel est appliqué, plus spécialement, le nom de *Chlorophylle* ou de *Chromule*.

L'apparition du chromule, dans l'arbuste, est déterminée, d'après Hervé Mangon, par l'action d'une lumière même très peu énergique: il suffit, selon Wienner, d'une puissance lumineuse de 6 bougies 1/2 à la distance de 1m,50 pour donner naissance à la chlorophylle; dans ces conditions, sa formation demande, depuis neuf heures, dans le *Cucurbita Pepo*, jusqu'à cinq minutes, dans l'avoine. Toutefois, si on se reporte aux essais d'Étard et de Bouillac (*S. C.*, t. XIX, p. 1034), certains végétaux, comme le *Nestoc punctiforme*, sont susceptibles de donner une chlorophylle verte, ayant les bandes ordinaires d'absorption de cette matière, et cela, dans un milieu parfaitement obscur : il en est, de même, de certaines fougères et de certains conifères.

Selon Sachs, le protoplasma végétal renferme les éléments constitutifs du vert de la feuille et, ces derniers n'attendent plus qu'un dernier effort d'énergie, que leur apporte la lumière, pour se transformer en chlorophylle verte. Cette impulsion, pour employer le terme de Gautier, lui serait donnée, moins par la lumière proprement dite, que par l'oxygène, devenant actif, sous l'influence de cette dernière. Cette théorie, qui date de 1859, a été, partiellement, reprise par Bach dans ces dernières années.

Selon Hartley, l'action serait plus complexe et, à côté des composés xanthophylliques, comme l'*Etioline*, à côté de la *Leuco chorophylle*, en dissolution dans le protoplasma et susceptible de donner le chromule, sous l'action de la lumière, il se trouverait un troisième corps particulier, l'*Alka chlorophylle*. Cette matière, selon Schunck et Marchelewski (*L. A. Ch.*, t. CCLXXXVIII, p. 209), extractible des végétaux par le pétrole, donne dans l'alcool, des cristaux d'un noir d'encre présentant, à l'examen spectroscopique, sept bandes d'absorption. Sous l'influence des acides minéraux, ce corps donnerait de la *Phyllotaonine* et non de la *Phylloxanthine :* il se présenterait, donc, comme le troisième élément de la cellule chlorophyllienne, qui comprendrait alors :

1° Le *Xanthophylle* ou *Etioline ;*

2° La *Chlorophylle* proprement dite ou *chromule ;*

3° L'*Alka chlorophylle*.

On voit, dès maintenant, combien, sur ces points délicats et encore mal étudiés, les opinions sont multiples, car, à côté des théories que nous venons d'exposer, Griffiths (*S. C.*, t. XXXIV, p. 894) prétend que, la chlorophylle et ses composés, ne sont que de protéides, de nature albuminoïde.

La chlorophylle semble, dans le végétal, avoir deux fonctions différentes à remplir :

1° Assimiler le carbone de l'atmosphère et, par suite, former des hydrates de carbone, au sein du protoplasma ;

2° Assurer à la plante, la *Chlorovaporisation* ou *Chlororespiration*, sorte de respiration complémentaire.

Toute plante, dit Deherain, dans son *Traité de chimie végétale*, dont les organes, régulièrement éclairés deviennent verts, est susceptible d'emprunter, à l'acide carbonique aérien, tout ou partie de son carbone : les agents de cette réaction sont, à la fois, la chlorophylle et la lumière.

Le rôle de cette dernière, dans la série de réactions que nous sommes amenés à étudier est de tout premier ordre ; car, non seulement, elle détermine la formation de la chlorophylle, mais encore, elle lui fournit, après sa naissance, l'énergie nécessaire pour agir sur l'acide carbonique et sur la vapeur d'eau. Tous les rayons du spectre ne sont pas, également, propres à déterminer ces divers phénomènes, par exemple, à verdir l'étiolline et à donner naissance au chromule. Selon Dropper et Caillet, c'est, sous l'action de la partie du spectre solaire où se trouve le maximum d'éclairement, que la chlorophylle prend naissance.

Différentes expériences ont été instituées qui ont permis de se rendre un compte exact de l'action des différents rayons, dans le cas qui nous occupe. Soit, à l'aide d'écrans ; soit en leur faisant traverser des solutions appropriées ; on a trié les divers éléments composant la lumière, ne laissant, grâce à ces artifices, agir, sur la leucite, que telle ou telle partie du spectre.

On est arrivé aux résultats suivants.

Un faisceau lumineux, en traversant une solution de bichromate de potasse, voit passer librement ses rayons rouges, orangés et jaunes, ainsi qu'une partie de ses rayons verts, tandis que, ses rayons les plus réfrangibles sont retenus : dans ces conditions, il agit très énergiquement et détermine la formation rapide de la chromule verte. Ce même faisceau, passant, à travers une solution de sulfate de cuivre ammoniacal, qui retient les rayons jaunes et rouges, en laissant filtrer les rayons bleus, agit avec une puissance beaucoup moindre. Enfin, on sait qu'une solution d'iode dans le sulfure de carbone constitue un écran, qui retient la plupart des rayons lumineux et ne laisse guère filtrer que les rayons calorifiques : la lumière, ainsi traitée, est, sans action, sur les leucites et ne détermine pas la formation de la chlorophylle. Il faut, toutefois, faire exception pour le *Nestoc punctiforme*, pour les conifères, les fougères et le gui, dont la chromule se forme, même, dans l'obscurité. Il est à noter, encore, qu'un écran d'eau salée atténue, presque complètement, l'action de la lumière sur les leucites et c'est, sans doute, à ce motif, qu'il faut attribuer la faible richesse des plantes marines en chlorophylle.

Ciamician, de Bologne, qui a beaucoup étudié l'action de la lumière sur les végétaux, conseille, dans ces travaux (*S. C.*, t. XXIX, p. 511) l'emploi, pour les rayons rouges, d'un écran constitué par une solution de fluorescine; pour les rayons violets, par une solution de violet de gentiane; et, pour les rayons bleus, par une solution de chlorure de cobalt.

A côté de ces conditions de qualité de lumière, les conditions de température jouent, aussi, un rôle, dans la formation de la chlorophylle; c'est ainsi, d'après Boehm et Sachs, qu'à + 11°, l'action de la lumière solaire est, sensiblement, nulle sur les chloroleucites du *Pinus canadensis*.

Tel est, au point de vue biochimique, à peu près le résumé de nos connaissances, à propos de la formation de la chlorophylle, dans la plante, sous l'action des radiations solaires sur les chloroleucites.

Au point de vue purement chimique, ces corps ont été l'objet de nombreuses études, dont les résultats, fort souvent, se contredisent : certains attribuent la coloration de la chlorophylle à un seul principe; d'autres y voient un mélange de couleurs diverses; de même, au point de vue analytique, certains n'y rencontrent que deux corps, tandis que, les autres lui donnent une structure excessivement complexe.

Cherchons à résumer ces diverses opinions.

Verdeil, le premier, a isolé la chlorophylle verte, en épuisant les plantes, par l'alcool : il a ainsi obtenu une poudre vert foncé, inaltérable à l'air, indécomposable et non fusible à + 200°, soluble dans l'alcool, l'éther, les alcalis, les acides, mais insoluble dans l'eau. Il a constaté que ce corps était susceptible de former des laques, et qu'il se laissait réduire, par l'hydrogène naissant. Selon Verdeil, comme le sang, la chlorophylle contiendrait du fer.

Mulder y a signalé la présence d'azote que, d'ailleurs, Gautier a isolé plus tard.

Filhol (*C. R.*, t. LXXIX, p. 612) a observé, dès 1875, que, sous l'influence des acides minéraux, et en particulier de l'acide chlorhydrique, la chlorophylle se dédoublait : « La couleur verte disparait, dit-il, et il se sépare une matière solide, presque noire, cristallisable, dans le cas des monocotylédons, amorphe, avec les dicotylédons. » Le filtrat, traité par de l'acide en excès, passe du brun jaunâtre au vert intense, et si on filtre, à nouveau, on obtient un produit solide jaune, et une liqueur bleue. La masse noire, obtenue tout d'abord, se présente sous la forme de petites houppettes de cristaux microscopiques : elle est soluble dans l'alcool, l'éther, le chloroforme, la benzine et l'acide acétique. La plupart de ces solutions sont jaunes et fluorescentes, sauf la solution chloroformique qui est violette et la solution acétique qui est bleue. A l'analyse spectrale, ces solutions donnent des bandes d'absorption, voisines de celles de la chromule, mais n'occupant pas, exactement, les mêmes positions. La dissolution de ce corps, dans les acides chlorhydrique ou sulfurique, est d'un vert franc, non fluorescent, et le spectre est différent de celui des solutions organiques. Celles-ci se décolorent, à la lumière solaire, la solution chloroformique offrant le plus de résistance. La solution bleue acétique, enfin, tourne au vert pur, quand on la fait bouillir avec une trace d'acétate de cuivre ou de zinc. En résumé, Filhol trouve, dans la chlorophylle, deux principes constitutifs, isolables et de coloration différente.

Les études de Fremy (*C. R.*, t. LXXXIV, p. 983) ont complété, de façon heureuse, les premiers travaux de Filhol.

Frappé par ce fait que, la laque alumineuse verte de la chlorophylle abandonne une liqueur jaune, Fremy en a déduit que la chromule devait avoir deux constituants. La chlorophylle verte, en effet, traitée par un alcali, se transforme en une matière jaune soluble dans l'alcool, l'éther, le sulfure de carbone et cette matière, traitée par la gelée d'alumine, donne une laque décomposable par les acides. Agitée avec de l'éther saturé d'acide chlorhydrique, elle donne une solution éthérée jaune pure, tandis que, la couche sous-jacente d'acide chlorhydrique est colorée en bleu. Le corps jaune, provenant de l'action des alcalis sur le chromule, ne serait, d'après Fremy, qu'un mélange d'un colorant jaune et d'un corps incolore, une cyanine, qui, sous l'action des acides, devient bleue. Fremy a donné le nom de *Phylloxanthine* à la matière jaune; c'est un corps neutre, soluble dans l'alcool, l'éther et susceptible de cristalliser en feuillets jaunes ou en prismes rouges : sous l'action des acides, il bleuit. L'autre corps, que Fremy nomme *Phyllocyanine* ou *Acide phyllocyanique*, est insoluble dans l'eau, soluble en vert olive ou en rouge brique dans l'alcool et l'éther, où il cristallise en brun ou en vert : les solutions acides en sont bleues, vertes, rougeâtres ou violettes, selon leur concentration.

Le mélange de *Phylloxanthine* et de *Phyllocyanine* constitue, selon Fremy, la chlorophylle : Schunck (*C. R.*, t. LXXXIX, p. 13) prétend avoir retrouvé ces deux corps, dans les excréments d'animaux, ayant ingéré des plantes vertes.

A côté du mode initial de séparation des deux corps, par les laques alumineuses et les alcalis, il existe d'autres modes d'isolation. La phylloxanthine se dissout, aisément, dans l'alcool à 62°, tandis que la phyllocyanine n'est soluble que dans l'alcool à 72°. On peut aussi employer la baryte à la place de l'alumine.

L'acide phyllocyanique existe-t-il, dans la chlorophylle, à l'état libre, à l'état de sel, ou bien est-il combiné au tissu végétal, ne fût-ce que par affinité capillaire? Comme la dissolution alcoolique de chlorophylle contient des quantités sensibles de potasse, et cela, en proportion d'autant plus forte que le liquide est plus coloré, il est tout naturel de supposer que l'acide phyllocyanique se trouve à l'état de phyllocyanate de potasse : d'ailleurs, le sel obtenu, par double décomposition avec le phyllocyanate de baryte, se dissout, en vert, dans l'alcool et a les mêmes bandes d'absorption que la chlorophylle. D'après Fremy, on doit donc considérer cette dernière substance comme constituée par un mélange de phylloxanthine et de phyllocyanate de potasse.

Guignes ne voit, dans la chlorophylle, qu'un acide.

Stoker considère la chromule, comme devant sa coloration, à quatre principes différents, dont deux verts et deux jaunes, distinguables les uns des autres, par leurs propriétés optiques.

D'après les nouveaux travaux de Filhol, la chlorophylle, en solution alcoolique, traitée avec précaution par les acides, se dédoublerait en quatre corps : une matière brune azotée, insoluble dans l'alcool; un corps jaune, non azoté, soluble dans l'alcool et l'éther; un corps bleu, ne prenant cette coloration, que sous l'influence de l'acide chlorhydrique et; enfin, un dernier corps jaune, séparable du composé bleu, sous l'influence de l'éther.

Pfaundler, comme Verdeil, trouve du fer dans la chromule et

prétend que sa coloration est due, à la combinaison de ce métal, avec la quercitine et l'esculine, que l'on rencontre dans tous les végétaux.

Hartsen isole, des chloroleucites verts, deux corps différents cristallisés : l'un jaune, le *Chrysophylle*, analogue probablement à la *Phylloxanthine* de Fremy; l'autre vert qu'il considère comme la chlorophylle proprement dite. La *Chrysophylle*, d'après ce savant, serait un produit d'oxydation de la chromule.

Comme on le voit, la question de la composition et des éléments de coloration de la chlorophylle était fort obscure, quand parut, en 1877, le premier travail d'Armand Gautier. Ce mémoire, excessivement important, complétait et coordonnait ces travaux antérieurs, résumant d'une façon claire, en un corps de doctrine, ce que l'on savait, sur la nature et sur la composition de la chromule.

Gautier y joignait un grand nombre d'observations et d'expériences personnelles, du plus haut intérêt, car elles arrivaient à jeter, une vive lumière, sur les obscurités d'un problème excessivement ardu.

Ce chimiste tout d'abord avait obtenu la chlorophylle cristallisée, à l'état stable, ce à quoi, n'avait pu parvenir Filhol : poursuivant ses travaux, après une première communication faite à la Société chimique, en juillet 1877, Gautier, en 1879, publiait dans le *Bulletin de la Société chimique* (t. XXXII, p. 499) un nouveau mémoire, résumant ses recherches laborieuses : il est intéressant d'en citer certains extraits.

On sait, d'après les études de Filhol, que la chlorophylle paraît être un corps d'une extrême instabilité : qu'elle s'altère, sous l'influence des réactifs acides ou alcalins les plus faibles, enfin, qu'elle se modifie sous l'influence de la chaleur, de la lumière, de l'air, la substance devenant amorphe ou se décomposant. Gautier est arrivé à obtenir ce corps dans des conditions de stabilité presque parfaite.

« Pour l'obtenir, dit-il, je prends des feuilles d'épinard ou de cresson que je pile exactement, en les neutralisant, avec un peu de carbonate de soude et que je soumets, ensuite, à l'action d'une forte presse. La chlorophylle, presque tout entière reste, dans le marc. On la délaye dans l'alcool à 51° et on la soumet, à nouveau, à une forte pression; la masse ainsi épuisée est mise à digérer dans de l'alcool à 93° froid : la chlorophylle s'y dissout ainsi que les graisses et les cires des feuilles. On l'en sépare, en la filtrant sur du noir animal, en grains lavés, et suffisamment calcinés. Au bout de quatre à cinq jours, 15 grammes suffisent pour décolorer un litre de solution de chlorophylle qui, du vert foncé passe au jaune verdâtre ou brunâtre. On décante et on lave le noir avec de l'alcool à 65° : celui-ci s'empare d'une substance jaune partiellement cristallisable et qui semble identique à la *Chrysophylle* de Hartsen (*Ch. C. B.*, t. III, p. 524).

« Sur le charbon, ainsi lavé, on verse de l'éther anhydre ou de l'éther de pétrole, corps où la chrysophylle est insoluble, et, où, la chlorophylle est soluble en vert noir : par évaporation lente, cette dernière cristallise.

« On obtient, ainsi, de petits cristaux, en aiguilles aplaties réunis souvent en rosaces, ayant environ 5 millimètres de longueur et, dont la coloration est vert foncé, par réflexion. Leur consistance est un peu molle ; les masses entièrement cristallisées qui se déposent, lorsque l'évaporation du dissolvant est plus rapide, peuvent traverser lentement, à la façon des graisses, le papier ou la porcelaine dégourdie. Les cristaux les plus petits, examinés au microscope, avant qu'ils ne soient entièrement formés, sont environnés d'un plage verdâtre d'eau mère, moins colorée, qu'eux-mêmes. Ils sont verts par transparence ; toutefois, quelques-uns d'entre eux colorent la lumière transmise d'une jolie teinte lilas ; soit que ceux-ci appartiennent à une substance spéciale ; soit, plutôt, que les cristaux dichroïques de chlorophylle présentent des teintes diverses, selon que la lumière les traverse dans un sens ou dans l'autre. Ils semblent appartenir au système rhomboïdal oblique et le prisme est, souvent, dénué de toute facette modificatrice. Exposés à la lumière diffuse, ils deviennent lentement verdâtres : dans cet état, la substance semble s'oxyder et elle devient incristallisable ; à la longue, elle se décolore complètement. »

Il résulte des recherches effectuées par Gautier que, selon ce savant, la chlorophylle que, certains chimistes ont tenté d'assimiler aux cires, aux résines, aux matières colorantes des fruits et des fleurs, présente, en réalité, de grandes analogies avec la bilirubine. Au point de vue de ses aptitudes générales, de ses réactions et même de sa composition élémentaire, elle semble être un isologue supérieur de cette matière. Cette opinion, qui a été reprise par Hoppe-Seyler et Nencki, a, suivant Marchlewski, (*Z. P. C.*, t. XLIV, p. 422), été présentée, antérieurement à Gautier, par lui et Schunk senior.

Comme la bilirubine, la chlorophylle est soluble dans l'alcool, l'éther, le chloroforme, le sulfure de carbone : elle se dépose de ses dissolutions, tantôt à l'état amorphe, tantôt à l'état cristallisé. Le noir animal l'en enlève, en la cédant à de nouveaux dissolvants.

Comme la bilirubine, la chlorophylle se comporte, ainsi qu'un acide amidé faible, donnant des sels solubles et instables avec les alcalis, et des sels insolubles, avec les autres bases.

Comme les solutions alcalines de bilirubine, les solutions alcalines de la chlorophylle s'altèrent, en s'oxydant rapidement à l'air, sous l'action de la lumière.

Comme la bilirubine, la chlorophylle est susceptible, lorsqu'on la réduit et l'oxyde, de donner de nombreux dérivés colorés, jaunes, bleus, verts et rouges : ses dissolutions, jaunissant par les réducteurs, rougissent par l'eau de brome, ou l'acide nitrique-nitreux, employés avec ménagement.

Selon Gautier, la *Chrysophylle* et l'*Erythrophylle*, signalés par certains auteurs dans les feuilles, corps cristallisables, ne seraient que des dérivés oxydés de la chromule.

Comme la bilirubine, la chlorophylle jouit de la propriété de s'unir à l'hydrogène naissant et, selon Marchlewsky, elle possède un faible pouvoir rotatoire.

Là ne s'arrête pas, d'ailleurs, l'analogie : quand on chauffe la chlorophylle avec de l'acide chlorhydrique, elle se dédouble, ainsi que Fremy l'a observé, et comme nous l'avons déjà signalé plus haut.

On sait qu'il se forme deux substances, l'une donnant dans l'acide chlorhydrique une dissolution vert bleuâtre non dichroïque, c'est la *Phyllocyanine*; l'autre insoluble dans l'eau, mais se dissolvant dans l'alcool et dans l'éther à chaud, d'où elle se sépare, cristallisée, par refroidissement, c'est la *Phylloxanthine*.

Comparés aux sels de la bilirubine, les sels que l'on obtient en unissant la *Phyllocyanine* ou mieux l'*Acide phyllocyanique*, aux bases, comme la baryte, la potasse, la soude, l'ammoniaque, sont particulièrement intéressants.

Si on les soumet à l'analyse, on trouve que l'*Acide phyllocyanique* correspond à la formule $C^{19}H^{22}N^2O^3$.

La composition analytique élémentaire de la bilirubine semble être $C^{16}H^{18}N^2O^3$. Les deux substances, très voisines par leurs caractères généraux, ne se différencient, alors, que par la copule C^3H^4. Dans ces derniers temps, les études sur l'analogie de la chlorophylle et de la bilirubine ont été reprises. On a cherché, et surtout Marchlewsky (*S. C.*, t. XXX, p. 864), entre ces deux matières, une sorte d'identité basée ; sur des compositions centésimales voisines ; sur la ressemblance des spectres d'absorption ; sur la même action vis-à-vis du brome et, enfin, sur ce fait que ; par oxydation, on peut en extraire la même anhydride. La ressemblance serait plus frappante encore, entre l'*Hématoporphyrine* de Wenti, matière colorante du sang, qui a pour formule $C^{16}H^{18}Az^2O$ et la *Phylloporphyrine*, corps obtenu en traitant à 260°, la *Chlorophyllane* d'Hoppe Seyler ou l'*Acide Phyllopurpurique* de Tirsch par les alcalis. La *Phylloporphyrine*, en effet, semble être un véritable isomère de *Hematoporphyrine*.

Nous citons, en passant, ces observations, dont des conclusions très diverses, ont été tirées par Marchlewsky et Shunck (*D.C.L.*, t. XXIX, p. 1257), et par Nencki dans son travail, sur les relations biologiques des matières colorantes des feuilles et du sang (*D.C.L.*, t. XXIX, p. 1897).

Des relations isolées entre la chlorophylle et la bilirubine, on peut conclure que, l'opinion ancienne, assimilant les granules chlorophylliens des parties vertes des plantes aux globules sanguins, semble, à nouveau, dominer.

Comme le globule sanguin, le granule chlorophyllien est formé, nous l'avons déjà vu, d'un *substratum globulaire, de forme arrondie ou ovale*, doué d'une vie et d'un développement propres, animé de mouvements particuliers, imprégné de matière colorante verte et nageant dans un protoplasma albumineux : n'y a-t-il pas, au point de vue physique, coloration mise à part, une absolue ressemblance entre ce granule et le globule sanguin?

La chlorophylle ne contient pas de fer; là, se trouve la grosse différence analytique entre les deux corps, mais, les dernières analyses ne viennent-elles pas de montrer qu'elle contenait du magnésium, dont l'action, dans la vie végétale, peut être la même que celle du fer dans la vie animale.

Revenant à l'étude purement chimique de la chlorophylle, Gautier a constaté que, si on la fond, en présence de potasse et d'eau, elle se dédouble en deux parties, dont l'une est soluble dans la potasse.

Si on élève la température, une décomposition plus profonde se produit ; il se dégage des gaz alcalins, il se développe une odeur désagréable ; mais, à aucun moment de cette fusion, il ne se forme de substance, qui, après la saturation exacte de l'alcali, colore les sels ferriques en bleu, vert, noir ou rouge. Cette expérience montre que la chlorophylle ne dérive nullement, comme le prétendaient Hlasiwetz et Pfaundler, de produits analogues à la quercitrine, en combinaison avec le fer. La chlorophylle, contrairement à l'opinion de Verdeil, est complètement exempte de ce dernier métal : lorsqu'on la chauffe, elle fond, se boursoufle, émet des gaz acides et laisse un charbon peu combustible et très volumineux : après incinération, il ne reste que 1,7 à 1,8 0/0 de cendres blanches formées, surtout, de phosphates de magnésie.

La chlorophylle, telle que l'a décrite Gautier, semble se confondre, à tous les points de vue, avec un corps que Hoppe-Seyler a isolé, sous le nom de *Chlorophyllane* (*D.C.G.*, 1er septemble 1879, p. 1555).

Après avoir lavé la plante à l'éther, Hoppe Seyler dit que, si on la traite à l'alcool chaud, on en extrait deux matières cristallisables, l'une jaune, l'autre verte. Cette dernière est fort soluble dans l'alcool et l'éther, en donnant des cristaux à consistance de cire molle, sous forme d'aiguilles microscopiques ou de lamelles, de couleur vert foncé, par réflexion, ou brune par transmission.

D'après les analyses de ces corps, que nous citons plus loin, ils semblent bien qu'ils soient identiques, leurs caractères physiques et chimiques étant les mêmes et, leurs bandes d'absorption, à l'analyse spectrale, étant pareilles.

Les différences que l'on y trouve peuvent se justifier par ce fait que, la chlorophylle est extraite de végétaux dicotylédons, tandis que le corps de Hoppe-Seyler provient des monocotylédons : les deux pigments verts ne sont, par suite, pas absolument semblables.

Voici d'ailleurs, les analyses de ces deux chlorophylles : celle de Rogalski (*C. R.*, t. XCIX, p. 801) a été faite sur un produit extrait du *Colium perenne*.

	CHLOROPHYLLE DES DICOTYLÉDONS	CHLOROPHYLLE DES MONOCOTYLÉDONS	
	Analyse de Gautier.	Analyse d'Hoppe Seyler.	Analyse de Rogalski.
	—	—	—
Carbone	73,97	73,34	73,01
Hydrogène	9,80	9,72	10,37
Azote	4,15	5,62	4,14
Phosphore	1,75	1,38	1,66
Magnésie		0,34	
Oxygène	10,33	9,57	

D'après ces analyses, très voisines comme chiffres, si on fait abstraction des cendres constituées par du phosphate de magnésie, la formule de la chlorophylle de Gautier serait $C^{40}H^{60}NO^{4}$ et, celle de la chlorophyllane d'Hoppe Seyler, $C^{30}H^{40}NO^{3}$, les deux formules différant par $C^{10}H^{20}O$.

Rossel et Wilstocker (*Lieb. Ann.*, t. CCCLVIII, p. 205) ont continué les recherches sur la nature de la chlorophylle et ils arrivent à lui attribuer la formule : $C^{38}H^{42}N^{4}O^{7}Mg$. Le magnésium entre d'une façon sensible dans sa composition. En traitant, à + 140°, la chlorophylle par la potasse alcoolique, ces chimistes ont obtenu un produit bleu cristallin qui, chauffé à 200°, devient rouge-foncé; ils lui ont donné le nom de *Rhodophylline :* sa formule serait $C^{33}H^{34}O^{4}N^{4}Mg$, qui paraît se rapprocher de la formule de l'hématine de Zaleski; Mg se substituant à Fe. La présence du magnésium est intéressante à relever, car, elle explique l'action des engrais magnésiens dans la végétation.

Les différences constatées, tout d'abord, entre chlorophylles de di et de monocotylédons se sont accentuées, au fur et à mesure, que s'accumulaient les travaux et les observations de la chimie végétale : aussi conçoit-on qu'Etard, bien qu'il base son opinion, surtout, sur des expériences spectroscopiques, soutienne, aujourd'hui, qu'il existe différentes sortes de chlorophylles, variables dans leur composition, selon les divers individus du règne végétal.

Ainsi, dans sa communication à l'Académie des Sciences du 11 février 1895, Etard étudie une chlorophylle particulière qu'il a isolée de la luzerne. « Ayant fait, dit-il, un extrait sulfo-carbonique et un extrait alcoolique de luzerne desséchée à l'ombre, j'ai constaté, dans le premier extrait, l'existence d'une chlorophylle particulière que je nomme *Mecagophylle.* » C'est un corps donnant 0,88 de cendres, soluble, avec un dichroïsme rouge, dans l'acide acétique glacial, insoluble dans la pentane, dans la potasse concentrée, plus dense que l'eau, mais, par contre, se dissolvant dans les alcalis très étendus, d'où les acides et le sel marin le précipitent : on peut le considérer comme un acide très faible.

En solution ammonio-potassique, il réduit le nitrate d'argent : sa formule serait $C^{22}H^{15}NO^{4}$.

A côté de cette chlorophylle complètement étudiée, Etard, dans la luzerne, en aurait isolé trois autres ; il ne semble pas qu'il ait rien publié à leur sujet.

Bien que, son opinion sur l'unité de la chlorophylle soit assez nette, Armand Gautier a reconnu, néanmoins, dans la séance de l'Académie des Sciences du 18 février 1895, le bien fondé des observations d'Etard.

Les hypothèses de ce chimiste, sur la multiplicité des chlorophylles, se trouvent confirmées, d'autre part, par les travaux de Philipson (*C. R.*, t. LXXXIX, p. 316) qui a isolé, de la *Pamella cruenta*, une chlorophylle particulière, la *Pamelline* : c'est un corps fort voisin de l'hémoglobine, contenant du fer et ayant, dans le jaune, des bandes d'absorption identiques au sang.

Les études de Stokalasa, de Prague (*S. C.*, t. XV, p. 521) corroborent encore cette opinion : la chlorophylle, dit ce savant, ne peut se former sans la *Lecithine*, qui en est la matière première et, à côté de la *Chlorophyllane* de Hoppe Seyler, il se forme un corps, plus riche en phosphore (3,37 0/0), cristallisant en vert noir et qui est la *Chloro-lecithine*.

Selon Stokalasa, aux acides gras existant dans la lecithine, se substitue, sous l'influence du phosphore, l'*Acide chorophyllanique*.

Suivant Tswet (*C. R.*, t. CXXIX, p. 617), à côté de la *Chlorophylle* proprement dite, du *Xanthophylle*, qui se trouve dans la cellule végétale à l'état d'agrégat microscopique, se rencontre un albuminoïde, isolable par la résorcine, la *Chloroglobine* : il foisonne, en abondance, dans les mousses, les algues, les fougères et bon nombre de plantes mono et dicotylédonnées. Ce corps est insoluble dans l'eau, soluble dans l'alcool, l'éther, les alcalis : il se gonfle dans les solutions de carbonate et de phosphate de potasse. Sous l'influence de la lumière, il jouit, vis-à-vis de CO^2 et de H^2O, des mêmes propriétés que la chlorophylle normale.

Par actions successives de la potasse, de l'acide chlorhydrique et du carbonate de potasse sur la feuille, Hartsen a obtenu un précipité gras, soluble en rouge dans l'alcool et auquel il a donné le nom de *Purpurophylle* : ce corps a la fonction chlorophyllienne.

Hartsen, encore, en traitant la feuille par l'alcool éthéré, en a retiré une matière jaune cristallisable, en petites aiguilles, insolubles dans l'eau, peu solubles dans le pétrole, la potasse, l'ammoniaque, l'alcool étendu et froid, très solubles dans l'éther, la benzine et les corps gras : Hartzen a donné à ce composé chlorophyllien le nom de *Chrysophylle*.

Bougarel, enfin, en traitant, par l'alcool, des feuilles de pêcher (*C. R.*, t. XVI, p. 292) déjà épuisées par l'éther, a obtenu un corps cristallisé, ayant l'aspect extérieur de fuschine; insoluble dans l'eau, l'alcool, l'éther, les acides chlorhydrique et acétique, soluble, en jaune rouge, dans le chloroforme et dans la benzine et, en rose, dans le sulfure de carbone. En traitant, de la même façon, des feuilles de sycomore, on obtient, avec la dissolution chloroformique, des cristaux rubis triangulaires, identiques, d'ailleurs, à ceux extraits de la feuille de pêcher.

Bougarel a donné à cette chlorophylle particulière le nom d'*Erythrophylle*. A côté de ces diverses chlorophylles particulières, on peut encore citer la *Chloryphylle bleue* d'Hartley, bien que, selon Marchlewsky (*Z. P. C.*, t. XLIV, p. 422), ce ne soit qu'un produit d'altération.

Il semble, donc, qu'il n'existe point une chlorophylle unique, mais bien un certain nombre de corps, de composition élémentaire probablement peu différente, et, qui jouissent de la propriété générale, sous l'influence solaire, de décomposer l'acide carbonique et la vapeur d'eau.

A côté de ces chlorophylles, dont la caractéristique est d'être insolubles dans l'eau, il s'en trouve d'autres, solubles dans ce corps; elles sont identiques aux *Chlorophylles* et aux *Erythrophylles*, comme colorations, étant rouge orangé ou violettes; on leur donne souvent le nom d'*Anthocyanines*. L'étude de ces composés a été faite par Griffon : elles sont distinguables, les unes des autres, par leurs spectres d'absorption et par quelques propriétés particulières. Dans cette classe de corps, on peut encore placer; la *Chlorophylle rouge* de Cloëz qui existe dans les feuilles pourprées et qui doit être semblable à l'*Acide phyllique* de Bougarel (*S. C.*, 1877, 2, p. 148) ;

l'*Autumnixanthine* de Statls (*D. C. G.*, t. XXVIII, p. 2807), modification que la chlorophylle normale semble subir, à l'automne, dans la feuille, et qui est soluble en jaune dans l'alcool, avec fluorescence ; elle précipite, en rouge brun, par les alcalis, avec retour au jaune, sous l'influence de l'acide chlorhydrique.

Comme on le voit, la chlorophylle, que l'on pouvait considérer, au moment des travaux de Filhol et de Fremy, comme un composé assez simple, semble se présenter, aujourd'hui, comme un corps d'une complexité extrême, doué de propriétés très différentes et dont la composition élémentaire est loin d'être identique à elle-même ; selon qu'on l'extrait de tel ou tel individu du règne végétal. Suivant qu'elle provient d'une plante mono ou dicotylédonnée, la chlorophylle voit sa sensibilité se modifier, sa stabilité varier : extraite des acotylédones, comme la fougère, elle se présente comme un corps excessivement altérable.

Verte dans la plupart des végétaux, la chromule peut se présenter dans certaines feuilles, dans certaines algues, avec des pigments bruns ou rouges, dont les bandes d'absorption diffèrent peu de celles de la chlorophylle normale, et dont l'action, au point de vue de photolyse, au point de vue de décomposition de l'acide carbonique et de la vapeur d'eau, sous l'influence des radiations solaires, est la même que celle des pigments verts normaux.

On peut considérer aujourd'hui comme entrant dans la composition de la chlorophylle, selon le végétal où elle a pris naissance, les corps suivants :

Phylloxanthine	Fremy
Phyllocyanine	—
Chlorophylles vertes	Stowe
— jaunes	—
— jaunes	Filhol
— brunes	—
— bleues	—
— azotées	—
— vertes	Hartsen
Chrysophylle	—
Purpurophylle	—
Chlorophylle verte cristallisable	A. Gautier
— jaunes	—
Chlorophyllane	Hoppe Seyler
Acide phyllique	—

Chrysophylle..............................	Bougarel
Erythrophylle..............................	—
Mécagophylle..............................	Etard
Palmelline..............................	Phillipson
Chlorolécitine..............................	Stokalasa
Chloroglobine..............................	Tswett
Chlorophylle bleue..............................	Hartley
Anthocyanines ou chlorophylles solubles à l'eau..............................	
Autumnixanthine..............................	Stats

Tous ces corps, sous l'influence de la lumière solaire, décomposent l'acide carbonique et la vapeur d'eau de l'atmosphère, de la même façon, que la chlorophylle verte, proprement dite.

Ainsi donc, au point de vue purement chimique, à côté de la chlorophylle verte, dédoublable en deux ou trois composés, il semble exister, ainsi que l'a soutenu Etard, une série de corps analogues, variant, d'après chaque espèce végétale, d'après l'état de croissance, la nature du sol et la période de l'année.

Ces corps, comme la chlorophylle normale, semblent devoir se former par la modification d'un principe initial, sous l'influence solaire : en dehors des caractéristiques chimiques que nous avons signalées, ils semblent se distinguer, entre eux, par des différences assez marquées dans leurs bandes d'absorption, et l'analyse spectrale permet, assez facilement, leur classification.

Certaines chromules, à coloration verte, comme celui de l'*Amantha muscaria*, étudié par Griffiths (*C. R.*, t. CXXX, p. 42), ont, d'ailleurs, des bandes d'absorption absolument différentes de la chlorophylle normale.

Cette dernière, à l'état cristallisé, telle que l'a préparée Armand Gautier, présente, d'après Krauss, sept bandes d'absorption.

Quatre sont étroites, nettement limitées et situées dans la portion la moins réfrangible du spectre, entre les raies B et E de Frauenhofer : la plus forte semble occuper tout l'espace entre les raies B et C.

Les trois dernières sont situées dans le bleu ; elles sont beaucoup moins nettes et paraissent fortement estompées.

Si, on compare le spectre de la chlorophylle chimiquement isolée à celui de la feuille vivante, on constate que, celle-ci donne les quatre premières bandes, sensiblement identiques, mais un peu plus rapprochées du rouge : par contre, les raies situées dans le bleu et le violet paraissent complètement absorbées; ceci donne à penser qu'il se produit une certaine modification dans la chromule, lors de son isolation.

On n'est, d'ailleurs, nullement, d'accord, entre savants, au sujet de la constitution du spectre d'absorption de la chlorophylle.

Etard a étudié de très près (*S. C.*, XIX, p. 40) le dédoublement des bandes fondamentales données, à l'analyse spectrale, par la chlorophylle.

« Deux colonnes de solution chlorophyllienne, dit-il, semblables en tous points, sauf la nature de la chlorophylle, envoient la lumière blanche qui les traverse, sur la fente d'un spectroscope, muni d'un prisme de renvoi à réflexion totale : on projette, en même temps, la raie du sodium, laquelle sert de repère permanent; celle-ci traverse les deux spectres superposés et le micromètre. De cette façon, les petites différences entre les deux bandes chlorophylliennes deviendront sensibles, puisque la raie D ne subit aucun déplacement. Les solutions chlorophylliennes ont été préparées de la façon suivante : la matière verte d'un extrait sulfocarbonique de *Colium perenne* sec est dissoute dans l'alcool à 95° et, le résidu, dans la potasse aqueuse à 20/0; par un acide étendu, on régénère une chlorophylle acide qu'on lave avec un excès de potasse. Le *Coliophylle* obtenu ainsi est une masse solide amorphe, très colorante; en solution sulfocarbonique, dans une colonne de 15 centimètres, à la dilution de $\frac{1}{10.000}$, elle donne un certain nombre de bandes :

729-635	559-549	Moyenne	682-616
635-598	528-507	—	572-554
580-564		—	517

Des dilutions successives permettent d'isoler les axes de ces bandes à bords nébuleux. »

A 1/50.000, 517-516 disparaissent, on a deux axes définitifs en 549-564; à 1/100.000, 564 disparaît et 549 est linéaire; à 1/500.000, une seule ombre reste visible : 681.

D'après Chautard, la bande principale d'absorption de la chlorophylle est loin d'être simple; comme Etard, ce chimiste trouve qu'elle varie, suivant que la chromule a été isolée de tel ou tel végétal, et lui aussi arrive à cette conclusion, qu'il y a autant de sortes de chlorophylles qu'il y a de sortes de végétaux.

A 1/500.000 la bande 720-635 se partage en trois bandes différentes, ayant pour axes 708,681,654.

De ces essais, il faut conclure que, dans toutes les recherches d'analyse spectrale, ayant pour but la différenciation des diverses chromules, il faut faire usage de solutions diluées, au moins, à 1/500.000.

D'après Tswett (*S. C.*, t. XXV, p. 609), la bande fondamentale de la chlorophylle est double ; la partie gauche, vers le rouge, appartient à la chlorophylle bleue, la partie droite, plus faible, correspond à une autre chlorophylline.

Selon Marchleski et Schunck (*S. C.*, t. XXVI, p. 77), le spectre d'absorption de la chlorophylle, non altérée, comporte six bandes seulement : trois entre les raies B et F, les trois autres se trouvant entre les raies F et K_3.

Suivant ces savants, tout produit n'ayant pas ce spectre, n'est pas de la chlorophylle.

D'après Hartley (*S. C.*, t. XXXIV, p. 895), l'extrait alcoolique des feuilles vertes ou sèches ne donne pas le même spectre que la feuille vivante : suivant ce chimiste, cette différence serait due à la présence d'un acide dont l'action, dans l'extrait, déterminerait des modifications dans la constitution de la chlorophylle. On observe les mêmes changements, dans la feuille vivante, si on la maintient quelque temps dans une atmosphère oxydante, sous l'influence de la lumière. Ces résultats ont été contestés par Marchlewski et Schunck (*Trans.*, 1900, t. XVII, p. 1800), mais les nouvelles expériences d'Hartley, publiées en 1904, ont montré le bien fondé de son opinion première.

Comme on le voit, qu'il s'agisse, aussi bien de sa constitution, que de son analyse chimique ou de son analyse spectrale, les savants sont loin d'être d'accord, au sujet de la chlorophylle et, les opinions les plus divergentes se font jour.

En fait, ces divergences sont plutôt de surface que de fond, car, aussi bien, on peut admettre, à côté d'une chlorophylle initiale, fondamentale, l'existence, dans la même plante, d'une chlorophylle particulière, caractéristique de chaque espèce végétale : en raison, donc, de la variabilité de ces complexes, on comprend aisément que, le spectre d'absorption subisse telle ou telle variation, suivant que les essais sont faits avec une chlorophylle extraite de telle ou telle plante.

Sachant quelle est la constitution de la chlorophylle, nous allons étudier, maintenant, la façon dont elle parvient, sous l'influence solaire, à transformer l'acide carbonique et l'eau de l'atmosphère.

Une grosse question se présente tout d'abord.

La chlorophylle seule, isolée du protoplasma, séparée de la feuille et du végétal, est-elle susceptible d'effectuer une semblable transformation, ou bien, son pouvoir cesse-t-il quand elle a été séparée de la plante vivante ?

Tous les auteurs classiques prétendent que la chlorophylle, pour décomposer l'acide carbonique, doit être unie à son support de protoplasma incolore et que, séparée de lui, elle demeure inerte.

Le fait est erroné et la chlorophylle isolée se conduit exactement comme si elle se trouvait encore liée au végétal où elle a pris naissance : c'est donc elle, et, elle seule, qui agit, sans aide aucune du protoplasma, et qui transforme l'acide carbonique et la vapeur d'eau : elle forme le trait d'union entre la vie minérale et la vie végétale.

Friëdel, l'un des premiers, a soutenu cette théorie, se basant, sur cette observation, que du suc d'épinards frais se conduisait vis-à-vis de H^2O et CO^2, sous l'influence de la lumière, exactement comme une feuille vivante.

Hertzog (*S. C.*, t. XXXI, p. 161) s'est vivement élevé contre cette opinion et a prétendu que la chlorophylle cesse d'être active, dès qu'elle n'est plus groupée en granulations.

Hertzog avait tort, comme les auteurs anciens, et Friëdel avait raison : c'est ce que prouve le lumineux travail de Regnard, qu'ont complété les études de Jodin.

On y trouve une démonstration complète du mécanisme de l'action de la chlorophylle, action comparable, toutes proportions gardées, à celle des masses de contact.

« On sait, dit Regnard dans sa communication à l'Académie des Sciences, que, dans la cellule végétale, la chlorophylle est intimement liée aux grains de protoplasma blanc, qu'elle colore. Ces corps n'ont, personnellement, pas d'action sur l'acide carbonique et ils ne décomposent ce composé, en ses éléments, qu'autant que la chlorophylle leur est jointe. C'est là une des conditions expresses de la fixation du carbone, dans les tissus de la plante, et du dégagement d'oxygène.

« Il y a dans la conformation du grain chlorophyllien — et nous l'avons déjà indiqué — quelque chose d'analogue à l'alliance de l'*Hémoglobine* incolore et de l'*Hémoglobuline* rouge, dans le globule sanguin. Dans le globule rouge, l'*Hémoglobuline colorée* a seule le rôle physiologique dans l'absorption de l'oxygène et, cette action s'exerce, même, quand elle est séparée de l'*hémoglobine*. »

En est-il de même dans l'élément végétal ? La chromule peut-elle agir, comme simple substance chimique, et cela, en dehors de tout substratum ?

Si on place, dans de l'eau tenant en dissolution de l'acide carbonique; soit des cellules chlorophylliennes, isolées de la plante, par un traitement convenable; soit une solution alcoolique de chlorophylle, et si, sous l'influence du soleil, on attend un dégagement d'oxygène, la plupart du temps, le résultat est négatif.

Il faut donc avoir recours à des méthodes plus délicates.

« Nous faisons, dans l'eau, dit Regnard, une solution de bleu Coupier que l'on décolore, ensuite, à l'aide d'hydrosulfite très pur. Cette décoloration doit être faite avec une très grande précision, de telle sorte que, la plus petite trace d'oxygène ramène la solution, décolorée par l'hydrosulfite, au bleu primitif. »

Un tel réactif est d'une excessive sensibilité; aussi, a-t-il été fort souvent employé par Schutzemberg dans ses recherches sur l'oxygène.

Pour l'essayer, dit Regnard, on prend un vase complètement rempli de bleu réduit et on y met un fragment de feuille de *Potamogeton*, puis on expose le tout au soleil : en moins de cinq minutes, le liquide du flacon est redevenu d'un bleu intense.

Ce fait constaté, voyons si la chlorophylle a besoin, pour réagir sur CO^2 :

1° D'être renfermée dans la cellule végétale ;

2° D'être jointe au protoplasma incolore.

L'expérience suivante a prouvé que non : des feuilles tendres de laitue sont broyées au mortier d'agate, traitées par l'eau, puis, la dilution est filtrée. On obtient ainsi un liquide verdâtre, contenant de nombreux corps chlorophylliens, des fragments déchirés de cellules, mais pas une cellule intacte n'a traversé le papier. Le filtrat est divisé en deux parties; l'une est mise dans un flacon exactement rempli de bleu décoloré et renversé sur le mercure, puis exposé au soleil; l'autre, traitée exactement de même, est laissée à l'obscurité.

En deux heures, la chromule isolée a dégagé assez d'oxygène pour que la solution soit redevenue d'un bleu intense; tandis que, dix jours après la première expérience, le flacon témoin, laissé à l'obscurité, est encore incolore.

Ainsi donc, isolés de la cellule, éloignés du protoplama, les grains chlorophylliens agissent sur l'acide carbonique, dissous dans l'eau, en dégagent de l'oxygène et fixent, sur eux, du carbone.

Leur situation semble identique à celle des globules sanguins qui, sortis des vaisseaux, n'en continuent pas moins leur action sur les gaz de l'atmosphère, bien qu'elle se ralentisse un peu.

Malgré la diminution dans la vitesse de réaction, diminution que subit aussi la chlorophylle, la réaction ne continue pas moins à s'effectuer.

Si maintenant, isolant complètement la chlorophylle, par dissolution dans l'alcool ou dans l'éther, on y trempe des lamelles de cellulose pure, que l'on fait ensuite dessécher dans le vide, à froid; on obtient ainsi, par une sorte de synthèse, de véritables feuilles vertes, mais ne contenant ni cellules, ni protoplasma incolore. La dessiccation de ces feuilles factices doit être parfaite, surtout si l'on se sert, pour les former, d'une dissolution éthérée, car, ce dernier corps peut agir sur le bleu réduit et en déterminer la recoloration. Bien desséchées, ces lamelles de cellulose teintes en chlorophylle, sont plongées dans le bleu réduit et exposées au soleil : au bout de trois heures, elles ont dégagé assez d'oxygène pour recolorer complètement le bleu réduit, alors qu'un échantillon témoin laissé dans l'obscurité demeure incolore.

De ces faits, il semble que l'on puisse conclure :

1° Que les corps chlorophylliens, séparés de la cellule, continuent à décomposer l'acide carbonique;

2° Que le chlorophylle, séparée du protoplasma, conserve, sous l'influence de la lumière, toutes les propriétés réductrices, mais avec une intensité, peut-être, un peu plus faible et un peu moins active.

Les essais de Bach, où le sulfate de méthylaniline est substitué au bleu Coupier réduit (*C. R.*, t. CI, p. 1204), confirment, dans leur entier, les conclusions de Regnard et démontrent le bien fondé de l'hypothèse de Friedel, contrairement aux assertions d'Hertzog.

On doit admettre aujourd'hui que la chlorophylle, isolée de la la feuille vivante, conserve, entière, sa fonction et qu'elle demeure susceptible de transformer, sous l'influence des radiations lumineuses du soleil, l'acide carbonique et la vapeur d'eau de l'atmosphère, en s'assimilant le carbone et l'hydrogène et, en restituant deux volumes d'oxygène.

La question chimique du fonctionnement de la chlorophylle, dans les diverses plantes, se trouvait élucidée par l'excellent travail de Regnard : Jodin allait solutionner le problème physiologique.

Jodin s'était donné pour but de trouver qu'elle était, dans la feuille, la fonction en corrélation avec la décomposition de l'acide carbonique, sous l'influence de la lumière solaire.

La méthode à appliquer se trouvait naturellement indiquée : c'était la méthode d'élimination, consistant à supprimer, l'une après l'autre, les conditions physiologiques ; tout en respectant, autant que possible, l'intégrité anatomique et chimique de la feuille verte, afin de constater, jusqu'à quel degré, la fonction chlorophyllienne résistait à cette épreuve.

Jodin reconnut qu'une feuille simplement desséchée perdait sa puissance réductrice, bien, qu'avant de l'exposer à la lumière, on lui eût restitué son eau de constitution, en la plongeant dans un bain. Ce fait avait déjà été observé par Boussingault (*Ch. agricole*, t. IV, p. 317) et, le même savant avait isolé qu'une feuille asphyxiée, par un séjour de soixante-quinze heures dans une atmosphère d'hydrogène ou d'azote, perdait également sa fonction chlorophyllienne.

De ce qu'une feuille desséchée ou asphyxiée cessait d'émettre de l'oxygène, à la lumière, pouvait-on en conclure rigoureusement à l'abolition de la fonction? Un doute, selon Jodin, était permis. La feuille asphyxiée ou desséchée respire encore, pendant un certain temps; c'est-à-dire qu'elle conserve la faculté d'absorber de l'oxygène, en émettant de l'acide carbonique.

Il suffisait donc que la fonction chlorophyllienne, qui est de décomposer l'acide carbonique en engendrant de l'oxygène, fût affaiblie, jusqu'à une certaine limite, pour qu'il devînt impossible d'en constater l'existence.

A l'époque où Jodin faisait ses expériences, on ne pouvait reconnaître, en effet, expérimentalement, la fonction chlorophyllienne qu'autant qu'elle était assez puissante pour émettre plus d'oxygène que n'en consomme, dans le même temps, la respiration proprement dite de la feuille.

Il était donc nécessaire de supprimer la respiration de la feuille, si l'on voulait constater qu'il n'y subsistait plus aucune fonction chlorophyllienne.

Jodin procéda comme suit : il introduisit des feuilles, en tubes scellés, et les chauffa, au bain-marie, de façon à les tuer. Ainsi préparées, il en conserva une partie à l'obscurité, tandis que les autres étaient exposées à la lumière.

Les premières restèrent intactes, ne changèrent pas de couleur, et ne modifièrent pas sensiblement leur atmosphère : elles avaient bien réellement perdu leur faculté respiratoire et servaient de témoin. Les autres, au contraire, se recolorèrent à la lumière en absorbant en grande partie l'oxygène du tube et en produisant un peu d'acide carbonique (*S. C.*, t. III, p. 87). Le résultat semblait décisif : en dehors de l'intégrité physiologique, la lumière n'agissait plus sur la feuille que pour détruire la chlorophylle et en provoquer l'oxydation photochimique.

Il restait à démontrer que, l'oxydation photochimique, constatée dans ces expériences, s'exerçait bien réellement sur la chlorophylle, et non pas sur d'autres principes immédiats, comme les tannins.

Isolant les éléments de la Chlorophylle, Xanthophylle et Acide phyllocyanique de Fremy, par les moyens alors connus, Jodin constata que la chlorophylle ou ses éléments, mis en solution dans l'alcool où l'eau alcaline, restent inaltérables, dans l'obscurité, mais, qu'ils absorbent énergiquement l'oxygène à la lumière solaire, en dégageant, seulement, 1 volume d'acide carbonique, c'est-à-dire : environ 10 0/0 de l'oxygène absorbé (*C.R.*, t. LIX, p. 857).

De cette étude délicate, il résultait que la chlorophylle, mise en dehors de son état physiologique, était une matière photochimiquement oxydable.

Par quelle association d'énergies extérieures pouvait-elle subir un renversement apparent de sa fonction, qui est de concourir à un phénomène de réduction, comme la décomposition de l'acide carbonique ?

Le problème allait être résolu par Timirazeff.

Au point de vue de photolyse, en effet, le principe actif de la chlorophylle a été isolé par ce savant (*C. R.*, t. CII, p. 686).

C'est la *Protophylline*, corps que l'on obtient en réduisant la chlorophylle, par hydrogénation.

Dès 1877, Armand Gautier en avait soupçonné l'existence, sans pouvoir parvenir à l'isoler et, il l'avait, la considérant comme un corps hypothétique, très justement comparée à l'indigo bleu réduit.

Comme l'indigotine, qui, par oxydation, au contact de l'air, redevient bleue ; la protophylline reforme, sous l'action des oxydants, de la chlorophylle verte.

Elle se présente sous la forme d'un corps jaune, peu soluble dans l'eau, soluble dans l'alcool, l'éther, le chloroforme, le sulfure de carbone, la résorcine et, en général, dans tous les solvants de la chlorophylle.

Sa formule semble être $C^{40}H^{66}N$.

Si on l'enferme dans un tube scellé, rempli d'acide carbonique avec quelques traces d'eau et, qu'on l'expose à la lumière solaire ou à la lumière artificielle, elle verdit très nettement.

Dans l'obscurité, aucun changement de coloration ne se produit, et la dissolution reste jaune paille.

Timirazoff a montré par une longue et patiente étude (*C. R.*, t. CIX, p. 414), que la protophylline se trouve dans tous les végétaux, quelques différences de constitution chlorophyllienne qu'ils puissent présenter.

Son action sur l'acide carbonique et l'eau, d'après Gautier, est comparable à celle d'un sensibilisateur photographique, agissant seulement en présence des ondes lumineuses qu'il absorbe ; le maximum de décomposition coïncide, avec la région, où l'énergie est la plus grande, dans le spectre.

Les vibrations qui possèdent la plus grande amplitude sont, par suite, celles dont l'absorption est la plus considérable. C'est le cas des rayons rouges dont les vibrations se transforment, par l'intermédiaire de la *Protophylline*, en énergie chimique.

La découverte de Timiriazeff a répondu, victorieusement, aux objections que Lœw et Bœkorny avaient faites, au sujet du rôle attribué par la plupart des savants à la chlorophylle, dans la décomposition de CO^2 et de H^2O. Se basant sur ce fait que les plantes privées de chlorophylle verte, comme le *Spirogyra*, donnent, ainsi que l'a constaté Reincke, des extraits aqueux contenant des composés formiques, réagissant en rouge sur le réactif de Kumpflein (solution bisulfitique de méthylparamidométacrésol), Lœw et Bœkorny prétendaient que la cellule chlorophyllienne n'est pas nécessaire pour produire la décomposition de l'acide carbonique. La présence de protophylline, dans cette plante, explique la formation facile de composés formiques, produits de décomposition et de transformation de l'acide carbonique et de l'eau.

L'étude du spectre d'absorption de la chromule, dont nous avons exposé plus haut les principales données, a permis, comme on le voit, de se rendre compte du mécanisme et du fonctionnement de la cellule chlorophyllienne ou de son principe actif, la *Protophylline*.

Ces faits étant isolés, et la démonstration étant faite de l'action de la chlorophylle, sous l'influence de la lumière, sur l'acide carbonique et sur la vapeur d'eau, voyons, de quelle façon, ce corps singulier réagit dans la plante vivante et étudions, tout d'abord, de quelle manière il s'y groupe.

La cellule chlorophyllienne, sous l'influence de la lumière, semble animée d'une mobilité qui lui permet de s'installer, dans la feuille, aux points où les rayons lui paraissent pouvoir être utilisés le plus avantageusement : verticalement, si la lumière est diffuse ; horizontalement, si elle agit directement.

Bœhm, Famintzin, Borodine, Stahl ont étudié les lois de cette étrange migration et ont constaté que l'on se trouve en présence d'une manifestation de vie intérieure du végétal, bien que le phénomène soit déterminé par une action extérieure.

La chlorophylle étant formée, son placement dans la feuille étant fait dans les conditions les plus avantageuses, sous l'influence de la lumière, son fonctionnement commence : il consiste à absorber l'acide carbonique et la vapeur d'eau de l'atmosphère, à les décomposer, à en assimiler le charbon, l'hydrogène et à en restituer une partie de l'oxygène.

Les premières observations à ce sujet ont été faites en 1760 par le naturaliste genevois Bonnet, mais l'importance du phénomène a été surtout mise en valeur, en 1772, par Priestley dans son livre célèbre « *Recherches sur les diverses espèces d'air* ». Ces premiers travaux furent complétés par le pasteur Sennebier, de Genève, qui démontra, le premier, la nécessité de l'intervention de la vapeur d'eau pour amener la décomposition de l'acide carbonique par la plante, sous l'influence de la lumière. Ces diverses études furent complétées par Cloez et Gratiollet en 1810 : enfin, Boussingault, après avoir reconnu que sur l'acide carbonique pur, la chlorophylle n'exerce qu'une faible action, montra la nécessité de l'intervention de l'air atmosphérique, ou tout au moins, de l'oxygène et de l'azote.

Pour que l'acide carbonique soit décomposé, il est de toute nécessité qu'il pénètre dans la feuille, afin d'entrer en contact, avec les cellules chlorophylliennes.

Deux cas peuvent se présenter dans ce travail : CO^2 entrera-t-il par la partie inférieure ou pénétrera-t-il par la face externe ?

La feuille, à son envers, présente de nombreux stomates, petites ouvertures dont le microscope révèle l'existence : elle est comparable à une plaque poreuse et, en ce cas, la vitesse de passage d'un gaz y pénétrant suit la loi de Graham, c'est-à-dire, qu'elle est inversement proportionnelle à la racine carrée de la densité de ce gaz. D'après les déterminations de Graham, la vitesse de passage de l'oxygène étant 1, la vitesse de passage de l'acide carbonique sera 1,180 ; la racine carrée de sa densité étant 1,170, nombre excessivement voisin.

A sa partie supérieure, la feuille présente une surface continue, dépourvue de stomates, dans presque tous les végétaux, et, en quelque sorte, vernissée. Le passage du gaz, à travers des surfaces de cet ordre, est encore déterminé par une loi de Graham, mais très différente de la précédente : de tous les gaz, celui dont la vitesse de passage, en tel cas, se trouve la plus faible est l'azote et, si on représente cette vitesse par 1, la vitesse de l'acide carbonique sera de 13,558, celle de l'oxygène étant 2.

Ces principes posés, par quelle face de la feuille l'acide carbonique va-t-il passer ?

Par la partie inférieure ?

Comment se fera-t-il alors que, la petite quantité d'acide carbonique contenue dans l'atmosphère puisse, avec sa lenteur de passage 1,180, subvenir aux besoins de la feuille, et cela d'autant plus que CO^2, plus dense qu'N et O, aura peine à se faire place ?

Par la face supérieure ? La vitesse de passage étant de 13 pour CO^2, de 1 et de 2,5 pour Az et CO, cette accélération lui permettra de compenser sa faible teneur, par rapport à la masse gazeuse absorbée. Il semble donc, *a priori*, que ce soit, par diffusion, à travers la cuticule formant la partie supérieure de la feuille, que l'acide carbonique entre en contact avec les cellules chlorophylliennes. Les expériences de Barthélemy ont prouvé, en concordance d'ailleurs, avec les premiers essais d'Ingehlourz, le bien fondé de cette hypothèse. Boussingault, dans des essais complémentaires, a isolé, qu'en plein soleil, le potentiel d'activité de la face supérieure était de 4, alors que celui de la face inférieure était de 1 ; et, cela pour des feuilles épaisses et rigides comme celles du laurier : pour des feuilles très minces, ayant sensiblement la même coloration à l'envers et à l'endroit, comme celles du pêcher, du marronnier, du platane, l'activité est sensiblement égale.

Toutes ces observations n'ont trait qu'à la feuille vivante ; car, morte ou desséchée, cette dernière est sans action. Fraiche, contenant 60 0/0 d'eau, elle décompose à l'heure, par centimètre carré, 0gr,071 d'acide carbonique; desséchée, à 30 0/0 d'eau, elle n'en décompose plus que 0gr,012 et, complètement déshydratée, son action est nulle. Le pouvoir de la chlorophylle peut être encore suspendu dans des conditions singulières, qui ont été notées par les chimistes hollandais Deiman, Pantz, Van Troostwyck et Lauwenburg; mises en contact avec le mercure, les cellules chlorophylliennes perdent toute action sur l'acide carbonique; aucune explication n'a été donnée de ce cas singulier de paralysie végétale.

Des essais de Boussingault il résulte que, pour 1.330 centimètres cubes d'acide carbonique absorbé, la plante restitue, sous l'influence de la lumière solaire, 1.322 centimètres cubes d'oxygène, soit un rendement de 98,75 0/0. Toutefois, d'après Garreau et Moissan, dans le cas du bourgeon, qui respire un peu à la façon d'un animal, ces proportions changent et, sous l'influence de la chaleur, elles sont susceptibles de passer du simple au double; à basse température, l'absorption d'oxygène en dépasse le dégagement, et c'est de l'acide carbonique qui est libéré ; à haute température, c'est l'inverse qui se produit. L'oxygène, dans ce cas de respiration, est employé, il est vrai, à d'autres travaux qu'à la formation d'acide carbonique; il brûle de l'hydrogène pour former de l'eau, et, surtout, il oxyde de l'aldéhyde formique pour donner naissance à de l'acide formique. Cela n'a rien qui puisse surprendre; les feuilles, comme tous les autres organes vivants, respirent et restituent de l'acide carbonique : c'est un phénomène dont les manifestations sont opposées à celles qui accompagnent l'assimilation de CO^2 par les cellules chlorophylliennes; quand les feuilles sont insolées, elles sont moindres et l'oxygène apparaît en excès; quand la lumière fait défaut, la chlorophylle ne fonctionne plus et, l'acide carbonique seul apparaît.

Cette question très délicate de l'absorption et de l'émission des gaz par la plante a été étudiée par Deherain, puis par Moissan (*S. C.*, 1874, t. II, p. 468). Il résulte de ces travaux que, la quantité d'acide carbonique émise par les feuilles, pendant l'obscurité, augmente, ainsi que Boehm l'avait constaté pour le tabac, avec la température. La quantité ne grandit que faiblement dans l'oxygène pur, mais le pourcentage de CO^2 produit varie avec les espèces. En dix heures, à 14°,100 grammes de *Ficus elastica* donnent 0gr,01 de CO^2 et 0gr,276 à + 42° : les aiguilles du *Pinus pinaster* en fournissent 0gr,038, à + 8° et, 1gr,33, à + 40°. La quantité d'acide carbonique émise par la feuille est, sensiblement, comparable à celle que fournissent les animaux à sang froid.

D'autre part, les feuilles, maintenues dans l'obscurité, absorbent plus d'O qu'elle n'émettent de CO^2: ainsi 30 grammes de *Pinus pinaster* absorbent, en vingt-quatre heures, 7cm3,7 d'O et rendent 3cm,9 de CO^2 ; les rameaux de quelques plantes grasses absorbent, souvent, de l'oxygène sans restituer CO^2. D'autre part, on observe que les plantes, placées dans une atmosphère privée d'oxygène, continuent à émettre de l'acide carbonique ; cette émission se continue, pendant cinq ou six jours, pour les aiguilles de pin; elle est plus courte pour le tabac, l'oseille, le ficus, le bégonia. Il est probable, dit Moissan, que l'O ainsi absorbé concourt à la formation des acides oxalique et formique qui se trouvent dans les végétaux et, que la chaleur interne, accusée par l'absorption de O et l'émission de CO^2, est utilisée à l'élaboration de ces principes immédiats.

D'après Schlœsing fils, le rapport existant entre CO^2 disparu et O apparu est de 0,87, en moyenne, au lieu de 0,98, chiffre indiqué par Boussingault. Si on fait les mêmes observations sur les plantes inférieures, comme les algues, que l'on peut considérer comme des cryptogammes chlorophylliens, il y a une légère diminution dans la relation. Les essais de Schlœsing ont porté sur le *Protococus vulgaris*, le *Chlorococum infusionum*, l'*Ulothrix subtilis*, le *Scenedemus quadri-*

cantea. On peut en déduire qu'au point de vue chlorophyllien, les végétaux inférieurs fonctionnent, de façon sensiblement identique, aux végétaux supérieurs, et que, chez eux, l'absorption de l'acide carbonique et de la vapeur d'eau par les chlorophylles, sous l'influence de la lumière solaire, s'accomplit de la même façon. Selon Schlœsing, on peut considérer que la relation entre l'acide carbonique absorbé et l'oxygène expiré est constante.

De ces divers faits, il semble résulter que l'on commet une erreur grossière, en disant que la plante donne de l'oxygène pendant le jour et de l'acide carbonique pendant la nuit ; en réalité, la respiration n'y est jamais interrompue ; ses suites en sont, simplement, masquées par les effets d'un phénomène contraire, se produisant sous l'influence des rayons lumineux.

D'après les essais de Famitzin et de Reincke, la chaleur, comme la lumière, joue un rôle dans l'absorption de CO^2 par la chlorophylle et, pour la température, tout comme pour l'intensité lumineuse, il existe une limite que l'on ne doit pas dépasser pour arriver à un maximum de rendement.

Nous avons indiqué, sommairement, qu'une partie seulement des rayons lumineux agissait sur la chlorophylle, et nous avons relaté les résultats de son analyse spectrale. En principe, on peut poser que, la décomposition de l'acide carbonique, sous l'influence de la lumière, dans les végétaux, est en rapport direct avec l'absorption élective de la chlorophylle : il n'y a point, en effet, de décomposition dans la bande rouge qui borde, à gauche, la bande d'absorption de la chlorophylle, tandis qu'au contraire, cette décomposition atteint son maximum, dans la bande d'absorption, qui est située dans le voisinage de cette bande rouge.

Les expériences successives de Cloez et Gratiolet, de Sachs, de Cailletet, de Brillouin, de Deherain ont montré que seuls sont efficaces, au point de vue de l'action chlorophyllienne sur l'acide carbonique, les rayons absorbés par cette même chlorophylle ; on comprend ainsi que les rayons qui la traversent soient sans action, tandis que ceux qui sont arrêtés réagissent, mais on a quelque peine à s'expliquer pourquoi, les rayons les plus réfrangibles, situés dans le bleu et le violet, et qui sont complètement absorbés, ne présentent aucune efficacité. En y réfléchissant, cette anomalie s'explique : la décomposition de l'acide carbonique exige un travail considérable et, celui-ci doit dépendre de l'énergie du rayonnement; or, l'effet calorifique est très faible dans la partie la plus réfrangible du spectre, et, bien que ces rayons soient arrêtés, on comprend aisément qu'ils possèdent, en trop petite quantité, l'énergie nécessaire pour déterminer la décomposition de l'acide carbonique.

Les rayons les plus efficaces sont ceux qui, étant absorbés par la chlorophylle, possèdent, en même temps, le plus d'énergie ; la faible puissance de certains rayons permet d'expliquer que, bien qu'absorbés par la chromule, ils ne puissent y déterminer qu'une action, presque négative, sur l'acide carbonique et la vapeur d'eau.

Berthelot a calculé l'importance du travail fort grand que déterminent, par l'intermédiaire de la chlorophylle, les radiations lumineuses dans les végétaux.

Par molécule d'acide carbonique absorbé, cet effort correspond à 48,5 calories.

Si on examine, d'autre part, le travail interne qui se passe, dans les transformations subséquentes, de l'oxyde de carbone et de l'hydrogène produits, en méthane, en aldéhyde formique, en acide formique, en éthers, en alcool méthylique, en trioxyméthylène, en fructose et en hydrates de carbone; si on s'arrête simplement aux premiers termes CH^4 et COH^2; on voit qu'il équivaut à environ 88 calories, dont, 68 calories correspondent à la décomposition totale de l'acide carbonique et, 20 calories à la formation des premiers hydrates de carbone.

La réaction étant endothermique, on conçoit à quel emmagasinement d'énergie, dans les végétaux, correspond une telle transformation ; c'est, en somme, cette réserve immense qui permet à la vie végétale et animale de se développer.

Timiriazeff a fait de nombreuses expériences, en vue de déterminer le rôle des divers rayons lumineux, dans la réaction chlorophyllienne. Selon Dumas et Boussingault (*Essais de statique chimique des êtres organisés*), il doit exister un rapprochement, entre l'effet physiologique de la lumière sur le végétal vivant, et son action chimique dans la formation de l'image daguerrienne : Cette même idée a, d'ailleurs, été défendue par Helmholtz. Daubeny et Draper opposèrent, à cette hypothèse, la constatation que les rayons, auxquels, à cette époque, on attribuait une action chimique, n'étaient, précisément, pas ceux agissant sur la chlorophylle. Les progrès de la physiologie végétale, les recherches photochimiques de Vogel, de Becquerel, d'Abney ont modifié cette opinion et prouvé qu'un tel rapprochement était logique. La décomposition de CO^2, se trouvant être en rapport avec l'absorption élective de la chlorophylle, cette dernière substance étant susceptible, comme l'a montré Becquerel, d'exercer une action sur les sels d'argent, tout donne à penser que son action se réduit à celle d'un sensibilisateur.

On déduit de ce fait que :

1° La chromule doit agir, à la façon d'un sensibilisateur, en éprouvant une décomposition tout d'abord; puis, en en provoquant une autre, vis-à-vis de l'acide carbonique; ces deux réactions se passant, dans les régions du spectre, que la chlorophylle absorbe;

2° Les différents rayons, absorbés par la chromule, effectuent la décomposition de l'acide carbonique à des degrés différents proportionnels à leurs vibrations. Le maximum de décomposition coïncide avec le maximum d'énergie, dans le spectre normal. Partant de cette distribution d'énergie, constatée par Langley et Abney, on arrive à conclure que c'est, plus à l'amplitude qu'à la vitesse des vibrations, qu'est dû l'ébranlement de la molécule d'acide carbonique et, finalement, sa décomposition;

3° L'effet chimique de la lumière, dans la chambre photographique, est identique à son effet physiologique dans le végétal vivant, sous cette réserve que, comme la chromule, la substance impressionnable présente des phénomènes d'absorption semblables.

D'après Timiriazeff, les courbes d'absorption de lumière et de décomposition d'acide carbonique (*S. C.*, t. XII, p. 877) présentent une concordance aussi parfaite que possible.

Il semble, donc, y avoir un rapport simple entre la quantité d'énergie solaire absorbée par la chromule d'une feuille, et l'énergie mécanique, emmagasinée par le végétal, à la suite des réactions chimiques subséquentes. Dans les conditions les plus favorables, la plante, selon Timiriazeff, conserve jusqu'à 40 0/0 de l'énergie solaire correspondant au faisceau absorbé par la bande caractéristique de la chlorophylle, et ces 40 0/0 sont utilisées en travail chimique : à côté de nos machines, même les plus perfectionnées, la feuille semble être un merveilleux outil de transformation. Il serait curieux de rapprocher, de ces observations, les expériences de Wienner sur les vibrations lumineuses : l'intensité, que ce savant mesure, n'est autre que le pouvoir photochimique des radiations, c'est-à-dire, la force qui tend à séparer les atomes matériels ; or, c'est précisément cette force qui intervient, dans les réactions chlorophylliennes ; tout ce que Wienner a isolé, à propos des vibrations lumineuses, lui est donc applicable. Duclaux (*C. R.*, 1887) avait d'ailleurs, depuis longtemps, soutenu que toutes les actions, produites par la chaleur, sont obtenables par l'intervention de la lumière ; ce qui est un peu notre cas.

Les observations de Weiss, sur le rapport existant entre l'intensité lumineuse et l'énergie assimilatrice, dans la plante, viennent à l'appui de ces théories : l'*Œnothora biennis* absorbe, au soleil et à température convenable, trois fois plus de CO^2, qu'à la lumière diffuse.

Lubinienko (*C. R.*, décembre 1907) prétend que l'optimum d'activité chlorophyllienne ne se trouve qu'au point de fléchissement de l'intensité lumineuse : ceci semble différer, selon les végétaux choisis pour l'expérimentation : le *Polypodium vulgare* absorbe plus de CO^2 à la lumière diffuse qu'à la lumière directe, il en est de même du *Marchoutia polymorpha* ; enfin, il faut tenir compte de l'action des rayons ultra-violets, laquelle, selon Bonnier et Mangin, est puissante. L'action chlorophyllienne, selon Peyron, aurait une série de variations suivant celles de la lumière, et les essais faits, en 1890, au Cornwall Institute (U. S.) montrent que, sous l'action d'une source de lumière constante, l'absorption de CO^2 par le végétal est aussi constante.

Le phénomène d'absorption a été étudié, plus à fond, par le Dr Engelmann, d'Utrecht. Il emploie, comme réactif, le bacille de la putréfaction, le *Bacterium termo*, utilisant son affinité pour l'oxygène. On sait, en effet, combien O est nécessaire à l'état mobile de ces formes, et lorsqu'une goutte d'eau en renferme quelques bulles, on les voit se réunir, immédiatement, autour d'elles : si donc, dans un milieu liquide, ensemencé de *Bacterium termo*, chargé d'acide carbonique, on place quelques fragments d'algues riches en chlorophylle et, que l'on fasse tomber un pinceau lumineux sur l'ensemble, l'absorption de CO^2 par l'algue se produisant, avec mise en liberté d'oxygène, les bactéries se rassembleront autour des algues. Si l'éclairage cesse, les bactéries se dispersent.

C'est ce principe fort curieux qu'Engelmann a mis en pratique, à l'aide d'un appareil fort délicat, permettant l'emploi du microscope; de ses expériences il résulte que, le mouvement des bactéries, indicateur de la production d'oxygène et, par suite de la décomposition de l'acide carbonique, commence, dans le rouge, entre les raies A et C et, dans le voisinage de la raie C. Si, on augmente, peu à peu, l'intensité de l'éclairage, on voit le mouvement s'étendre, petit à petit, des deux côtés de ce point initial, jusqu'au commencement de l'ultra-rouge et jusqu'au violet, mais il reste plus vif dans le rouge. On observe, un minimum, dans le vert, près de la raie C, et, un second maximum, près de la raie F. Lorsque le liquide de préparation est chargé d'une grande quantité de bactéries, on obtient, ainsi, une véritable représentation graphique de l'influence de la longueur d'onde sur la décomposition de l'acide carbonique : l'axe des abscisses est figuré par le fragment d'algue et, les ordonnées par l'épaisseur de la couche de bactéries qui le recouvre.

Dans son très beau livre, *Couleur et Assimilation*, Engelmann a fait les constatations suivantes, qu'il est bon de citer.

Le chlorophylle est l'élément actif de la décomposition de l'acide carbonique, contrairement à l'opinion de Pringsheim, de Lœw et de Boekerny.

Le protoplasma incolore ne décompose pas CO^2.

Avec les plantes vertes, le maximum absolu d'assimilation est dû à l'action des rayons rouges, entre les raies B et C, et correspond à la première et à la plus forte bande d'absorption de la chlorophylle.

L'extrême rouge, peu absorbé, agit faiblement. Le minimum se trouve; pour les rayons verts, entre les raies E et C et coïncide avec le minimum d'absorption : le second maximum, très fort pour les rayons bleus, se trouve à la raie F et tombe sur le commencement de l'extrémité droite du spectre.

Pour la chlorophylle brune, le premier maximum, très fort, dans le rouge, se trouve entre les raies B et C : le minimum se trouve dans l'orangé et le jaune; le maximum absolu tombe dans le vert, entre les raies D et C, pour des rayons également très absorbés : à partir de ce point l'assimilation baisse.

Pour la chlorophylle bleue, que l'on considère, souvent, comme un produit d'oxydation, le maximum tombe, dans le jaune : tandis que, pour l'érythrochlorophylle, il se trouve dans le vert.

D'après Engelhmann, il existe dans la nature, outre la chlorophylle, une série de matières qui jouent le même rôle dans l'assimilation : dans tous les cas, ce sont les rayons complémentaires de la couleur de ces matières qui agissent le plus énergiquement.

Reincke a contrôlé les diverses expériences d'Engelhmann, à l'aide d'un appareil de son invention qu'il nomme *Spectrophore*, et il est arrivé aux conclusions suivantes :

Le maximum de dégagement de O coïncide avec le maximum d'absorption de la chlorophylle ; il se trouve dans le rouge, non loin de la raie B ; la courbe descend ensuite rapidement vers l'ultra-rouge et, plus lentement, vers le violet. Contrairement à ce qu'a avancé Engelhmann, Reincke ne remarque aucune augmentation d'action, dans la partie d'absorption qui commence, entre les raies B et F, et qui s'étend sur toute la partie droite du spectre.

Selon Herchefinkel (*C. R.*, 9 août 1909), les rayons ultra-violets agissent également et déterminent la décomposition de CO^2 et de H^2O ; selon Maquenne et de Moussy, ils tuent la cellule (*C. R.*, 8 novembre 1909) (1).

A côté de l'influence lumineuse proprement dite, il serait curieux d'étudier l'influence, sur la chlorophylle, de la radioactivité ; les premiers travaux d'Herbert et de Kling (*C. R.*, juillet 1908) donnent à croire qu'elle est semblable à celle de la lumière.

(1) L'opinion d'Herchefinckel sur l'action des rayons ultra-violets, dans la décomposition de l'acide carbonique et de la vapeur d'eau, vient d'être confirmée tout récemment (Académie des sciences, 13 juin 1910) par les travaux de Daniel Berthelot et d'Henry Gaudechon.

Ces savants, en employant, si on se reporte à la communication de Jungfleisch, les rayons ultra-violets produits par la lampe à vapeur de mercure, sont parvenus à obtenir toutes les transformations chlorophylliennes de l'acide carbonique et de la vapeur d'eau.

Ils ont ainsi réalisé la synthèse des composés ternaires, en commençant par l'aldéhyde formique, dont la condensation produit les sucres et les amidons, et aussi la synthèse des composés quaternaires, en obtenant l'amide formique, point de départ des albuminoïdes, base du protoplasma et, par suite, de la matière vivante.

Le rôle des rayons obscurs resté, jusqu'à ce moment, assez mal défini, semble prendre une importance dont, seul, Herchefinckel s'était rendu compte.

Avec le concours des corps chlorophylliens, ils semblent présenter un mode nouveau de l'utilisation de l'énergie, et la formation, grâce à eux, de l'amide formique, source des matières albuminoïdes, jette un jour singulier sur les conditions où peut prendre naissance la matière vivante.

Le problème du passage de la matière inanimée à la matière vivante, resté jusqu'à ce jour insoluble, semble s'éclaircir et il apparaît que les rayons obscurs, l'énergie radiante, jouent un rôle dont on ne soupçonnait pas l'importance dans cette délicate question de transformisme.

Au point de vue biochimique, les travaux de Daniel Berthelot et de Gaudechon sont de la plus haute importance.

La partie physiologique et physique de l'action de la chlorophylle, sur CO^2 et H^2O, étant exposée, examinons la partie chimique du phénomène : voyons ce que deviennent l'acide carbonique et la vapeur d'eau absorbés, et cherchons à nous rendre compte des transformations qu'ils subissent dans le végétal.

On sait que, si on place une feuille dans une atmosphère formée de CO^2 et de H^2O ou de CO^2 et de H, et que l'on expose le tout aux radiations lumineuses, on voit un bâton de phosphore, placé dans le voisinage, s'envelopper de fumées blanches d'acide phosphorique, montrant ainsi l'existence d'un dégagement d'oxygène. Cette méthode très élégante de diagnose a été instituée par Boussingault ; elle est applicable, aussi bien avec la lumière solaire, qu'avec les différentes lumières artificielles.

Si on substitue à CO^2 de l'oxyde de carbone, selon Dehérain, aucune réaction ne se produit et CO n'est pas décomposé par la chromule : selon Stutzer (*D. C. G.*, t. IX, p. 1570) le *Branica*, placé dans une atmosphère contenant 2 à 3 0/0 de CO, meurt en moins de quinze jours. L'opinion de Dehérain a été contestée par Bottomley et Jackson (*S. C.*, t. XXXII, p. 402) et, suivant ces chimistes, CO est susceptible d'être absorbé par certaines plantes, comme la jacinthe. Dans ce cas, la quantité d'oxygène résiduaire diminue de moitié ; ce qui est, d'ailleurs, conforme à l'opinion de Bœyer sur la photolyse.

Dans CO^2 sec et pur, l'absorption n'a pas lieu ; la présence concomitante d'acide carbonique, de vapeur d'eau et même d'azote, semble nécessaire pour que la fonction chlorophyllienne s'accomplisse.

D'après Schmœger (*D. C. G.*, t. XII, p. 753), des plantes à chlorophylle sont susceptibles de prospérer, même dans une atmosphère dénué d'acide carbonique et de vapeur d'eau, si le sol qui les porte est chargé de sels organiques de chaux : les microbes, en décomposant ces sels, créent une atmosphère, chargée d'acide carbonique hydraté, qui permet à la chromule de réagir, sous l'influence de la lumière.

Dans ces conditions, selon l'heureuse expression de Charabot, la feuille se présente, comme le laboratoire, où s'effectue la synthèse des principes immédiats de la plante.

La transformation de l'acide carbonique et de l'eau semble s'effectuer, selon l'équation :

$$CO^2 + H^2O = COH^2 + O^2,$$

conformément aux principes posés par Bæyer qui voit, dans le méthanal, le premier stade des transformations végétales.

En réalité la réaction est beaucoup plus complexe.

La chlorophylle, étant pour la plupart des végétaux, à part la jacinthe, sans action sur CO, il est probable que CO^2 n'est réduit que partiellement et que la décomposition s'arrête à CO, selon l'équation :

$$CO^2 = CO + O.$$

S'il en est ainsi, un volume de CO^2 donnerait un volume de CO et un demi-volume d'O ; or l'expérience prouve que, pour un volume de CO^2 décomposé, on obtient un volume d'O.

Il faut donc qu'un autre corps se décompose parallèlement, et ce corps ne peut être que H^2O; on a donc une seconde phase qui s'écrira :

$$H^2O = H^2 + O;$$

CO^2 et H^2O, décomposés par la chlorophylle, laissent alors en présence, deux gaz, CO et H ; comment vont-ils se conduire?

L'étude des combinaisons de l'oxyde de carbone et de l'hydrogène, sous diverses influences et notamment sous celle de l'effluve, qui est assez comparable à l'action lumineuse, a été faite par divers savants.

Dès 1874, Brodie (*C. N.*, t. XXIX, p. 96) a constaté, qu'en soumettant à la décharge obscure, un mélange à volumes égaux de CO et d'H, on obtenait du méthane CH^4; on a obtenu un même résultat, avec CO^2 et H, mais avec production complémentaire de CO ; l'équation de formation serait :

$$(CO + H^2)^2 = CO^2 + CH^4.$$

En absorbant l'excès CO^2, par la potasse, on a formation concomitante de méthanal. Il est probable que les réactions se passent de la même façon, dans les végétaux, sous l'influence des radiations lumineuses.

P. et A. Thenard, en soumettant à l'effluve un mélange de CH^4 et de CO^2, ont obtenu du formol.

Si on rapproche ces divers essais, on arrive à la conclusion suivante qui paraît assez logique, bien que, nous le verrons plus loin, elle ait été très contestée par Bach.

CO^2 et H^2O se décomposent en CO, en H et en O. L'oxyde de carbone et l'hydrogène réagissent l'un sur l'autre, pour donner naissance à du méthane qui, lui-même, se transforme, par oxydation, en eau et en aldéhyde formique ou formol, qui constituerait la quatrième phase de transformation et, dont l'équation devrait s'écrire :

$$CO^2 + CH^4 = (COH^2)^2.$$

La réaction, ainsi que, d'ailleurs, la loi de Gibbs, permet de le prévoir, aurait quatre phases, que voici :

$$CO^2 = CO + O;$$
$$H^2O = H^2 + O;$$
$$(CO)^2 + H^4 = CO^2 + CH^4;$$
$$CO^2 + CH^4 = (COH^2)^2.$$

Tout ceci est évidemment fort hypothétique : d'expériences faites *in vitro*, on passe à une généralisation absolue ; mais, faute d'autres preuves, sur ces essais discutables, il est admissible, dans une certaine limite, que l'on établisse une théorie, quitte, d'ailleurs, à l'abandonner, si un autre chimiste en établit le mal fondé.

Certains faits expérimentaux sont venus consolider, quelque peu, cette hypothèse aventureuse.

Reincke (*B. B.*, t. XIV, p. 2144) a isolé la présence de composés aldéhydiques, dans des cellules contenant des grains chlorophylliens. « Si, dit-il, on distille, après neutralisation au carbonate de soude, le suc des parties vertes de certains végétaux, on obtient des liqueurs réduisant la liqueur de Fehling ou le nitrate d'argent ammoniacal. Avec les feuilles de vigne, le principe actif se trouve dans les premières gouttes du distillat : avec le saule et le peuplier, on obtient un corps huileux, plus stable, et dont l'action réductrice se manifeste de même manière. Il semble de toute évidence, qu'en ces corps se trouve un réducteur, qui ne saurait être autre que le formol. Les essais répétés sur d'autres espèces végétales, contenant, sous des aspects différents, la chlorophylle, plantes di, mono et acotylédons, algues, mousses, fougères, donnent des extraits alcooliques ou aqueux, fournissant à la distillation, un réducteur, un aldéhyde dont l'action, sur les sels d'argent, est caractéristique.

Les propriétés réductrices, en effet, ne sauraient être attribuées, ni à l'acide formique, puisque l'extrait a été préalablement neutralisé, ni à des produits de décomposition ultérieure, des albuminoïdes, puisque les sucs, traités à l'acétate de plomb, contiennent encore ces corps oxydables.

En examinant la propriété de ces corps réducteurs, Reincke a été amené à considérer, avec la plus grande apparence de probabilité, la substance réductrice obtenue, pure et simple, avec la feuille de vigne, comme étant de l'aldéhyde formique, H.COH, ou son produit de polymérisation, le trioxyméthylène.

Kumpfein a repris ces essais, et, en prenant pour base la réaction du formol, sur la solution bisulfitique de méthyl-para-amido-crésol, qui détermine une coloration rouge très nette, il a reconnu la présence du méthanal dans la plupart des végétaux.

Ceci est, d'ailleurs, tout à fait conforme aux idées de Bœyer, qui a posé en principe que : *la formaldéhyde est le premier terme de l'assimilation de l'acide carbonique, par la plante.*

C'est, d'autre part, le seul corps volatil connu, susceptible de réduire une solution neutre de nitrate d'argent ; c'est, en outre, le plus simple des hydrates de carbone, les autres pouvant être regardés, ainsi que l'a posé Butlerow, comme ses polymères formés, avec ou sans élimination d'une molécule d'eau.

Cette interprétation est, enfin, en parfaite concordance avec les travaux classiques de Boussingault et de Saussure, qui ont établi que, le volume d'oxygène dégagé par les plantes à chlorophylle est égal à celui de l'anhydride carbonique, décomposé dans le même temps.

Les recherches de Reincke, de Kumpfein et, surtout, celles plus récentes de Pollachi, ont éclairci ce point obscur de la chimie végétale.

Pollachi (*I. V. Pavie*, t. VII) a constaté que, les organes des plantes, plongés dans le réactif de Schiff, donnent la réaction aldéhydique : hors de l'action solaire, la réaction ne se produit pas, et il en est de même, si leur atmosphère ne contient pas CO^2.

L'extrait neutralisé des organes verts des végétaux donne, selon Polachi, les réactions suivantes :

1° Il réduit la liqueur de Fehling et le nitrate d'argent ammoniacal;

2° Chauffé, son résidu de distillation se vaporise : avec SO^4H^2, la codéine ou la morphine, il se colore en rouge violet;

3° Avec la solution aqueuse d'aniline, il donne un précipité laiteux, diagnose d'aldéhyde (Trillat);

4° Avec le bisulfite de rosaniline (réactif de Schiff), il se colore en rouge violet, coloration disparaissant par addition de potasse caustique;

5° Avec le benzophénol et SO^4H^2 94 0/0, il donne une coloration rouge cramoisi (Hensen);

6° Avec le chlorhydrate de phénylhydrazine, on obtient un précipité blanc soluble, à chaud, dans l'alcool absolu; ou bien à froid, il cristallise, en donnant la réaction de Vitali;

7° Avec la méthylphénylhydrazine, il fournit un précipité blanc, tournant au vert;

8° En présence de phénylhydrazine, de nitro-prussiate et d'un alcali en excès, on a une coloration, d'abord bleue intense, puis, tournant rapidement au rouge.

De ces résultats Polachi conclut :

1° Qu'il se trouve de l'acide formique et de l'aldéhyde dans les plantes qui végètent à la lumière;

2° Que, dans l'obscurité, ces végétaux ne donnent aucun de ces composés;

3° Que, dans un milieu dépourvu de CO^2, les plantes à chlorophylle ne donnent point de composés formiques.

A côté de ces dérivés acides ou aldéhydiques du méthane, il se forme également de l'alcool méthylique, comme Maquenne l'a montré, en distillant des extraits aqueux de fusain, de lierre, de maïs, d'ortie, de lilas, de topinambour, de dahlia et de vernis du Japon.

L'alcool recueilli est en quantité faible, mais sensible, et, dans l'ortie, le pourcentage arrive à 3 pour 1.000 du végétal supposé sec.

Comment expliquer cette présence d'alcool méthylique, qui est, d'ailleurs, constante dans les bois — la distillation pyrogénée le prouve — si, on n'admet point une hydrogénation de l'aldéhyde formique, dont la genèse paraît à peu près indiscutable?

Euler soutient, tout en admettant comme indiscutable l'existence du formol dans les végétaux, qu'il s'y trouve à l'état de combinaison avec les albuminoïdes et les corps amidés : ceci est possible, mais il ne faut pas oublier qu'ils sont dissociables par H^2O. En se basant sur les expériences de Delépine (*S. C.*, t. XVII, p. 938), certains prétendent que l'équation générale de formation de l'aldéhyde, dans le cas que nous avons envisagé, est réversible et doit s'écrire :

$$CO^2 + H^2O \rightleftarrows COH^2 + O^2.$$

Nous verrons, plus loin, le mal fondé de cette opinion; mais, quel que soit le mécanisme de la transformation, on peut considérer comme certain que la chromule transforme, CO^2 et H^2O, en formol, ainsi que l'a prétendu Baeyer.

Les recherches de Loebb, les travaux de Jovitschich, ne peuvent que confirmer cette opinion.

Avec une certaine raison, d'ailleurs, Bach (*C. R.*, t. CXXV, p. 479) dit qu'il y a une véritable analogie entre la réduction de l'acide carbonique humide, par la chlorophylle, sous l'action de la lumière, en composés formiques, et la préparation des formiates, soit par électrolyse des bicarbonates, soit par hydrogénation de ces corps, à l'aide du palladium ou des amalgames.

Quel est le mécanisme chimique de ces transformations dont les résultats sont indiscutables ?

Sur ce point, les théories font défaut quelque peu et, les éclaircissements pratiques manquent encore plus.

Il semble, tout d'abord, que les deux phénomènes de décomposition de CO^2 en CO et en O, de H^2O en H et en O, sont dus à l'action propre de la lumière, la chromule n'intervenant que comme catalyseur ou comme déterminant de réactions secondaires, ainsi que l'a indiqué Gautier.

Malgré les travaux de Trenitz, de Statts, le phénomène, en dehors de l'interprétation que lui donne Bach et que nous verrons tout à l'heure, reste obscur : est-on en présence d'une action purement photochimique, ou bien y a-t-il action catalytique?

On peut presque dire : *Adhuc, sub judice lis est.*

L'aldéhyde formique, quels que soient les raisons et les modes de sa genèse, étant formé ; la phase de transformation de l'acide carbonique et de l'eau se termine-t-elle là? Non, évidemment, car, elle tendra à se continuer de deux façons différentes : ou, le méthanal produit se polymérisera pour donner naissance aux sucres ou à la cellulose ; ou bien, comme il se trouve, du fait même du mécanisme de sa formation, en présence d'oxygène naissant, il s'oxydera et se transformera en acide formique.

Au point de vue de la formation de l'acide formique, dans les végétaux, diverses opinions différentes ont été présentées.

Dehérain, Moissan, Astruc soutiennent que l'acide formique, aussi bien que les autres acides gras que l'on trouve dans les plantes, se forme, par oxydation ménagée, des hydrates de carbone ou de méthanal. D'après Bach et Chodat (*S. C.*, t. XXX, p. 857), l'oxygène nécessaire agirait, au contraire, par intermédiaire du peroxyde formé, sous l'influence des oxydases, contenus dans les végétaux ; selon Besson, l'oxygène se condenserait en ozone dans le végétal, sous l'influence de la lumière ; si, enfin, on s'en rapporte à Charabot et à ses collaborateurs qui ont longuement étudié tous les problèmes de biochimie végétale, l'oxydation du formol y serait un corollaire des phénomènes de respiration de la plante.

Cette dernière théorie est en contradiction avec les idées soutenues par Berthelot et André (*S. C.*, t. XLVII, p. 29) : ceux-ci, en effet, considèrent l'acide formique comme un produit de réduction incomplet de l'acide carbonique et, non, comme le résultat d'une oxydation subséquente de certains produits de cette réduction. Selon Chapmann (*Ch. S.*, t. XCI, p. 942), la diminution de la pression atmosphérique faciliterait cette réaction.

Comme on le voit, la question est très controversée et l'autorité des tenants de chacune des opinions divergentes pourrait laisser fort perplexe, si l'étude récente et très complète, qu'a faite Bach, de la transformation de l'acide carbonique dans la plante, n'était venue jeter le jour sur ce problème obscur. Ce travail, fait sous les auspices de Schutzemberg, est absolument remarquable, et il est à citer presque en entier.

Depuis que la chimie moderne a démontré que, nombre de phénomènes qui se passent chez les êtres vivants sont identiques à ceux qui se présentent dans les corps bruts, on a cherché à ramener les phénomènes physiologiques, ayant trait à l'assimilation ou à la désassimilation, aux mêmes lois physico-chimiques qui régissent la matière brute. Aussi, au sujet de l'assimilation de l'acide carbonique, par les plantes, a-t-on vu apparaître, à diverses époques, une série d'hypothèses, cherchant à expliquer, par des réactions chimiques, la réduction de l'acide carbonique et l'accumulation, dans les plantes, de produits à haute tension chimique, aliments nécessaires, soit directement, soit indirectement, de la vie animale.

Liebig, le premier, est entré dans cette voie, en posant en principe, comme nous l'avons indiqué à maintes reprises, que les acides de la série grasse, surtout l'acide formique, constituaient le premier terme de la réduction de l'acide carbonique et se transformaient, par une action ultérieure, en hydrates de carbone.

En se basant sur les faits isolés par Boutlerow (*Berichte*, t. III, p. 63), qui démontrent que l'aldéhyde formique se polymérise pour donner une matière sucrée, la *formose;* Bœyer a posé, en principe, comme nous l'avons déjà exposé, que le premier terme de réduction de l'acide carbonique est l'aldéhyde formique : celui-ci, par oxydation, donne l'acide formique et, par polymérisation ou par condensation, les hydrates de carbone.

Nous avons vu que, les choses se passaient, comme si une molécule d'anhydride carbonique, CO^2, et une molécule d'eau H^2O, entraient, concomitamment, en réaction pour donner une molécule de formol et deux atomes d'oxygène, selon l'équation :

$$CO^2 + H^2O = COH^2 + O^2.$$

La réaction est-elle aussi simple ? Les deux atomes d'oxygène mis en liberté proviennent-ils de la réduction complète de l'anhydride carbonique, en carbone qui s'hydrate, selon l'équation :

$$CO^2 = C + O^2;$$
$$C + H^2O = COH^2,$$

ou bien sont-ils fournis, moitié par l'anhydride carbonique, qui se transforme en CO, selon l'équation :

$$CO^2 = CO + O,$$

moitié par l'eau, selon l'équation :

$$H^2O = H^2 + O,$$

le méthanal étant formé de l'union des deux restes, selon la dernière équation :

$$CO + H^2 = COH^2?$$

Bœyer et bon nombre d'auteurs, Gautier par exemple, admettent ce processus, que conteste absolument Bach.

Marchelowsky, Schunck, Nencki, se basant sur l'analogie qui existe entre la chlorophylle et la matière colorante du sang, ont considéré que l'oxyde de carbone formé était absorbé par la chromule.

L'oxygène étant mis en liberté, l'hydrogène réagirait alors sur la combinaison d'oxyde de carbone et de chlorophylle, pour en amener la décomposition, en donnant naissance à l'aldéhyde formique, COH^2.

Tout ceci est assez complexe, et, en fait, fort discutable, car, *in vitro*, on n'a point pu obtenir de combinaison isolable et bien caractérisée entre la chlorophylle ou ses dérivés et l'oxyde de carbone : le carbonyle de chlorophylle ne semble pas exister, et, c'est pourquoi nous considérons, comme purement hypothétique, la série de réactions, que nous venons de présenter.

Les travaux de Tollens, de Lœw, de Fischer, ont montré que la polymérisation de COH^2 donne la *fructose*, un sucre : les études de Borkiny sur le *Spiroga* ont, d'autre part, prouvé que la transformation du formol, en amidon, était possible.

Étant donné ces faits indéniables de transformation ; soit, par polymérisation ; soit, par condensations successives ; l'aldéhyde formique, comme l'a soutenu Bœyer, semble donc être le premier terme de la synthèse des hydrates de carbone, dans les plantes. Le processus de cette formation est-il celui, très simpliste, indiqué par Bœyer ? Bach (*M. S.*, août 1893, p. 669) le conteste formellement, en se basant sur les théories nouvelles de chimie physique.

L'acide carbonique, selon le savant genevois, n'entre pas dans la réaction sous la forme d'anhydride CO^2, mais bien sous la forme d'hydrate d'acide carbonique $CO^3H^2 = CO\langle^{OH}_{OH}$, ce qui est, d'ailleurs, très probable.

Gautier, pour expliquer la décomposition du système $CO^2 + H^2O$, admet la formation d'un hydrure de chlorophylle, qui ne serait autre que la *Protophylline* de Timiriazeff, et qui agirait sur CO^2, à la façon des hydrures métalliques de Moissan ; dans cette hypothèse, il devrait y avoir formation, non d'aldéhyde, mais bien d'acide formique, ce qui n'est point démontré. D'autre part, pour admettre cette formation d'hydrure, il faut considérer la chlorophylle comme susceptible, sous la radiation solaire, de décomposer H^2O, en absorbant H et, en mettant en liberté O. Aucune expérience ne démontre le bien fondé de ces dernières hypothèses.

Bach semble, donc, être dans le vrai quand il soutient que, la réaction de Timiriazeff n'implique pas que le corps produit jouisse de propriétés spéciales, lui permettant de décomposer H^2O : l'hypothèse de Gautier semble, donc, en dehors des notions chimiques admises.

Si la *Protophylline* est susceptible d'agir sur CO^2, en s'oxydant, il n'en résulte pas que CO, produit de cette réaction, soit susceptible, dans ces conditions spéciales, de réagir sur H^2O et que, par suite, CO soit susceptible de s'oxyder ainsi.

Si, Bach rejette le concept théorique de la réaction proposée par Gautier, comme non vérifié expérimentalement; par contre, il reconnaît que cette hypothèse a eu l'avantage de poser le problème, sur le terrain solide des réactions chimiques, où il doit, sûrement, trouver sa solution.

Il propose, à son tour, une explication de ce phénomène captivant; explication basée, d'ailleurs, sur les données de la chimie moderne, et que nous reproduirons dans son entier.

« Dans l'étude du mécanisme chimique de l'assimilation de l'acide carbonique, par les plantes à chlorophylle, dit Bach, il importe de tenir compte des considérations suivantes :

« 1° La plupart des auteurs qui ont eu à examiner cette réaction partent toujours, dans leur examen, du système anhydride carbonique et eau, $CO^2 + H^2O$, qui, dans les parties vertes des plantes, subit une réduction, en formant une molécule d'acide formique ou d'aldéhyde et, en dégageant 2 atomes d'oxygène. Naturellement, ils discutent, à perte de vue, sur la question de savoir, si, ces 2 atomes d'oxygène résultent de la réduction totale de la molécule d'anhydride carbonique en carbone, lequel s'hydrate pour donner du formol, ou bien, s'ils sont fournis, moitié par l'anhydride, moitié par l'eau; les deux résidus, CO et H^2, se combinant pour donner COH^2.

« Or, tout ce que nous savons des propriétés de l'anhydride carbonique doit nous convaincre qu'il prend part au phénomène d'assimilation, non à l'état d'anhydride, CO^2, mais bien sous la forme CO^3H^2. (Nous étudierons, d'ailleurs, plus loin cette transformation de l'hydrate d'acide carbonique, dans la préparation de l'acide formique, par voie d'hydrogénation électrolytique.)

« On n'a donc point plus de raisons, pour parler du système $CO^2 + H^2O$, que nous n'en avons de citer un système $SO^2 + H^2O$, pour désigner l'acide sulfureux.

« L'anhydride carbonique se dissout dans l'eau, avec un dégagement de $+5^{cal},6$; il forme facilement des solutions sursaturées qui, ainsi que l'a reconnu Prolezzi (*Berichte*, 1892, p. 200), s'écartent, considérablement, de la loi assignée à la solubilité des gaz ; de sa solution aqueuse, il ne peut être chassé complètement, même par ébullition prolongée ; enfin il forme des sels acides, comme un acide bivalent. Tous ces faits prouvent, qu'en solution aqueuse, l'anhydride carbonique ne peut exister qu'à l'état d'hydrate CO^3H^2, qui ne diffère des autres acides que par son instabilité relative. »

Ballo, aussi bien que Bach (*Berichte*, 1884, p. 6), admet, d'ailleurs, que l'assimilation de l'acide carbonique, par la chlorophylle, ne peut se produire que si l'on se trouve en présence d'un hydrate.

« La distinction entre le système $[CO^2 + H^2O]$ et l'hydrate $CO\langle^{OH}_{OH}$ comporte des conséquences très importantes, au point de vue du problème qui nous occupe ; elle le simplifie et laisse entrevoir des analogies qui seraient impossibles, si on persistait à faire à l'anhydride carbonique, une place à part parmi les autres anhydrides.

« D'autre part, on sait qu'il existe un grand nombre de réactions chimiques qui ne se produisent que, grâce à des réactions intermédiaires, ou, qui sont, de beaucoup, facilitées par des réactions intermédiaires, telle la classique réaction de Friedel et de Crafts, avec le chlorure d'aluminium.

« Dans l'organisme végétal ou animal, où les substances en présence sont très nombreuses et d'une nature extrêmement complexe, les réactions intermédiaires doivent jouer un rôle capital. C'est, grâce à ces combinaisons passagères, grâce à un jeu de réactions intermédiaires, très compliqué en apparence, mais, probablement, très simple, en réalité, que l'organisme animal ou végétal arrive à réaliser, à la température ordinaire, des synthèses, qu'avec nos moyens imparfaits, nous sommes impuissants à reproduire.

« Or nous ne connaissons, actuellement, qu'une seule classe de corps qui, à la température ordinaire, soient susceptibles de se décomposer, avec mise en liberté d'oxygène : ce sont les peroxydes. Pour que l'acide carbonique puisse se décomposer, dans les parties vertes des plantes, avec dégagement d'oxygène, il faut, par conséquent, qu'il se forme directement ou indirectement, comme terme intermédiaire, un produit peroxydé peu stable. »

Ces principes posés, Bach en déduit toute une théorie nouvelle de l'action de la chlorophylle.

Des expériences de Lœw, il résulte que, sous l'influence de la radiation solaire, l'acide sulfureux se transforme en acide sulfurique, avec mise en liberté de soufre et élimination d'eau : on a l'équation :

$$3SO^3H^2 = 2SO^4H^2 + S + H^2O.$$

On peut admettre que l'hydrate d'acide carbonique CO^3H^2 subit, dans les mêmes conditions, une décomposition analogue, décomposition que l'on peut écrire :

$$3CO^3H^2 = 2CO^4H^2 + \underbrace{\boxed{C + H^2O}}_{\text{Aldéhyde formique}}.$$

Le composé CO^4H^2, analogue à SO^4H^2, peut être considéré comme un hydrate de l'acide percarbonique CO^3, dont l'existence, aujourd'hui, est démontrée et, dont la préparation est, actuellement, industrielle. A la différence de l'acide sulfurique qui est très stable, l'acide percarbonique est instable et, sous l'influence des substances contenues dans les plantes, il se décompose en anhydride carbonique CO^2, en eau et en oxygène, avec formation intermédiaire d'eau oxygénée : cette réaction peut s'écrire :

$$2CO^4H^2 = 2CO^2 + 2H^2O^2 = 2CO^2 + 2H^2O + O^2.$$

Cette hypothèse semble, dès lors, jeter une vive lumière sur le phénomène de réduction de l'acide carbonique, par les plantes. Si on rapproche les deux équations :

$$3CO^3H^2 = 2CO^4H^2 + \boxed{CH^2O},$$
$$2CO^4H^2 = 2CO^2 + 2H^2O^2 = 2CO^2 + 2H^2O + O^2,$$

on voit que, sur trois molécules d'acide carbonique entrant en réaction, deux subiraient une sorte d'oxydation intra-moléculaire, aux dépens de deux atomes d'oxygène de la troisième, qui se trouverait, ainsi réduite, à l'état d'aldéhyde formique. Les deux atomes d'acide percarbonique formé se décomposeraient, ensuite, en donnant, chacun, un atome d'oxygène et, en régénérant de l'acide carbonique, qui rentrerait dans le cycle de réaction.

Sur trois molécules d'acide carbonique hydraté entrant en jeu, il n'y en aurait qu'une qui se décomposerait, dans le sens voulu, par l'hypothèse de Bæyer et Gautier.

L'hypothèse de Bach, telle que nous venons de l'exposer, semble d'autant plus vraisemblable que la présence d'eau oxygénée ou de corps oxydants analogues, a été signalée, dès 1878, par Clermont (*Ann. de Ch. et Phys.*, t. V, p. 17) et par Wurster, en 1888 (*C. R.*, p. 1525). L'opinion de ce dernier chimiste, il est vrai a été combattue par Bokerny.

Wurster, à l'aide d'un réactif spécial, formé de papier imprégné de tétraméthylparaphénylènediamine qui donne une coloration bleue, variant d'intensité, selon la puissance des oxydants en jeu ; Wurster, a constaté que, dans la sève des feuilles, on se trouvait en présence d'un oxydant puissant : ayant vérifié, à l'aide du réactif de Griew, que ce n'était point de l'acide azoteux, il en a déduit qu'il se trouvait en présence d'eau oxygénée. Se basant sur des essais, déjà cités à propos du *Spiroga*, Bokerny, ayant eu des résultats négatifs à l'iodure de potassium et au sulfate ferreux, en a conclu à l'absence d'eau oxygénée, qu'il n'avait point pu isoler, d'ailleurs, par dialyse, des extraits, de feuilles.

Bach, reprenant cette étude, soutient, avec raison, que l'échec de Bokerny, dans sa recherche de l'eau oxygénée, est dû, surtout, au manque de sensibilité des réactifs qu'il a employés : il propose de leur substituer un mélange de bichromate, d'aniline et d'acide oxalique qui, sous l'influence de la moindre trace d'eau oxygénée, se colore en rose violacé, alors que, hors du contact de ce corps, il reste complètement inaltérable.

Les solutions de chlorophylle doivent, pour ces essais, être préparées avec un soin extrême. « J'ai choisi, dit Bach, des plantes bien portantes et en voie de croissance : j'en ai cueilli les feuilles ou tiges, toujours à la même heure de la journée, midi, par exemple, en ayant soin de choisir des parties bien vertes et exemptes de tares. Vingt-cinq grammes, de chaque espèce, ont été placés dans un vase de porcelaine de 250 centimètres cubes et arrosées de 75 centimètres d'eau aiguisée de 1 0/0 d'acide oxalique : le vase était fermé, pour éviter toute oxydation éventuelle, et, on le conservait, dans une chambre obscure.

« A des intervalles réguliers, 5 centimètres cubes ont été prélevés sur chaque extrait ; filtrés, puis reçus, dans une éprouvette contenant 5 centimètres cubes de la dissolution de bichromate, d'aniline et d'acide oxalique.

« Après addition de quelques gouttes d'une solution d'acide oxalique à 5 0/0, la masse a été agitée, à diverses reprises, puis, laissée en repos.

« Les essais, qui ont donné une coloration rose, au bout d'une heure, au maximum, sont considérés comme contenant de l'eau oxygénée. Dans chaque cas, un essai à blanc a été opéré avec 5 centimètres cubes de réactif et 5 centimètres cubes d'eau acidulée, qui a servi à préparer l'extrait, et, 2 gouttes d'acide oxalique à 5 0/0. Cet essai à blanc permettait, non seulement, de reconnaître, par comparaison, le commencement de coloration dans l'essai principal, mais encore, de s'assurer que l'acide oxalique, seul, était impuissant à provoquer la coloration du réactif, dans le laps de temps indiqué plus haut. »

Un certain nombre d'espèces végétales ont été, ainsi, examinées par Bach et, dans la plupart des cas, il a pu y constater la présence d'eau oxygénée ; notamment, dans la navette, la carotte, la betterave, le géranium, le lierre, le laurier-cerise, la laitue, l'aster, la capucine, le chrysanthème, la féverolle, l'ortie, la calla, la fève, le coquelicot, le sisymbre, la vesce, le fraisier, l'œillet et le persil : la réaction la plus nette se produit avec l'ortie ; ce qui n'est point fait pour surprendre, étant donné la teneur de cette plante en acide formique.

A côté de ces faits extrêmement curieux, Bach a constaté qu'il y avait corrélation, ainsi que l'avaient déjà observé Boehm et Sachs, entre la température d'une part, et la quantité d'eau oxygénée d'autre part, par suite aussi, avec les composés formiques formés.

De ces essais de Bach, on peut conclure à la co-existence dans la plante, à un moment donné, d'eau oxygénée et d'aldéhyde formique ; il est très naturel de penser que ces deux corps doivent réagir l'un sur l'autre, en donnant de l'eau et de l'acide formique, selon l'équation :

$$COH^2 + H^2O^2 = CO^2H^2 + H^2O.$$

Cette action est, partiellement, entravée néanmoins, par suite, de la combinaison du méthanal aux albuminoïdes contenues dans le végétal; mais, elle ne s'en produit pas moins, en faible quantité peut-être, mais elle se produit.

En résumé, du travail de Bach il résulte que, dans le phénomène d'assimilation par les plantes, l'acide carbonique entre en réaction à l'état d'hydrate CO^3H^2. Pour qu'il puisse se dédoubler, sous l'influence de la radiation solaire, avec production d'oxygène, il doit se former, comme terme intermédiaire, un produit peroxydé peu stable.

Par analogie avec l'acide sulfureux SO^3H^2 qui se dédouble, sous l'influence de la radiation, selon l'équation :

$$3SO^3H^2 = 2SO^4H^2 + S + H^2O,$$

on peut admettre que le dédoublement de l'acide carbonique suit le même processus, à savoir :

$$3CO^3H^2 = 2CO^4H^2 + \underbrace{\boxed{C + H^2O}}_{\text{Aldéhyde formique.}}$$

Il se forme donc de l'aldéhyde formique et de l'acide percarbonique, dont l'existence a été démontrée par Bach et divers autres savants, et qui est, aujourd'hui, un produit industriel.

Ce dédoublement correspond à l'hypothèse de Bæyer, mais sur trois molécules d'acide carbonique entrant en réaction, une seule se dédouble en oxygène et en aldéhyde formique :

$$3CO^3H^2 = 2CO^4H^2 + CH^2O = 2CO^3H^2 + O^2 + CH^2O,$$

à la suite de la décomposition de l'acide percarbonique. Ce dédoublement donne naissance à de l'eau oxygénée, fait constaté dans les multiples essais de Bach : ce corps est susceptible de réagir, alors, partiellement, sur l'aldéhyde, pour donner naissance à de l'acide formique. Ce dernier acide, dont on constate la présence, à l'état libre, dans un certain nombre de végétaux, se transforme, en présence des produits de réduction des azotates par la plante. Ces derniers sont constitués, surtout, par de l'hydroxylamine, provenant de l'action du méthanal sur les produits azotés : l'acide formique, se combinant à ce corps, donne naissance à de la formiamide.

La transformation de l'aldéhyde formique, en acide formique, a été, très nettement exposée, dans une série d'autres expériences, faites par Delépine.

L'assimilation de l'acide carbonique et de la vapeur d'eau par la plante, et leur transformation en aldéhyde formique étant établie ; on peut se demander, comment l'oxydation de cet aldéhyde, pour arriver à la formation de l'acide formique, peut se faire, en dehors de l'hypothèse de Bach, et, de quelle autre façon, se réalise l'équation très simple :

$$COH^2 + O = CO^2H^2.$$

Les travaux de Delépine parus en 1896, dans le *Bulletin de la Société chimique* (t. V, p. 997), permettent de donner, sur cette modification, des renseignements nouveaux.

Désireux de préparer de l'aldéhyde formique pure, Delépine employa la méthode préconisée par Tollens et qui consiste à traiter, par l'eau, le trioxyméthylène. Delépine constata alors que le trioxyméthylène, chauffé en tube scellé à + 120°-140°, avec son poids d'eau, pendant six heures, donne naissance à de l'acide carbonique, et que la liqueur restant dans le tube, au lieu d'avoir l'odeur nette de formol, a l'odeur d'éther formique.

Reprenant l'expérience, et opérant à + 200°, en tube scellé, il a pour 5 grammes de COH^2 et 5 grammes d'eau, à la suite de trois chauffes de six heures, obtenu les résultats suivants :

Durée		CO^2 produit	CO produit	Oxygène	Acidité en CO^2H^2 par cc.
6h	à + 200°	146cc	4cc	disparu	0gr,1060
12h	—	314	10	—	0gr,1236
18h	—	240	15	—	0gr,1150
		700cc	29cc		

Le traitement au plomb a permis d'identifier d'un côté l'acide produit et, de reconnaître que l'on se trouvait en présence d'acide formique.

La formation concomitante d'alcool méthylique a été constatée, d'un autre côté, par la formation d'iodure de méthyle.

L'eau réagissant sur l'aldéhyde formique a, donc, donné, de l'acide formique et de l'alcool méthylique, selon l'équation :

$$(COH^2)^2 + H^2O = CO^2H^2 + CH^3OH.$$

Tollens avait observé déjà que la magnésie, réagissant, entre + 180° et + 220°, sur l'aldéhyde formique, donnait du formiate et de l'alcool méthylique : Fitschenko avait fait la même observation, au sujet des hydracides ; Delépine après eux (*S. C.*, t. XV, p. 997) a constaté, comme nous l'exposions, que l'aldéhyde formique, en présence de l'eau, se décomposait en acides formique et carbonique et, en alcool méthylique.

Ces faits sont dignes d'intérêt, surtout si on se rappelle que l'aldéhyde formique est, en somme, le premier terme de l'assimilation carbonée dans les végétaux à chlorophylle. Si on admet, un instant, que les réactions, obtenues chimiquement par Tollens, par Fischenko, par Delépine, se passent physiologiquement dans le végétal, on peut en tirer de nombreuses conséquences.

C'est, dit justement Delépine, ajouter une nouvelle destinée aux transformations, déjà admises, pour l'aldéhyde méthylique. Ainsi on peut s'expliquer, pourquoi cet élément est si difficile à retrouver, dans les végétaux, à l'état natif et, cela, en raison de son aptitude à de multiples transformations.

On comprend alors, par ce dédoublement de COH^2, sous l'influence de H^2O, combien est simple, la présence de l'acide formique, comme de l'alcool méthylique, dans les végétaux ; on voit, de plus, comment cet acide peut exister libre, étant formé seulement par l'action de l'eau : si une base était nécessaire, à sa formation, on serait obligé de supposer qu'un acide plus fort l'a, ultérieurement déplacé ; ce qui serait peu probable, l'acide formique étant, thermiquement, le plus fort des acides organiques.

Dans la décomposition de CO^2H^2 par H^2O, Delépine a constaté, la formation, à côté d'acide formique, d'une forte quantité d'acide carbonique et d'alcool méthylique. On s'explique, alors, que la présence de ce dernier élément, CH^3OH, presque universelle dans les feuilles, d'après Maquenne, soit le corollaire obligé de la formation d'acide formique.

De tout ceci, on peut déjà conclure, que, la formation de l'acide formique, dans les végétaux, ne serait dû, ni à l'oxydation directe du formol, ni, à la réduction de l'acide carbonique hydraté, mais bien, à l'action de l'eau sur le méthanal, à moins, ce qui est plus possible et ce qui permettrait de mettre tout le monde d'accord, que les diverses réactions de formation exposées ne se produisent concomitamment.

A côté de sa transformation en acide formique, le formol est susceptible de subir d'autres réactions et surtout de se polymériser, comme l'ont montré Bokœrny et Lœwe ; il donnerait ainsi, la fructose

$$(COH^2)^6 = C^6H^{12}O^6,$$

puis les glucoses, l'amidon, la fécule et la cellulose.

Les expériences de Hugo von Mohl, de Stahl, de Morgan, qui montrent la transformation de l'acide carbonique, en matière amylacée, sous l'action solaire, dans des plantes totalement dépourvues d'amidon, sont une nouvelle preuve de la probabilité de cette théorie. Tous les hydrates de carbone, contenus dans le végétal, peuvent donc, en raison de polymérisations et de condensations successives, prendre naissance, à partir de l'acide carbonique, par l'intermédiaire de la chlorophylle et sous l'influence solaire.

Si on rapproche ce fait, cette genèse des matières amylacées, de la formation, presque dans le même instant, d'acide formique ; si on reprend l'étude de Kldiaschvili (*J. Sc. ph. et ch.*, t. XXXVI, p. 905; 1904), sur le formiate d'amidon, essais contrôlés, tout dernièrement, par Wotherspon ; on comprend que, le méthanoïque réagissant sur la matière amylacée lui donne, ainsi, pour employer l'expression de Deherain, « sa forme de voyage », laquelle lui permet de passer, par exemple, dans la pomme de terre, de la feuille où elle s'est formée, au tubercule où elle va aller s'emmagasiner.

L'hypothèse, pour aventureuse qu'elle soit, a d'ailleurs un certain caractère de vraisemblance, car le formiate d'amidon, en présence des bases, se saponifie, facilement, en régénérant la matière amylacée initiale.

La cellule chlorophyllienne ne se contente donc pas de décomposer l'acide carbonique de l'atmosphère qui entoure la feuille; mais, si on se reporte aux essais de Corenwinder, elle est aussi capable d'utiliser, pour son usage particulier, l'acide carbonique qui provient des autres fonctions du végétal, comme, par exemple, de sa respiration.

Toute cette série de réactions, si on les examine au point de vue mécanique chimique, ne s'effectuent pas, sans un travail considérable ; d'après Berthelot, nous savons, en effet, qu'il s'élève au chiffre de 88 calories, par molécule de CO^2 tranformé.

Chiffrons le : on sait que 1 mètre carré de feuilles est susceptible, sous l'influence solaire, de décomposer, en dix heures,

710 grammes d'acide carbonique, soit environ 16 molécules : un tel travail correspond alors, à près de 1.300 calories ; soit à 2/10 chevaux-vapeur, par heure, dont l'énergie, la réaction étant endothermique, est mise en réserve.

En frappant les végétaux répandus sur la surface du globe, les radiations émanées du soleil déterminent la réduction des corps, saturés d'oxygène, qui se trouvent dans l'atmosphère, et, de leurs résidus, en dérivent les hydrates de carbone. Le mouvement et le travail n'étant qu'une modalité de l'énergie, on conçoit donc que, c'est en brûlant, dans ses organes, la matière organique, formée sous l'influence du soleil, que l'animal se meut.

Ce ne sont, ni le froment, ni l'avoine qui déterminent l'action vitale chez les myriades d'êtres qui tourbillonnent autour de nous, mais, bien l'énergie, provenant de la radiation solaire, que lentement, la plante accumule, par l'intermédiaire de sa chlorophylle.

L'immobilité du végétal lui permet de thésauriser, ainsi, la chaleur nécessaire à la mobilité de l'animal : cette force mise en réserve, l'être vivant la dépense, en la transmuant en mouvement.

Dans l'immense ensemble des transformations organiques, la chlorophylle joue donc un rôle primordial, car, sans elle, les phénomènes vitaux ne pourraient s'accomplir.

Elle constitue, tout simplement, le trait d'union entre la matière inanimée et la matière vivante.

C'est la base même de la vie, le générateur du mouvement, le symbole chimique du printemps, la raison d'être de l'éternel renouveau.

C'est donc, avec sagesse, qu'à la coloration même de la feuille, les poètes ont lié l'idée d'espérance !

Pour que notre monde puisse continuer d'exister, pour que l'humanité, mange, pense et agisse, il faut, qu'au premier soleil du printemps, la chlorophylle travaille et que la feuille verdisse.

Le monde ne restera monde que si, la forêt et le champ,

Semper virent.

RÈGNE MINÉRAL

Pour y être moins abondant et pour y jouer, au point de vue élémentaire, un rôle moins important que dans le règne végétal, l'acide formique, soit à l'état d'aldéhyde, soit à l'état d'acide libre, ne se rencontre, pas moins, dans le règne minéral.

Les divers composés formiques se trouvent, à l'état tout formé, dans l'atmosphère, et la série d'études qu'Henriot a présentées, sur ce sujet, soit à l'Académie des Sciences, soit à la Société chimique (t. XXIX, p. 1108), sont de haut intérêt.

Le principe de ces expériences se trouve dans la condensation, sur de la soie de verre, des eaux météoriques : un volume de 30 à 40 litres en a été réduit, par évaporation, à 200 centimètres cubes, et le résidu en a été soumis à la distillation, après filtration ; on y a recherché les composés formiques, sous la forme d'aldéhyde, de formiamide, de formiate d'ammoniaque ou d'acide libre ; Henriot a obtenu les résultats suivants :

1° Avec la solution alcaline de résorcine, à chaud, selon la méthode de Lubbin, il a obtenu la coloration rouge, caractéristique du formyl ;

2° Avec le chlorure de fer, les peptones et l'acide sulfurique, selon la méthode de Farnstein, il a obtenu une coloration violette intense ;

3° L'oxime obtenue, traitée par SO^4H^2, donne de l'acide cyanhydrique, ce qui indique la présence de formol ;

4° Avec la diméthylaniline, le produit de condensation obtenu, étant oxydé, il donne la coloration bleue du tétraméthyldiamidobenzylhydrol.

Toutes ces réactions indiquent, nettement, la présence, dans les eaux météoriques, de dérivés du formyl ; les quantités sont évidemment faibles, et, cependant, Henriot estime qu'on peut les évaluer, chiffrées en aldéhyde formique, entre $\frac{5}{100.000}$ et $\frac{1}{100.000}$ du poids de la quantité d'eau, soumise à l'examen.

Existant dans l'atmosphère, l'acide formique se trouve, aussi, dans les gaz évacués par les volcans.

Après en avoir, par diverses analyses, constaté la présence; Armand Gautier a cherché, dans son *Étude sur les phénomènes volcaniques*, parue dans le *Bulletin de la Société chimique* (t. I, p. 929; 1906), à en expliquer la formation.

« Les réactions élémentaires, dit-il, qui se produisent dans les profondeurs du globe, réactions, d'où résulte la formation continue de roches primitives et les phénomènes éruptifs, ont été, jusqu'ici, principalement déduits de l'observation des faits naturels. Il semble que l'on puisse, aujourd'hui, les soumettre au contrôle expérimental. »

Chauffées au rouge, des poudres de toutes les roches primitives, granit, porphyre, gneiss, diorite, préalablement séchées à + 200°, perdent, dans cette chauffe, une notable quantité d'eau : environ 7 0/0. Cette eau, dès qu'elle est devenue libre, réagissant sur les matériaux rocheux, en dégage une très notable quantité de gaz, qui ont la composition de gaz volcaniques. Aussitôt formés, ces composés sont susceptibles, à haute température, de réagir les uns sur les autres : si on examine, en particulier, l'action que la vapeur d'eau peut exercer, au rouge, sur l'oxyde de carbone, on voit, qu'à côté d'acide carbonique et d'hydrogène, il se produit, en quantité faible il est vrai, mais, cependant, en quantité dosable, de l'acide formique.

Dès 1883, Maquenne, se basant sur des considérations thermiques, avait (*S. C.*, t. XXXIX, p. 308) prévu et démontré l'action de la vapeur d'eau, sur l'oxyde de carbone, en présence d'un catalyseur comme la mousse de platine, et il avait constaté la formation d'acide formique. Cette réaction se produit à + 250°; elle se réalise donc, certainement, au cours des phénomènes volcaniques, chaque fois que CO rencontre H^2O.

Fouqué a isolé, d'ailleurs, CO^2H^2, dans les gaz volcaniques de Santorin : la présence de cet acide, dans les eaux thermales, paraît aussi due à une réaction ignée intérieure, identique à celle qui en détermine la présence, dans les fumerolles volcaniques.

Pettenhoffer a constaté l'existence de CO^2H^2 dans les sources de Pringhaufen, près de Straubing ; Scherer, dans celles de Brucknau ; Frésénius, dans celles de Wisbach ; Lehmann, dans les eaux et dans les boues de Marienbad ; et enfin Ludwig et Manthner, aux sources de Carlsbad. L'eau de Brucknau en est, particulièrement, riche, et il y forme 85 0/0 des acides organiques contenus.

Nous avons dit, tout à l'heure, que l'on attribuait, généralement, la présence de CO^2H^2, dans les eaux thermales, à une origine volcanique : d'autres théories de formation ont été présentées.

La présence d'acides gras, dans les eaux minérales, coïncide, la plupart du temps, avec la présence d'hydrocarbures : certains hydrologues en ont conclu que, la formation de CO^2H^2 était due à une action microbienne, s'exerçant sur ces hydrocarbures. Cette opinion paraît contestable, car l'hydrocarbure dominant dans les eaux minérales, est le méthane, dont la transformation, par voie bacillaire, est moins que prouvée : il est plus probable que ce gaz se transforme, suivant le processus, que nous avons déjà exposé, d'abord en COH^2, puis en CO^2H^2.

Dans ces derniers temps, à Carlsbad et à Wesbach, on a constaté dans les eaux, la présence de radium et d'uranium ; leur radioactivité, s'exerçant sur les bicarbonates, peut expliquer, jusqu'à un certain point, la genèse de l'acide formique ou des formiates.

Quelle que soit l'origine de l'acide formique, dans les eaux minérales ; certains médecins, se basant sur les travaux de Clément, de Lyon, à propos du formiate de soude appliqué en thérapeutique, sur les études de Carrize et de Huchard, semblent tout disposés à lui attribuer, actuellement (?) une bonne partie des vertus curatives de Marienbad ou de Carlsbad.

L'avenir dira s'ils ont raisonné de façon juste.

L'HISTORIQUE

Bien que l'acide formique existe, assez abondamment, dans la nature, on a ignoré son existence, pendant fort longtemps, et, c'est seulement, à la fin du XVIIe siècle, qu'il a attiré l'attention des savants, moins heureux, en cela, que son homologue, l'acide acétique, étudié, beaucoup plus tôt, par Van Helmont.

C'est, dans le *Dictionnaire de Macquer*, que se trouvent, résumés, les premiers travaux faits, à son sujet, par Langhain, par Jérome Fragus, et par Bransfield et Bauhin : ces divers naturalistes avaient remarqué que, les fourmis rouges, se promenant, par un temps humide, sur les fleurs bleues de la bourrache ou de la chicorée, y laissaient une trace carminée ; là se bornaient leurs observations.

En 1670, Samuel Fischer, frappé par ce fait, supposa, à juste raison, qu'il avait pour cause la sécrétion, par les fourmis, d'une liqueur acide qu'elles déposaient sur les folioles des fleurs : il chercha à vérifier le bien fondé de son hypothèse, en isolant cet acide ; ce à quoi, il arriva, en distillant les fourmis écrasées, avec de l'alcool. Il prépara ainsi pour la première fois l'Esprit de fourmis (*spiritus formicarum*) de l'ancienne Pharmacopée [1].

C'était un mélange fort impur de diverses substances organiques, où, l'acide formique se trouvait, à l'état d'éther éthylique. En substituant l'eau, à l'alcool, Fischer obtint l'acide libre, mais, à une teneur très faible, variant, entre 1 1/2 et 2 0/0.

Fischer étudia, aussi complètement, que cela lui était possible, à cette époque, le nouveau corps que son ingéniosité venait d'isoler et, il a résumé ses essais et ses patientes recherches, dans les *Transactions philosophiques*, sous ce titre : *L'acide des fourmis.*

[1] On lui a, aussi, donné le nom d'*Elixir de magnanimité* (Garçon).

Très justement il y compare l'acide formique à l'acide acétique, avec lequel, pendant longtemps, on devait le confondre, et il isole, dès ce moment, certains caractères qui l'en différencient : il montre qu'il rougit le tournesol et toutes les couleurs végétales, et il constate qu'il forme, avec le plomb, un sucre de saturne et, avec le fer, une liqueur astringente.

En 1749, Margraff reprit cette étude et, la poursuivit, jusqu'en 1761. Son premier opuscule, publié par l'Académie des Sciences de Berlin, porte ce titre suggestif : *Observations sur l'huile que l'on peut extraire des fourmis, avec quelques essais sur l'acide de ces mêmes insectes.*

Il y exposait ses travaux sur « l'Esprit des fourmis » et concluait à son analogie avec l'acide *acéteux ;* cette opinion, qui domina, malgré les premières observations de Fischer, pendant de nombreuses années, Margraff ne l'abandonna que vers 1753.

A cette époque, parut, à Stockholm, un livre de Hirn : « *Sur l'acide des fourmis* », où l'auteur différenciait, nettement, l'acide formique, de l'acide acétique. Cette publication ne fut point, pour peu, dans le revirement d'opinion du chimiste prussien, qui, dès lors, considéra CO^2H^2, comme un acide particulier.

A partir de ce moment, les communications, au sujet de l'acide formique, se multiplièrent.

En 1782, dans leur « *Dissertatio de acido formicarum* », Arvidson et Œhrn confirmèrent les idées dernières de Margraff et justifièrent, leur bien fondé, par de nouvelles expériences.

En 1784, Hermbstadt arriva à le purifier et à le séparer de l'acide malique ; fait, qu'il exposa, fort longuement, dans les « *Annales de Crell* » : enfin, en 1799, si on se reporte au « *Gehlen Journal* », Richter arriva à le concentrer, sans le décomposer.

Seuls, les savants allemands ou suédois s'étaient intéressés, jusqu'à ce moment, à l'acide formique ; il attira, enfin, l'attention des chimistes français, au commencement du siècle dernier.

Deyeux en 1802, puis Fourcroy et Vauquelin en firent l'objet de leurs recherches ; mais, on est fort surpris, en relisant leurs travaux ; soit dans les « *Annales du Museum* » ; soit, dans le « *Magasin phylosophique* », de les voir arriver à cette singulière conclusion que, l'acide de Fischer est un simple mélange d'acides acétique et malique ; contrairement à l'opinion de Hirn, de Margraff, d'Arvidson et de Œhrn.

Ceci ne fut pas sans soulever de véhémentes protestations en Allemagne, surtout de la part de Gœhlen et de Gœbel.

La querelle eut pu durer longtemps, si, en 1805, Suersen n'avait, enfin, établi le caractère propre de l'acide formique, en montrant, qu'à poids égal, avec l'acide acétique, il sature une quantité différente de base.

En 1812, Gœhlen, dans le « *Journal de Schweiger* », résuma tous les travaux antérieurs et, y ajoutant une étude comparative entre les acétates et les formiates de sodium et de cuivre : il y démontra, de façon irréfutable, la dissemblance des deux acides.

Berzélius, en 1817, compléta cette étude, en faisant l'analyse de l'acide formique, dont il détermina la composition centésimale et fixa le poids atomique.

A partir de cette époque, on ne contesta plus, à l'acide formique, son caractère d'acide particulier, son état civil chimique.

Tous les travaux précédents avaient été faits sur des produits obtenus à l'aide du procédé grossier de Samuel Fischer ; Dobereiner, en 1822, arriva à le préparer, artificiellement, par l'oxydation de l'amidon.

Ayant pu, ainsi, obtenir des quantités considérables d'acide à une concentration élevée, il reprit l'étude de ses propriétés, constata son pouvoir réducteur et nota sa décomposition, en oxyde de carbone et en eau, sous l'influence de l'acide sulfurique.

Ses travaux ont paru, soit dans le « *Répertoire de Buchner* », soit le « *Journal de Schweiger* », soit, enfin, dans les « *Annales de Physique et Chimie* ».

Le procédé de Dobereiner est, d'ailleurs, resté, dans la pratique des laboratoires, jusqu'à l'isolation de la méthode de préparation par l'acide oxalique ; bien que le rendement y fût assez faible, il constituait un progrès énorme, sur le procédé de Fischer.

En 1831, Pelouze montra les relations qui lient les acides formique et cyanhydrique et la facilité, avec laquelle, ils se transforment l'un dans l'autre.

Liebig, en 1834, refaisant l'analyse élémentaire de CO^2H^2, constata l'exactitude des chiffres trouvés par Berzélius et affirma, de toute son autorité, son caractère d'acide particulier.

En 1835, Dumas et Peligot, en l'obtenant par l'oxydation de l'alcool méthylique, isolèrent les relations qui le lient aux alcools et aux hydrocarbures.

Les données précises isolées par ces divers savants conduisirent, *en 1856*, Berthelot à faire la synthèse de l'acide formique, en hydratant l'oxyde de carbone, en présence des bases alcalines : le formiate ainsi obtenu, traité par l'acide sulfurique, donnait, à l'état pur, l'acide formique.

C'est ce procédé synthétique, mis à point, industriellement, par le chimiste allemand Goldsmith, qui sert, aujourd'hui, à la fabrication de la presque totalité de l'acide formique consommé dans le monde.

Goldsmith n'arriva à cette application, qu'*en 1895*.

De 1856 à cette époque, on a donc employé, pour la préparation de CO^2H^2, soit la méthode de Doebereiner, soit le procédé isolé par Gay-Lussac et basé sur le dédoublement de l'acide oxalique, sous l'influence de la chaleur.

Berthelot, puis Lorin, puis Henninger et Fauconnier, perfectionnèrent cette méthode, en employant, concurremment avec $C^2O^4H^4$, les alcools polyatomiques, comme la glycérine, la mannite ou l'érythérite.

De Lambilly, modifiant légèrement la synthèse de Berthelot, a montré, en 1893, que l'oxyde de carbone est susceptible de se combiner, sans pression, de $+ 90°$ à $+ 130°$, avec les vapeurs aqueuses d'ammoniaque, pour donner un formiate.

Enfin, en 1907, Lieben, Fenton, Muly et Bach sont parvenus à obtenir des formiates, par hydrogénation des bicarbonates.

Peu employé, lors de la découverte, en raison de sa rareté, de ses difficultés de préparation et de son prix, l'acide formique est entré, seulement, en ces dernières années, dans la consommation industrielle.

Il tend, chaque jour, à se substituer, soit à l'état libre, soit sous forme de sels, à l'acide acétique, car il en possède, à peu près, toutes les propriétés et bon nombre de qualités différentes.

Son poids moléculaire plus bas, son énergie plus grande, certains avantages particuliers, le font rechercher, en teinture, en impression, en tannerie.

Il permet l'isolation facile des métaux du groupe de l'yttria, et enfin, grâce à lui, on peut obtenir, rapidement et sans dangers, bon nombre d'éthers organiques du plus haut intérêt.

Parmi les produits industriels de synthèse, il est l'un de ceux qui présentent le plus d'avenir.

LA CONSTITUTION ET LA STRUCTURE

On a beaucoup discuté sur la constitution et sur la structure externe de l'acide formique, et cela, en se basant, sur la diversité de ses propriétés.

Nous allons chercher à résumer, aussi succinctement que possible, les différentes hypothèses qui ont été présentées à ce sujet.

La formule brute de l'acide formique est CO^2H^2.

Il semble que l'on puisse la développer de différentes façons :

(F. 1) $\overset{H}{\underset{H}{C}} \lt \begin{matrix} O \\ | \\ O \end{matrix}$, (F. 2) $H\text{-}\underset{\underset{O}{\|}}{C}\text{-}OH$, (F. 3) $H\text{-}\underset{\underset{OH}{|}}{C}=O$.

La première formule (F. 1), qui découle des hypothèses de Claisen, est évidemment à négliger, car, si on l'admettait, il faudrait faire, du premier acide de la série grasse, d'un acide essentiellement aliphatique, un corps cyclique, possédant un noyau, et complètement saturé : ce qui, expérimentalement, est faux.

Les formules (F. 2) (F. 3) le présentent : l'une (F. 2) comme un acide, l'autre (F. 3) comme un aldéhyde ; toutes deux nous paraissent également admissibles, et cela, en raison des propriétés chimiques de l'acide formique [1].

Si, on dérive le méthanoïque, des carbures primaires, son générateur, en ce cas, est le méthane CH^4 ; de là provient, d'ailleurs, le

[1] Ainsi que le dit Richter (*Chimie organique*, t. I, p. 297. Ed. 1910), « on peut tout aussi bien le considérer, comme une oxyformaldéhyde $HO-C \begin{matrix} \nearrow O \\ \searrow H \end{matrix}$ mettant précisément, en évidence son caractère aldéhydique que comme un acide. Il est, en tel cas, absolument comparable à l'acide glyoxylique, $CHO-CO^2H$ de Dubus, et comme lui on doit le classer dans les acides aldéhydes ».

nom de méthanoïque qui a été donné à CO^2H^2, par la nomenclature de Genève.

Si, à trois atomes d'hydrogène du méthane, on substitue un atome d'oxygène bivalent et une molécule d'oxhydrile monovalente, on obtient l'acide formique CH-O-OH.

Si on se reporte à la formule générale des acides :

$$\underset{\underset{R}{|}}{C}\begin{matrix}\nearrow OH\\ \searrow O\end{matrix},$$

celui-ci pourra s'écrire .

$$\boxed{H}-\overset{\overset{\boxed{H}}{|}}{\underset{\underset{H}{|}}{C}}-\boxed{H}+O+OH, \quad \underset{\underset{H}{|}}{C}\begin{matrix}\nearrow OH\\ \searrow O\end{matrix} \quad \text{ou} \quad H-\underset{\underset{O}{\|}}{C}-OH \text{ (Acide)},$$

corps non saturé, possédant une double liaison éthylénique : sous cette forme, il a toutes les caractéristiques d'un acide.

Si, se plaçant à un autre point de vue, on se reporte à la formule générale des aldéhydes

$$H-\underset{\underset{R}{|}}{C}=O,$$

et, si on suppose que l'ordre de substitution qui avait été choisi, tout à l'heure, soit interverti, on pourra écrire :

$$H-\overset{\overset{\boxed{H}}{|}}{\underset{\underset{\boxed{H}}{|}}{C}}-\boxed{H}+O+OH, \quad H-\underset{\underset{OH}{|}}{C}=O \text{ (Aldéhyde)}.$$

Suivant donc, la formule de formation préférée, l'acide formique aura soit une fonction acide, soit une fonction aldéhydique.

Au point de vue expérimental, ces deux formules se justifient, car le méthanoïque semble posséder deux fonctions : en effet, si l'acide formique se présente comme un acide excessivement énergique [1] et, il est facile d'en donner des preuves, on peut, aussi, constater qu'il possède également de puissantes propriétés réductrices.

Il semble donc détenir, à la fois, la « fonction acide » et la

[1] D'après les constantes d'affinité, déduites de la conductibilité électrique, Ostwald, le trouve douze fois plus fort que l'acide acétique.

« fonction aldéhyde », et on est tenté de le considérer comme un « acide-aldéhyde », comparable à l'acide glyoxylique ou à l'acide formyl-acétique.

D'autre part, il est bon de rappeler que, comme l'a constaté Euler (*S. C.*, 1907), que l'aldéhyde formique, par antithèse, possède un certain pouvoir acide.

Examinons maintenant ce qui se passe, quand on cherche à obtenir l'acide formique par d'autres voies : nous verrons que, dans presque tous les cas, on arrive, en étudiant sa formation, à une double formule de structure le présentant, à la fois, comme acide et comme aldéhyde.

On sait que les alcools donnent, par oxydation, l'acide correspondant à leur générateur ; par exemple, l'alcool méthylique CH^3-OH qui dérive du méthane CH^4, devra, par oxydation, engendrer le méthanoïque ou acide formique.

Si on prend l'équation brute :

$$CH^3\text{-}OH + O^2 = CO^2H^2 + H^2O,$$

elle se présentera, développée, sous cette forme :

$$\underset{\displaystyle H}{\overset{|}{CH^2}}\text{-}OH + O^2 = \underset{\displaystyle H}{\overset{|}{C}}\begin{smallmatrix}\diagup OH \\ \diagdown O\end{smallmatrix} + H^2O.$$

Ce schéma correspond à un acide, et il semble que l'on ne puisse l'écrire que d'une façon.

Certains chimistes admettent l'existence d'un radical particulier, le formyl CHO, que Bourgoing prétend avoir isolé, dans l'électrolyse de l'acide formique : il est obtenu théoriquement, en subsistuant un atome d'oxygène à deux atomes d'hydrogène, dans le méthyl CH^3, d'après l'équation :

$$CH^3 + O = CHO + H^2.$$

Si on fixe sur ce corps, une molécule d'oxhydrile, il est facile de comprendre que l'on arrive à l'acide formique :

$$CHO + OH = CO^2H^2.$$

Comment doit-on écrire le formyl, corps non saturé? On a présenté des façons diverses de le chiffrer : Freer et Shermann, dans le « *Journal de Chimie américaine* » (t. XVIII, p. 562), ont fait une étude intéressante de la question, dont voici le résumé.

Publiant une série de travaux très étendus sur le formylphénylhydrazine, sur la formiamide, sur la formanilide et sur les différents éthers formiques, ils ont cherché à déduire, de cet ensemble très complexe, la formule exacte du formyl ; ceci est, dans le cas qui nous occupe, de grosse importance, car la formule de CO^2H^2 s'en déduira normalement.

Doit-on écrire le formyl :

$$-C-OH,$$

ou bien :

$$-C\begin{matrix}\nearrow O\\ \searrow H\end{matrix}$$

De leurs études, Freer et Shermann concluent que la formylphénylhydrazine, par exemple, doit s'écrire :

$$C^6H^5(AzH)^2-C\begin{matrix}\nearrow O\\ \searrow H\end{matrix}$$

parce qu'elle ne contient pas d'oxhydrile.

De ce fait, on peut donc déduire que le formyl doit avoir pour formule :

$$-C\begin{matrix}\nearrow O\\ \searrow H\end{matrix}$$

et qu'il possède une double liaison éthylénique.

Avec la formanilide, Freer et Shermann constatent, au contraire, que ce corps contient un groupement oxhydrile [OH] et que, par suite, sa formule doit s'écrire :

$$C^6H^5AzH=\overset{|}{C}-OH.$$

D'après ce schéma, le formyl a pour formule :

$$=\overset{|}{C}-OH.$$

Suivant le cas, selon la combinaison où il est engagé, on l'écrira donc, soit :

$$-C\begin{matrix}\nearrow O\\ \searrow H\end{matrix} \quad \text{soit} \quad =\overset{|}{C}-OH,$$

en saturant la valeur libre par OH pour obtenir CO^2H^2, on aura donc :

$$\mathrm{OH{-}C}\begin{smallmatrix}\nearrow \mathrm{O}\\ \searrow \mathrm{H}\end{smallmatrix} \quad \text{ou} \quad \begin{matrix}\mathrm{H}\\ |\\ \mathrm{O{=}C{-}OH},\end{matrix}$$

formules répondant, l'une à un acide, l'autre à un aldéhyde.

Si, on part, pour la formation de CO^2H^2, du radical méthine ou formyline $\equiv CH$, qui existe dans le chloroforme, en saturant ses trois valences libres, par un atome d'O bivalent et une molécule d'oxhydrile monovalente, on a CO^2H^2 : la méthyline s'écrit :

$$\equiv \mathrm{CH},$$

après saturation, on aura ou

$$\begin{matrix}\mathrm{H{-}C{-}OH}\\ \|\\ \mathrm{O}\end{matrix} \quad \text{ou} \quad \begin{matrix}\mathrm{H{-}C{=}O},\\ |\\ \mathrm{OH}\end{matrix}$$

formules développées correspondant, l'une à un acide, l'autre à un aldéhyde.

Les travaux de Berthelot, que nous verrons plus loin, ont montré qu'en hydratant, dans certaines conditions, l'oxyde de carbone CO, on obtenait CO^2H^2. On peut écrire l'oxyde de carbone :

$$\begin{matrix}\mathrm{{-}C{-}}\\ \|\\ \mathrm{O}\end{matrix} \quad \text{ou} \quad \begin{matrix}\mathrm{{-}C{=}O};\\ |\end{matrix}$$

en ajoutant H^2O, on aura alors :

$$\begin{matrix}\boxed{\mathrm{H}}\mathrm{{-}}\boxed{\mathrm{C{-}}}\boxed{\mathrm{OH}}\\ \|\\ \mathrm{O}\end{matrix} \quad \text{ou} \quad \begin{matrix}\boxed{\mathrm{H}}\mathrm{{-}C{=}O}.\\ |\\ \boxed{\mathrm{OH}}\end{matrix}$$

Dans ce cas encore, deux formules sont possibles : l'une acide, l'autre aldéhydique.

On sait que tout acide gras oxydé donne son homologue inférieur : si, on applique ce principe général à CO^2H^2, on a la réaction suivante :

$$CO^2H^2 + O = CO^2 + H^2O.$$

Il en résulte que, CO^2 doit être l'homologue inférieur de CO^2H^2 et qu'en hydrogénant CO^2, on doit reproduire CO^2H^2. Maly et Bach, ainsi que beaucoup d'autres chimistes, ont démontré, expérimentalement, le bien fondé de cette hypothèse.

L'acide carbonique peut s'écrire :

$$\begin{matrix}\mathrm{C{=}O}.\\ \|\\ \mathrm{O}\end{matrix}$$

Si, on l'hydrogène, deux formules sont encore possibles :

$$\underset{\underset{O}{\|}}{H\text{-}C}\text{-}OH \text{ (Acide)},$$

$$\underset{\underset{OH}{|}}{H\text{-}C}{=}O \text{ (Aldéhyde)}.$$

L'atome de H, de OH, est dit *hydrogène basique*, et il peut être remplacé; soit par un atome de métal monovalent; soit par une valence d'un radical ou d'un métal plurivalent.

L'atome de H, lié au carbone, est dit *hydrogène aldéhydique ou actif*.

Les deux atomes de H, dans l'acide formique, ont des caractères particuliers et absolument différents, correspondant, d'ailleurs, à la double fonction de CO^2H^2.

Si, dans CO^2H^2, on substitue, à l'H basique, un atome de Na pour obtenir CO^2HNa, on a :

$$\underset{\underset{O}{\|}}{H\text{-}C}\text{-}O\boxed{H}\boxed{+\ Na}\boxed{OH} = \underset{\underset{O}{\|}}{H\text{-}C}\text{-}ONa + H^2O.$$

Au point de vue thermochimique, la réaction se traduit par un dégagement de $+ 13^c,4$; or il est à noter que, avec les acides bibasiques, la substitution de Na, à 2H, ne donne lieu un dégagement que de $11^c,6$.

Cette observation montre combien est grande l'énergie de la fonction acide, dans CO^2H^2, et quelle est la puissance dynamique, de H basique (1).

L'atome de H aldéhydique jouit de propriétés aussi curieuses.

Agissant sur la laccase, CO^2H^2, à la dose de $\frac{1}{1.000}$, en arrête complètement l'action oxydante : il a, donc, une influence réductrice très grande, due évidemment à son H aldéhydique.

Selon Bertrand et Mlle Rosenbaud, ce corps arrête, également, l'action de la tyrosinase et de la peroxydase, mais son effet est moins énergique, puisqu'on doit l'employer à la dose de 0,4 0/0.

A l'état de formiate alcalin, de CO^2HNH^4, en présence de bisulfite acétone, il agit, d'après nos essais (*P. C. S. I. de R.*, 6 février 1904),

(1) Les conclusions d'Oswald viennent à l'appui de cette opinion.

comme un réducteur énergique des couleurs diazotées et se montre, aussi puissant, que l'hydrosulfite aldéhyde ou l'Hyraldite de Decamps.

Mis en contact avec les éthers oxydes des glycols, CO^2H^2 les transforme en aldéhydes saturés : c'est, ainsi, que l'on obtient, d'ailleurs, le méthylhexylacétaldéhyde et le métyl-nonyl-acétaldéhyde.

Avec les éthers-oxydes des glycérines, de la forme $R\text{-}COH \begin{matrix} \diagup CH^2\text{-}OR \\ \diagdown CH^2\text{-}OR \end{matrix}$ il donne des aldéhydes non saturés.

Il transforme la diphénylamine, selon Beruthsen, en acridine; sa molécule CH se fixe sur le corps condensé.

D'autre part, si on considère que tous les acides gras se forment par l'addition d'un radical alcoolique, à la molécule carboxyle CO^2H, l'acide formique devrait faire exception à la règle générale; à moins que l'on attribue, comme certains chimistes ont tendance à le faire, à l'*hydrogène aldéhydique*, qui remplace chez lui le radical alcoolique, quelque propriété spéciale.

En présence de ces diverses observations, on comprend que Bertrand ait conclu nettement à l'existence, dans l'acide formique, de deux hydrogènes fonctionnels, absolument différents, et, qui en forment, d'ailleurs, les caractéristiques.

L'un passif, l'*hydrogène basique* : l'hydrogène du carboxyle CO^2H, auquel se substituent les métaux et les bases, dans la formation des formiates.

L'autre actif, l'*hydrogène aldéhydique*, lié au carbone, substitut du radical alcoolique, dans la formation de l'acide gras qui est CO^2H, hydrogène réagissant, nettement, sur le méthylorange et sur l'hélianthine.

Dans ce dernier corps, suivant Hautsch (*S. C.*, avril 1909), il détermine une modification de structure, en le faisant passer, de la forme quinoïde des sels violets, à la forme des sels azoïdes rouges.

Une observation de Rimini (*S. C.*, t. XXX, p. 707) tend encore à établir, nettement, le caractère aldéhydique de l'acide formique. On sait que, d'une façon générale, les aldéhydes se condensent, avec l'acide hydronitro-oxylamique, pour donner naissance à des acides hydro-oxylamiques que l'on peut isoler assez facilement : ils donnent en effet, des sels de cuivre insolubles que, par l'acide sulfurique ou l'acide chlorhydrique, on peut rapidement décomposer, en mettant ainsi en liberté l'acide hydro-oxylamique. Cette réaction est caractéristique pour tous les corps possédant une fonction aldéhydique.

Or, si on fait réagir l'acide formique sur l'acide hydronitro-oxylamique, on obtient exactement les mêmes résultats qu'avec un aldéhyde et, les sels de cuivre obtenus, dans les deux réactions, sont exactement semblables.

Rimini, de ces essais, déduit lui aussi, à juste raison, que CO^2H^2 possède, sûrement, une fonction aldéhydique.

Partant des idées de Gerhardt, exposées dans son mémoire sur les anhydrides (*Ann. P. Ch.*, t. XXXVII, p. 333), et où, ce chimiste établit l'analogie qui, selon lui, existe entre les anhydrides et les éthers, Loir (*S. C.*, t. XXXII, p. 165) estime que l'on peut regarder les acides organiques monobasiques, comme jouissant de la fonction aldéhydique.

Il base cette opinion et la justifie par ce fait : que Berthelot, en hydrogénant les acides gras par l'acide iodhydrique, a obtenu les carbures correspondants, d'où dérivent les alcools : or, le propre d'un aldéhyde est de donner naissance à un alcool, sous l'influence de l'hydrogène.

Loir a, d'ailleurs, justifié cette opinion, qui peut paraître un peu spécieuse, par une série d'expériences dont aucune, malheureusement, n'a porté sur l'acide formique, ce qui fait, qu'à son sujet, on ne peut guère raisonner, que par assimilation.

Cependant, l'action de l'anhydride mixte acéto-formique sur le bisulfite de soude, action où se forme, avec dégagement de chaleur très sensible, un composé cristallisé, semble justifier, jusqu'à un certain point, l'opinion de Loir.

Si on rapproche, d'ailleurs, la théorie qu'il présente, des faits nombreux que nous avons relevés et qui montrent l'énergie de l'un des hydrogènes de l'acide formique, de la puissance réductrice dont fait montre, en maintes circonstances, le méthanoïque ; on est tenté une fois de plus de considérer l'acide formique comme un véritable acide-aldéhyde.

En résumé, l'acide formique se présente avec les caractères suivants :

1° Bien que monocarboné, il semble avoir, à la fois, une fonction « acide » et une fonction « aldéhyde » ;

2° Il possède deux atomes d'hydrogène fonctionnels, dont les caractères sont absolument différents :

Un hydrogène basique, dont la substitution dégage plus de calories, que la substitution de deux atomes d'hydrogène, dans les acides bibasiques ;

Un hydrogène aldéhydique, dont le pouvoir réducteur est aussi considérable que celui des aldéhydes, qui réagit de la même façon qu'elles sur l'acide hydronitrooxylamique, et qui possède, sur le méthylorange ou sur l'hélianthine[1], un pouvoir semblable à celui d'un hydrogène actif.

Ce même hydrogène aldéhydique semble jouer, dans sa formation, à partir du carboxyle CO^2H, le même rôle que les radicaux alcooliques, dans la formation des autres acides gras.

(1) Le travail de Hautsch sur les modifications de couleur de l'hélianthine et le méthylorange semble intéressant à citer, dans le cas de l'acide formique. D'après ce chimiste, c'est à tort que l'on attribue le virage de l'hélianthine, sous l'influence des acides, à un phénomène d'ionisation. Les acides sulfoniques des amino-azoïques doivent ce changement à une modification de structure.

L'hélianthine violette, à l'état solide, donne, en présence de l'eau, une solution jaune, comparable, comme coloration, à celle de son sel alcalin, le méthylorange. Ces deux solutions jaunes, examinées au spectroscope, donnent un spectre analogue à celui des sels azoïdes, tandis que les solutions violettes présentent un spectre semblable à celui des sels quinoïdes.

L'hélianthine et le méthylorange forment des solutions azoïdes optiquement identiques : dans ces solutions, il y a équilibre entre la forme azoïde jaune et la forme quinoïde violette; par addition d'acide, *en présence d'un hydrogène actif*, cet équilibre se trouve rompu, dans un sens ou dans l'autre.

Les relations entre les diverses formes sont les suivantes :

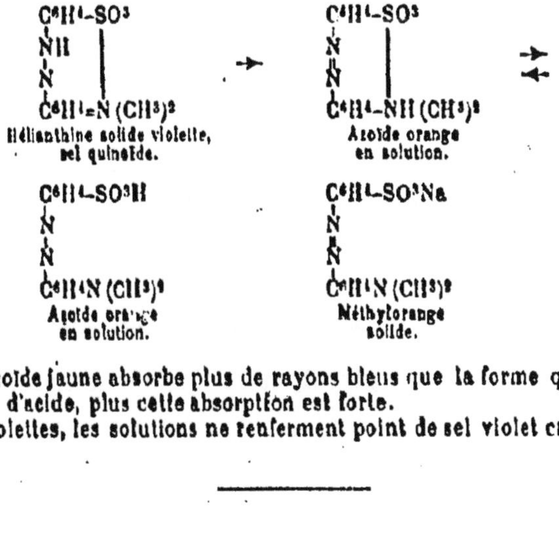

$C^6H^4-SO^3$ / NH / N / $C^6H^4=N(CH^3)^2$ (liaison SO^3 — N)
Hélianthine solide violette, sel quinoïde.

→

$C^6H^4-SO^3$ / N / N / $C^6H^4-NH(CH^3)^2$ (liaison SO^3 — NH)
Azoïde orange en solution.

⇄

$C^6H^4-SO^3H$ / N / N / $C^6H^4N(CH^3)^2$
Azoïde orange en solution.

$C^6H^4-SO^3Na$ / N / N / $C^6H^4N(CH^3)^2$
Méthylorange solide.

La forme azoïde jaune absorbe plus de rayons bleus que la forme quinoïde violette, et, plus il y a d'acide, plus cette absorption est forte.

Bien que violettes, les solutions ne renferment point de sel violet cristallisé.

LES MODES DE FORMATION

Les conditions endothermiques de la formation de l'acide formique en font, selon Riban, un être à part dans la série grasse ; il en résulte que, soit libre, soit à l'état de sel ou d'éther, il prend naissance dans une quantité innombrable de réactions. Aussi, s'il fallait en exposer tous les modes de formation, dépasserait-on de beaucoup les limites de ce travail; nous nous bornerons donc à en citer les principaux, et, encore, seront-ils fort nombreux.

On peut, tout d'abord, obtenir l'acide formique, en appliquant les méthodes générales de formation des acides gras : soit,

1° En oxydant, par l'acide chromique ou tout autre oxydant énergique, comme le permanganate, l'alcool et l'aldéhyde qui correspondent à l'acide que l'on se propose de préparer; dans l'espèce, l'alcool méthylique et l'aldéhyde formique.

Ce mode de formation a été indiqué par Dumas et Peligot, par Dobereiner, par Liebig et Wœhler.

En ce qui a trait à l'action du permanganate acide, elle a été étudiée par Marguerite, par Pelouze, par Bussig, par Hempel, par Péan de Saint-Gilles et par Berthelot.

Dans ces derniers temps, elle a été reprise par Perdrix (*S. C.*, t. XVII, p. 101), qui l'a appliquée, à l'obtention de CO^2H^2, en le dérivant de tous les alcools polyatomiques.

La réaction, en milieu acide, est de la forme suivante :

$$C^nH^pO^r + nO = aCO^2 + bCO^2H^2 + cH^2O.$$

Dans l'oxydation du glycol, cette formule générale donne :

$$\underset{\text{Glycol.}}{C^2H^6O^2} + O^4 = CO^2 + CO^2H^2 + 2H^2O$$

$$\underset{\text{Acide glycolique.}}{C^2H^4O^3} + \boxed{2,5}\,O = \boxed{1,5}\,CO^2 + \boxed{0,5}\,CO^2H^2 + \boxed{1,5}\,H^2O.$$

Plus on prend un corps oxydé, plus on tend à former d'acide carbonique : ainsi avec la glycérine et l'acide glycérique, on aura :

$$\underset{\text{Glycérine.}}{C^3H^8O^3} + 5O = CO^2 + (CO^2H^2)^2 + (H^2O)^2$$

$$\underset{\text{A. glycérique.}}{C^3H^6O^4} + \boxed{3,5}\,O = \boxed{1,5}\,CO^2 + \boxed{1,5}\,CO^2H^2 + \boxed{1,5}\,CO^2H^2.$$

Avec l'érythérite, on a :

$$C^4H^{10}O^4 + 6O = CO^2 + 3(CO^2H^2) + 2(H^2O).$$

Avec la mannite, on a :

$$C^6H^{14}O^6 + 8O = CO^2 + 5(CO^2H^2) + 2(H^2O).$$

Avec l'acide mannitique, on a :

$$C^6H^{12}O^7 + \boxed{6,5}\,O = \boxed{1,5}\,CO^2 + \boxed{4,5}\,CO^2H^2 + \boxed{1,5}\,H^2O.$$

La glucose, que l'on peut considérer comme l'aldéhyde de la mannite, donne en tel cas :

$$C^6H^{12}O^6 + \boxed{7,5}\,O = \boxed{1,5}\,CO^2 + \boxed{4,5}\,CO^2H^2 + \boxed{1,5}\,H^2O.$$

La lévulose donne :

$$C^6H^{12}O^6 + 8O = 2CO^2 + 4CO^2H^2 + 2H^2O,$$

et la saccharose fournit :

$$C^{12}H^{22}O^{11} + \boxed{15,5}\,O = \boxed{3,5}\,CO^2 + \boxed{8,5}\,CO^2H^2 + \boxed{2,5}\,H^2O.$$

L'inuline se conduit comme la lévulose ; l'amidon, la maltose, la fécule, la dextrine, comme le glucose ; il en est de même de la cellulose et des gommes, mais l'action est beaucoup plus lente.

2° En oxydant, en présence de l'eau, les carbures acétyléniques ; soit dans le cas de CO^2H^2, l'acétylène C^2H^2 : on a alors, d'après Berthelot, l'équation :

$$C^2H^2 + O^3 + H^2O = (CO^2H^2)^2.$$

3° Par hydratation des amides et des nitriles.

Lorsque l'on chauffe ces corps, avec de la potasse ou de la soude alcoolique, il se dégage de l'ammoniaque et, il se forme un sel de soude ou de potasse dont l'acide, renferme le même nombre d'atomes de carbone, que le nitrile, on a ainsi :

$$CNH + KOH + H^2O = CO^2HK + NH^3.$$

Au lieu de potasse, on peut, comme l'a fait Péligot, employer les hydracides, ou l'acide sulfurique étendu.

On obtient l'acide organique libre et, un sel ammoniacal de l'hydracide choisi ou de l'acide sulfurique.

La réaction se fait suivant l'équation :

$$CNH + HCl + (H^2O)^2 = NH^4Cl + CO^2H^2.$$

4° Par le dédoublement des acides bibasiques.

Ces derniers corps, chauffés à haute température, se décomposent et perdent de l'acide carbonique.

Ils donnent, alors, naissance à un nouvel acide, qui renferme un atome de carbone, en moins, que son générateur.

C'est le mode de décomposition de l'acide oxalique, employé par Gay-Lussac, par Gerhardt, par Lorin ; il correspond à l'équation :

$$C^2O^4H^2 = CO^2 + CO^2H^2.$$

5° Par le dédoublement des éthers.

L'oxyde de carbone, agissant sur une solution alcoolique de baryte, se fixe et donne de l'éthyl-formiate de baryum, qui, saponifié par l'eau, fournit du formiate de baryte et de l'alcool.

6° Par saponification des éthers-sels à l'aide des bases : on obtient, ainsi, de l'alcool et, le formiate correspondant à la base employée.

7° Par hydrogénation des bicarbonates à l'aide de l'amalgame de sodium.

Ce procédé a été proposé, par Maly, et correspond à l'équation :

$$CO^3(NH^4)^2 + Na = 2NH^3 + HCO^2Na + H^2O.$$

A côté de ces méthodes générales de formation, l'acide formique prend naissance dans un nombre infini de réactions, dont voici les principales :

1° Par oxydation du carbone à l'aide du permanganate de potasse, réaction isolée par Chapmann : le carbone employé est extrait du sulfure de carbone.

2° Par oxydation de la glycérine : ce corps, dit Pelouze, traité par le bioxyde de manganèse et l'acide sulfurique, donne de l'acide carbonique et de l'oxyde de carbone. On peut substituer, au manganèse, de l'acide chromique ou du permanganate : il y a formation d'acide oxalique.

Sous l'influence de H^2O^2, la glycérine se transforme intégralement en CO^2H^2 et COH^2, en présence de sulfate ferreux (Pastoureau, *S. C.*, avril 1909).

3° Par oxydation de l'acétone, à l'aide du permanganate de potasse.

4° Par oxydation de l'alcool méthylique, à l'aide de la liqueur de Fehling. Gand, en agissant ainsi, à + 240°, a obtenu de l'acide formique et du formiate de potasse ; avec un excès d'alcool méthylique, il y a formation d'acides carbonique et formique.

5° Par oxydation de l'éthylène, à l'aide de l'ozone : cette réaction a été isolée par le même chimiste ; l'eau oxygénée agit de façon identique.

6° Par oxydation de la lactose, à l'aide du permanganate de potasse et de l'acide sulfurique : ce mode de préparation a été indiqué par Langbein, Laubenheimer et Friticino.

7° Par oxydation du chloral ou du bromal : c'est la méthode classique de Dumas.

8° Par oxydation du glucose, à l'aide du peroxyde de plomb ; il y a formation de formiate de plomb.

9° Par oxydation des matières organiques : c'est le procédé classique de Dobereiner que nous étudierons plus loin.

On peut agir, ainsi, sur l'amidon, la fécule, le sucre, l'esprit de bois, la sciure, la fibrine, la gélatine, l'albumine, l'acide tartrique, l'érythérite, la glyoxaline, etc., etc.

On peut employer, comme oxydants, le bioxyde de manganèse et l'acide sulfurique, l'acide chromique, les permanganates, les bioxydes, etc.

10° Par oxydation de l'esprit de bois, en vapeur, par la mousse de platine ; c'est une méthode catalytique qui donne, également, des résultats, avec l'amiante platiné, le peroxyde de fer et les diverses masses employées dans la préparation de l'acide sulfurique de synthèse.

11° Par oxydation de tous les composés à chaîne longue, à l'aide du permanganate de potasse en solution neutre : cette formation a été isolée par Perdrix.

12° Par oxydation de l'iodoforme et du bromoforme, par l'acide nitro-acétique. C'est une des réactions indiquées par Dumas.

13° Par oxydation de la chinchonine : selon Krœmer et Grodeski, cette réaction donne naissance à une certaine quantité de CO^2H^2.

14° Par oxydation du noir de fumée, à l'aide de l'acide permanganique, selon la méthode de Chapmann.

15° Par oxydation de l'éthylène, à l'aide du permanganate de potasse; c'est une variante du procédé de Gand et de Schonbein, proposée par Othmar et Zeidler.

16° Par oxydation de l'amylène, à l'aide de l'acide chromique : en ce cas, l'acide formique est accompagné de ses homologues.

17° Par oxydation de la spartéine, à l'aide du permanganate de potasse; selon Bamberger et Ahrens, on obtient de l'acide formique dans l'oxydation de tous les alcaloïdes; mais, d'après Skamps, le sulfate de quinine donne, en plus, de la quintinine.

18° Par oxydation de la tyrosine, selon Wanklyn.

19° Par oxydation du méthylal; la réaction se passe, selon l'équation :

$$CH^2\left\langle\begin{matrix}OCH^3\\OCH^3\end{matrix}\right. + O^3 = (CO^2H^2)^3 + H^2O.$$

20° Par oxydation des alcools monoatomiques, dont les formules contiennent deux groupements alkylés non saturés, comme, par exemple, le diallylcarbinol qui, sous l'influence de l'oxygène, donne de l'acide formique et de l'acide oxyglutarique.

Cette oxydation se fait à l'aide du permanganate de potasse, en solution neutre.

21° Par hydrogénation de l'acide carbonique, à l'aide du potassium, du sodium et des autres métaux alcalino-terreux, en présence de vapeur d'eau; la réaction se fait selon l'équation :

$$CO^2 + K^2 + H^2O = KOH + HCO^2K,$$

il y a formation du formiate du métal employé; ce procédé est dû à Kolb et Schmitt. Avec le gaz sec, la réaction ne se produit pas.

22° Par hydrogénation de l'acide carbonique, à l'aide des hydrures métalliques :

$$CO^2 + KH = HCO^2K;$$

c'est la méthode de Moissan, sur laquelle nous aurons à revenir.

23° Par hydrogénation de l'acide carbonique, en solution aqueuse à l'aide des amalgames alcalins et alcalino-terreux ; c'est le procédé préconisé par Maly et Bach. L'action se produit, de même, sur une solution alcoolique ; nous reviendrons sur cette méthode, à propos des modes de préparation.

24° Par hydrogénation de l'acide carbonique, par les amalgames, en présence d'un acide.

25° Par hydrogénation de l'acide carbonique, par les amalgames en présence d'un sel alcalin, comme le phosphate de soude : les amalgames de zinc, de magnésium, d'aluminium sont les plus énergiques. On peut remplacer le phosphate par le carbonate de soude.

26° Par hydrogénation, à l'aide du sodium, des dérivés chlorés des carbures ; ce mode de formation a été indiqué par Kékulé.

27° Par hydrogénation du carbonate double de zinc et de soude, en solution, à l'aide de la poudre de zinc ; il y a décomposition de l'eau, production d'hydrogène et transformation des carbonates en formiates. Cette réaction a été indiquée par Maly.

28° Par hydrogénation de l'acide oxalique, substitué à l'acide azotique, dans une pile de Bunsen ; cet essai a été fait par Royer.

29° Par hydrogénation des matières organiques, à l'aide des acides iodhydrique ou bromhydrique : ce procédé a été proposé par Maly et Millon.

30° Par hydratation de l'oxyde de carbone, en présence des bases alcalines : c'est le procédé synthétique de Berthelot, lequel a été le point de départ de la fabrication industrielle de l'acide formique ; nous y reviendrons longuement à propos des modes de préparation.

Le procédé de Lambilly, qui a pour but l'hydratation de l'oxyde de carbone par les vapeurs aqueuses d'ammoniaque, en est un succédané.

CO et H^2O se combinent, selon Thide (*S.C.*, t. IV, 905), sous l'influence des rayons ultra-violets de la lampe à vapeurs de mercure, mais il y aurait décomposition presqu'immédiate, en CO^2 : la production est de 80 0/0. Ces essais ont été repris, avec succès, par Daniel Berthelot et Gaudechon, en 1910.

31° Par hydratation du cyanure de potassium, en solution aqueuse, porté à l'ébullition : la réaction se passe selon l'équation :

$$CNK + (H^2O)^2 = CO^2HK + NH^3.$$

Il y a formation de formiate de potassium et mise en liberté d'ammoniaque.

La réaction, selon Pelouze, est facilitée par la présence d'acide sulfureux.

32° Par hydratation de la nitrométhane, sous l'influence de l'acide chlorhydrique : il se forme de l'acide formique et de l'hydroxylamine.

33° Par hydratation, sous l'influence de l'acide chlorhydrique, des carbures forméniques nitrés, selon Meyer.

34° Par hydratation, sous l'influence de la baryte, de l'acide coumalique : il se forme de l'acide formique et de l'acide glutaconique, selon l'équation :

$$\begin{matrix} CO^2H - C = CH \\ CH \quad CH\text{-}CO \end{matrix} > O + (H^2O)^2 = CO^2H^2 + CO^2H\text{-}CH^2\text{-}CH{=}CH\text{-}CO^2H.$$

Acide coumalique. Acide formique. Acide glutaconique.

35° Par électrolyse de l'eau, traversée par un courant d'acide carbonique : ce procédé est dû à Royer.

36° Par électrolyse de l'acétone ; méthode proposée par Friedel.

37° Par électrolyse de l'eau, acidulée d'acide sulfurique, en présence d'acide carbonique; ce n'est qu'un perfectionnement de la méthode de Royer, proposé par Ehrenfeld.

38° Par électrolyse du carbonate d'ammoniaque, en solution aqueuse ; la formation des formiates d'ammoniaque, en ce cas, est identique à leur formation, par hydrogénation, à l'aide des métaux alcalins ou des amalgames : l'hydrogène, dans les deux cas, provient de la décomposition de l'eau.

39° Par action de l'effluve électrique, sur un mélange d'acide carbonique et d'hydrogène.

40° Par électrolyse du glucose : suivant Renard, il se forme, en même temps que l'acide formique, du trioxyméthylène et de l'acide saccharique.

41° Par fermentation de l'urine des diabétiques, suivant Duransky (*Z. P. C.*, t. XII, p. 33).

42° Par fermentation de l'acide tartrique et du tartrate d'ammoniaque, sous l'influence du *Bacterium termo*. La même réaction se produit avec l'acide acétique.

43° Par fermentation de la glycérine, sous l'influence du *Bacille succinique.*

44° Par fermentation du quinate de calcium, sous l'influence des bactéries de l'air.

45° Par la fermentation, également, des déchets de cuir, en présence de craie et d'acide oxalique : ce procédé, qui pourrait présenter un certain intérêt, a été indiqué par Béchamp.

Par fermentation de la lévulose, sans enzymes, il se forme de l'aldéhyde glycérique, puis du formol qui, s'oxydant, donne CO^2H^2 (Buchner, *S.C.*, t. V, p. 1528).

46° Par l'action des hydrates des métaux alcalins et alcalino-terreux, à chaud, sur l'alcool méthylique.

47° Par l'action de la potasse sur l'acide trichloracétique : c'est un des nombreux procédés indiqués par Dumas et Strauss.

48° Par l'action de la potasse sur la glycérine : il y a, selon Dumas, production simultanée d'acides acétique et formique.

49° Par l'action de la potasse, à chaud, sur le zinc et le carbonate de zinc : ce dernier sel est transformé en formiate.

50° Par l'action de la soude ou de la potasse, sur le chloral ou le bromal.

51° Par l'action des alcalis hydratés, potasse, soude, etc., sur les acides monobasiques non saturés.

52° Par l'action de l'ammoniaque hydratée, sur le glyoxal ; selon Debus.

53° Par l'action de la potasse sur l'esculétine ; selon Krauss.

54° Par l'action de la potasse sur les matières pectiques et le tannin.

55° Par l'action de la chaux sodée, à 300°, sur l'acétone : il se produit, en même temps, un mélange de formiate et d'acétate de chaux.

56° Par l'action de la potasse bouillante sur l'acide glycérique : il se forme de l'acide formique et de l'acide lactique.

57° Par l'action de la glycérine sur l'hydrate de chloral.

En distillant le mélange de ces deux corps, on obtient, selon Bogerson, de l'acide formique, de l'acide chlorhydrique, du chloroforme et de l'éther éthylformique.

58° Par action de la glycérine sur l'acide oxalique : c'est un des nombreux procédés de Berthelot ; nous l'étudierons, à fond, dans les modes de préparation.

Avec l'oxalate de NH^3, on a du cyanogène, du cyanure, du carbonate et du formiate de NH^3.

59° Par action de la glycérine sur la dissolution aqueuse de sulfate de fer, à chaud, en présence d'eau oxygénée : il se forme du formol et de l'acide formique ; cette réaction a été indiquée par Pastoureau (*S. C.*, V, 4, 9).

60° Par distillation des fourmis rouges et des chenilles processionnaires.

61° Par distillation de l'assa fœtida ; de l'ortie brûlante ; du bois ; des vinasses de distillerie, où, selon Vincent, il se forme, à côté du chlorure de méthyle, de l'acide formique ; de l'orge, en présence d'acide sulfurique dilué où, selon Beckmann, CO^2H^2 naît, à côté de l'acide hordéique, isomère de l'acide lauronique ; du tamarin et de toutes les plantes qui contiennent CO^2H^2 à l'état naturel.

62° On l'obtient également, lorsque l'on applique le procédé Effront, au dédoublement des acides amidés, par l'amydase.

63° Par le traitement de l'huile de lin, à l'aide de l'acide sulfurique, à chaud ; procédé isolé par Sace.

64° Par l'action du phosphate de soude sur le lait ou la lactose ; ainsi que cela résulte des études de Cazeneuve.

65° Par l'action de l'acide sulfurique sur l'acide méthylnitrolique ; selon Tcherniack.

66° Par l'action des hydracides et des iodures alcooliques sur la méthylcarbylamine : le corps formé, par hydratation, donne de l'acide formique.

67° Par l'action de l'acide chloroxycarbonique sur les organométalliques, comme le zinc éthyle ; on obtient ainsi un chlorure d'acide qui, décomposé par l'eau, donne de l'acide formique. Wanklyn prétend obtenir un résultat semblable, en faisant réagir l'acide carbonique sur les organo-métalliques.

68° Par l'action de l'acide carbonique sur les carbures d'hydrogène : cette réaction a été isolée par Friedel.

69° Par l'action de l'acide sulfurique sur l'acétylène, en présence de la baryte : il y a formation de formiate de baryum.

70° Par l'action du sulfure de carbone sur le fer en limaille, en présence d'eau : la réaction a lieu sous pression; il se forme de l'acide carbonique, du sulfure de fer et de l'acide formique, selon Berth et Lœw (1864, *D. C. G.*, XIII, 324).

71° Par l'action de l'acide sulfurique sur l'acide glycolique : selon Erlenmeyer, la présence d'acide formique dans les raisins serait due à une action de ce genre : il y a également formation d'aldéhyde en même temps.

72° Par l'action de l'oxyde de cuivre, en milieu alcalin, sur le glucose : il se forme, à côté de dextrines et d'acide tartronique, de l'acide formique.

73° Par radioactivité, en faisant réagir, comme l'a indiqué Seekamps, l'oxyde d'uranium sur l'acide oxalique.

74° Par l'action des acides minéraux, sur les carbylamines, les phénylamines, ou les alcalamides formiques.

75° Par l'action de l'acide chlorhydrique, en présence de formol, sur les oxymes et les hydroxylamines.

76° Par l'action de l'eau, à chaud, sur la méthylamine, en présence d'acide chlorhydrique.

77° Par l'action de l'iodoforme, en tube scellé, sur la solution méthylique de bichlorure de mercure : il se forme du formiate de méthyle.

78° Dans la combustion de l'éthylène : ce cas est particulièrement intéressant à étudier, car il indique un véritable processus d'hydroxylation.

Bone et Wheeler (*Ch. S.*, t. LXXXV, p. 1637, année 1904) s'en sont particulièrement occupés : ils ont constaté que l'oxygène se combine d'abord à l'hydrocarbure, en se distribuant entre le carbone et l'hydrogène et, en donnant naissance à des molécules hydroxylées. Tôt ou tard, celles-ci, suivant la rapidité du processus, subissent une décomposition thermique, les réduisant en produits plus simples.

Les différents stades de la combustion peuvent être représentés comme suit :

$$\begin{array}{l} CH^2 + O \\ \| \\ CH^2 \end{array} \rightarrow \begin{array}{l} CH\text{-}OH + O \\ \| \\ CH^2 \end{array} \rightarrow \begin{array}{l} CH\text{-}OH \\ | \\ CH\text{-}OH \end{array}$$

$$2 \left\{ \begin{array}{c} H \\ | \\ \underline{O = CH} \\ CO + H^2 \end{array} \right. \rightarrow \begin{array}{c} H \\ \\ \underline{O = COH} \\ CO + H^2O \end{array} \rightarrow \begin{array}{c} OH \\ | \\ \underline{O = C\text{-}OH} \\ CO^2 + H^2O \end{array}$$

Il n'y a pas de préférence, dans la combustion du carbone ou de l'hydrogène, quand C^2H^4 réagit, avec une quantité d'oxygène insuffisante, pour donner de la vapeur d'eau et de l'oxyde de carbone.

La formaldéhyde est le principal produit d'oxydation intermédiaire, et sa formation précède celle de l'eau et de l'oxyde de carbone.

Au-dessous du point d'ignition, il se forme de l'acide formique, mais, au-dessus, ce corps, aussi bien que le formol, se transforme en oxyde de carbone et en hydrogène.

A côté de ces cas généraux, isolés et bien définis, l'acide formique prend encore naissance dans une foule de cas particuliers : préparation du chloroforme dont il constitue un des sous-produits; dédoublement des dérivés alkylés des acides cétoniques et, en particulier, de l'acide malonique ; dédoublement des glucosides par la baryte hydratée, comme l'a isolé Hlaswetz; fermentation de la nitrocellulose humide ; traitement de l'acide lactique et de l'acide phénylactique, par l'acide sulfurique ; décomposition des acides gras par la chaleur, selon la méthode de Laurent; traitement, d'après Dupré, du carbone sous pression par le carbonate de potasse ; traitement, sous pression, du mélange d'acétate et d'isoamylate de sodium par l'oxyde de carbone; hydratation, en présence d'acide chlorhydrique, du formonitrile de la phénylamine ; hydrogénation des nitroformènes; action de la chaux sodée sur l'acétone ; fermentation du rhum, dans cette réaction, l'éther particulier qui se forme et donne à la liqueur son bouquet, n'est autre qu'un éther formique; ébullition de la glucose, de la lévulose, de la galactose et de l'acide oxalique.

Ciamician, de Bologne, obtient encore l'acide formique par l'action de la lumière sur une dissolution aqueuse d'acide lévulique. Reymann (*S. C.*, t. LXXXVII, p. 675) dit qu'il se produit, d'une façon sensible, quand on fait réagir l'acide chlorhydrique sur la saccharose ; le rendement dans un semblable cas, est de 13,8 0/0; avec l'arabinose, dans les mêmes conditions, on obtient 13,1 0/0; avec la dulcite 4,2 0/0 et enfin, avec l'isodulcite, 5 0/0.

Dans la préparation de la pâte de papier, en traitant les bois peu résineux, comme le peuplier, le tremble, l'épicéa par la lessive de soude caustique, on obtient des traces très sensibles de formiate de soude et d'oxalate de soude.

Selon Renard, si on traite, par le permanganate de potassium MnO^4K, en solution aqueuse, l'un des constituants des huiles de résine, le ditérébenthyle $C^{20}H^{30}$, on obtient des quantités notables d'acide formique.

Ce corps prend encore naissance, dans le traitement des bois par le bisulfite de chaux et par le bisulfite de magnésie, applications du procédé Mittcherlich : 20 à 30 0/0 de cellulose sont ainsi transformés en divers acides gras, donnant des sels de chaux ou de magnésie, où les formiates prédominent.

Hertzig (*S. C.*, t. XXXVI, p. 601) s'est trouvé, en sa présence, lors de l'examen des résidus de la fabrication de l'aldéhyde tétraméthylphloroglucique.

Seemann (*S. C.*, année 1906), en examinant l'action de l'eau oxygénée, en présence de sulfate ferreux, sur la galactose, la rhamnose, l'arabinose et la fructose, a constaté qu'il se formait une certaine quantité d'acide formique ; ce qui n'a rien de surprenant, car ces réactions sont identiques à celle, indiquée par Pastoureau, et visant l'action de H^2O^2, sur la glycérine, en présence du sulfate ferreux.

Il se forme encore de l'acide formique, dans l'oxydation, par le permanganate de chaux, de la gélatine et de l'ovalbumine.

Balbiano (*S. C.*, t. XXXVI, p. 771) a fait réagir, soit le phosphore rouge, à 200°, soit l'acide iodhydrique, sur l'acide camphorique ; en traitant, par l'acide azotique, le produit de réduction obtenu, il se forme, à côté d'acide glutarique, une forte quantité d'acide formique, décelable par l'oxyde de plomb et par la formation de formiate plombique peu soluble.

Selon Boué et Andrew (*S. C.*, année 1906), dans la combustion de l'acétylène, à côté d'oxyde de carbone, il se forme également de l'acide formique, selon les stades suivants :

$$\frac{CH}{CH} \rightarrow \underset{\text{1er Stade.}}{\frac{COH}{COH}} \rightarrow \underset{\text{2e Stade.}}{\frac{\begin{array}{c}H\text{-}C=O\\ |\\ H\end{array}}{CO + H^2}} \rightarrow \underset{\text{3e Stade.}}{\frac{\begin{array}{c}HO\text{-}C=O\\ |\\ H\end{array}}{CO + H^2O}}$$

Cross et Bevan (*D. Ch. G.*, XXVIII, p. 1940) ont constaté, qu'en chauffant les tissus végétaux, avec les acides étendus, on obtient du furfurol : si on agit, de même sur la paille d'orge, le papier ou le coton, on obtient, à côté du furfurol, de l'acide formique.

Cet acide se forme, encore selon Fay, (*Ann. Ch. J.*, t. XVIII, p. 269), par l'action de la lumière, sur un mélange d'acide oxalique et d'oxalate d'urane, il y a genèse d'oxalate uraneux, de CO et de CO^2H^2; selon Delépine, on obtient encore l'acide formique par l'action de l'eau, sur l'aldéhyde formique ou le trioxyméthylène, (*S.C.*, t. XV, p. 909; 1896) et d'après Tollens, par l'action de la magnésie, et des hydracides, à + 130°, sur ces mêmes corps.

D'après Tauret (*S. C.*, t. XVIII, p. 1011), CO^2H^2 prend naissance, dans l'action de MnO^4K sur la solution alcoolique du chloral; la présence d'un nitrate alcalin accélère la réaction.

Il se forme de l'acide formique, dans la fermentation du gluten, par le *B. proteus vulgaris*, ou dans celle de la glycérine, par le *B. boocapricus*, suivant Emmerling, (*S. C.*, t. XXI, p. 203), et, aussi, dans l'oxydation de l'acide propylacrylique, par MnO^4K.

Selon Rengade (*S. C.*, t. XXXI, p. 568), quand on fait passer CO^2, sec et pur, sur du sulfate acide de potassium ammonium, de — 35, à — 45°, on obtient un formiate; au-dessous de — 30°, il se forme du carbonate, avec dégagement d'H.

Si on chauffe, avec du carbonate de potassium, l'éther diazoacétique du méthane, il se forme CO^2H^2.

L'acide malique, alcalinisé, donne de l'acide formique, sous l'influence du *Bacillus lacti ærogenis*.

Selon Thomas, la levure, en milieu sucré minéralisé, donne CO^2H^2, ce qui explique que l'on trouve cet acide dans l'eau des touraillons (*C. R.*, 1903).

Le furfurol, traité par le réactif de Caro, à 0°, donne, selon Cross et Bevan (*S. C.*, t. XXVI, p. 367) de l'acide formique; ce corps se forme, encore, dans la décomposition du dérivé disulfuré de l'aldéhyde propionique (Delépine, *S. C.*, t. XXV, p. 1012), dans la réaction des peroxydes d'azote sur le mercure-méthyle (Bamberger et Raller, *S. C.*, t. XXXIV, p. 665),

D'après Hantzele et Silberrad (*S. C.*, t. XXXVI, p. 700); dans l'hydratation de la dihydrotétrazine et du bidiazométhane; dans l'action de la potasse bouillante sur le glycocolle (Jolles, *S. C.*, t. XXVI, p. 816); dans la fermentation de la fructose, sous l'influence du bacillum coli ou typhique, selon Harden (*S. C.*, t. XXVI, p. 652); il y génération de CO^2H^2.

Dans l'action de l'hydrate de baryte sur l'acide couménique, dérivé du pyrone; dans l'oxydation du mucilage de Salep par H^2O^2; en traitant, d'après Claisen (*S. C.*, t. XXXVI, p. 500), les aldéhydes propargyliques ou phénylpropargyliques, par une solution alcaline; dans l'oxydation, en présence de MgO, de l'aldéhyde o. aminobenzoïque (Bamberger, *S.*, *C.*, t. XXXII, p. 105), on obtient encore de l'acide formique.

Il se forme aussi, selon Schittenhelm (*S. C.*, t. XXXII, p. 1223) dans la fermentation de l'acide nucléique de la levure, sous l'influence du *Bacillum coli ;* dans l'oxydation du méthane (Makovnikoff, *S. C.*, t. XXXII, p. 249) par MnO^4K acide; en chauffant, selon Hill et Hale (*S. C.*, t. XXXII, p.223), le phénylnitropyrazol avec l'eau; en oxydant l'acétol par MnO^4K (Bling, *S. C.*, t. XXXI, p. 1290); en traitant, suivant Blaise, l'éther isoformolbutyrique, par l'eau de baryte: il y a alors dédoublement (*S. C.*, t. XXXI, p. 169).

En oxydant l'acétylène, par le permanganate alcalin, avec excès de gaz, la réaction se fait immédiatement; dans l'oxydation, selon Bamberger (*S. C.*, t. XXX, p. 884), de l'éthyl et de la méthylamine, dans le traitement à 200°, à l'aide de la potasse et la chaux potassée, de la glycérine (Buisine, *S. C.*, t. XXIX, p. 1005). CO^2H^2 prend encore naissance.

L'acide formique se forme, selon Smith (*Ch. N.*, t. XXXIX, p. 252), dans l'oxydation de l'alcool heptylique normal; selon Skraup, (*D. C. G.*, t. XI, p. 311) dans l'action du permanganate de potasse sur la cinchonine; dans le vinaigre de bois, selon Kræmer et Grodski; (*D. C. G.*, t. XI, p. 1356) dans la transformation du glucose en acide saccalmique; dans l'action de la potasse aqueuse, à 180°, sur les isonitriles, selon Ar. Gautier, ou dans celle de la potasse alcoolique sur les isobutylcarbylamines, selon Schmidt (*S. C.*, t. XXIX, p. 236); dans le dédoublement de l'acide tartrique, sous l'influence de la potasse selon Pawlof (*S. C.*, t. XL, p. 191); dans l'action des acides halogénés sur l'oxyméthylène, selon Fretschenko (*S. C.*, XL, p. 193); dans la fermentation de la mannite et du glycérate de soude, sous l'influence de la bouse de vache; dans l'action de la soude ou de la magnésie, au bain-marie, sur l'oxyméthylène, selon Legler (*D. C. G.*, t. XVI, p. 1333); dans l'action du formol sur la baryte, selon Tollens; dans l'hydrogénation du chloroxycarbonate d'éthyle, selon Genther (*L. Ann.*, t. CCV, p. 223): cette méthode, selon Boutterow, réussit fort bien lorsqu'on emploie, comme hydrogénant, l'amalgame de sodium.

L'acide formique se forme encore, dans l'action de CO, à 280°, sur l'acétate et l'isoamylate de sodium, selon Schmidt (*G. C.*, t. XL, p. 379) ; dans l'action de HCl, sur la xanthine ; dans l'action de CO, à + 200°, sur le lactate de sodium ; dans l'oxydation de la mannite, par MnO^4K, selon Hecht et Stwigt (*D. C. G.*, t. XIV, p. 1760) ; dans la fermentation de l'acide tartrique, par le *Bacillum termo*, selon Kœnig (*D. C. G.*, t. XIV, p. 211) ; dans l'action de O^3 sur la benzine ou l'éthylène, selon Houzeau et Schœnbein ; enfin, dans la fabrication du gaz d'éclairage, selon Maquenne (*S. C.*, 1881, p. 229).

Si on se reporte aux études de Ragmann et de Cruis sur la bière, ce liquide, au contact d'un excès de levure, donne naissance, par décomposition ou dédoublement de matières albuminoïdes, à de l'acide formique : il en est de même des mouts.

L'essence traitée à l'air, par le sulfate manganeux, par NH^4Cl et par NH^3, donne naissance à un corps particulier, dont la formule est $C^9H^{14}O^2$, et à CO^2H^2, selon l'équation :

$$C^{10}H^{16} + O^4 = C^9H^{14}O^2 + CO^2H^2,$$

CO^2H^2 se trouve, dans la masse, à l'état de formiate manganeux (Crismer, *S. C.*, t. IV, p. 28).

L'acide formique prend encore naissance ; dans la préparation de l'ozazone de l'acide pyruvique ; dans la fermentation de la caséine ; dans l'oxydation du formol par CrO^3 ; dans l'action de l'acide oxalique sur la morphine, selon Chastaing ; dans la préparation du cyanure de fer, par l'action, à + 140°, de Fe sur CS^2 et de NH^3, selon Conroy ; dans la décomposition de l'acide leucique, selon Ordonneau (*H. S.*, septembre 1908) ; dans le traitement du trioxyméthylène par l'eau, selon Delépine (*S. C.*, t. XV, p. 999) ; dans le chauffage du lait, selon Cazeneuve et Heddon (*S. C.*, t. XV, p. 739).

Selon Naudin et de Motholon (*S. C.*, t. XXVI, p. 124), si on fait réagir CO^2 sur le cyanure de potassium, à la température ordinaire, il n'y a pas de formation de CO^2H^2, mais, à + 80°, il se forme CO^2HK qui est décomposé, partiellement, par CO^2 ; si on agit en présence de sulfate de zinc, il se forme du cyanure et du formiate de zinc ; cette réaction est comparable à celle de Gainsmann, entre les prussiates et les minerais de zinc.

En oxydant l'amylène par CrO^3, Berthelot a obtenu CO^2H^2 ; Vincent le rencontre (*S. C.*, 1877, p. t. I, 154) dans les produits de calcination des vinasses ; Courlot (*S. C.*, 1906, t. I, p. 994) dans les produits d'oxydation du di-isopropényl par NHO^4K; Hertzig et Neuzel (*S. C.*, 1906, t. II, p. 601) dans les sous-produits de la tetra-méthyle-phloroglucine; Seemann, dans les produits d'oxydation de l'ovalbumine; Morel et Bellors (*Ch. S.*, t. LXXXVII, p. 280) dans les produits de réaction de H^2O^2, sur les sucres, comme la rhamnose, la fructose, l'arabinose.

Il se forme, encore, dans la fermentation de la nitrocellulose, bien que le fait ait été nié par Toppaner (*D. C. C.*, 1883, t. XVI, p. 1734).

Si, comme Dugrez (*S. C.*, 1898, t. I, p. 111), on reprend l'essai de Dumas, en faisant réagir KOH sur le chloroforme, ou sur le chloral, en présence de levure, à chaud, on obtient abondamment CO^2H^2.

Garter (*An. P. C.*, t. CCXXXV, p. 494) l'extrait de la baptigenine, en traitant la baptistine, par la soude aqueuse.

Kossmann (*S. C.*, 1877, t. II, p. 247) a étudié la transformation de la glycérine, en CO^2H^2, sous l'action de MNO^4K et de la lumière solaire ; l'action est identique sur la cellulose, même, si on substitue à MnO^4K, CrO^3 ou de l'hypochlorite de chaux.

Comme on le voit, en raison de la simplicité de sa formule, CO^2H^2, l'acide formique apparait, comme l'un des produits, résultant de la destruction de la plupart des matières organiques, par les oxydants ; souvent, également, il prend naissance dans le dédoublement des corps, soit sous l'influence de la chaleur, soit sous l'influence des ferments, comme l'a montré Blisendorft, de Copenhague ; enfin, il peut être le résultat de l'action, encore mal connue, de la radioactivité, sur les carbonates et sur les divers acides organiques.

On comprend aisément que, dans de telles conditions, le nombre de ses modes de formation soit presque incalculable.

LES MODES DE PRÉPARATION

Les moyens pratiques de préparer l'acide formique sont aussi rares que sont nombreux ses modes de formation.

La plupart de ceux qui ont été isolés ne sont guère utilisables, qu'au laboratoire, et, actuellement, dans l'industrie, seul, le procédé Berthelot-Goldsmith-Kopp est appliqué avec succès.

D'autres méthodes, que nous étudierons d'ailleurs, peuvent donner d'aussi bons résultats, mais, il n'a rien été fait pour en faciliter l'application industrielle.

Pour des motifs plutôt historiques que pour des raisons de fait, on peut classifier les modes de préparation de l'acide formique comme suit :

1° *Méthodes d'extraction des produits naturels, où le corps se trouve, tout formé ;*

2° *Méthodes de préparation, par voie chimique, qui comprennent :*

a) La préparation par les hydrates de carbone ;

b) La préparation par l'acide oxalique et les alcools polyatomiques ;

3° *Méthodes de préparation, par synthèse, qui comprennent :*

α) Par l'oxyde de carbone :

a) Le procédé, par pression, de Goldsmith et ses variantes ;

b) Le procédé, par réduction, de Kopp et ses variantes ;

c) Le procédé, par catalyse, de Lambilly et ses variantes ;

d) Le procédé au nickel carbonyl et ses variantes ;

β) Par l'acide carbonique :

Le procédé, par les hydrures, de Moissan ;

4° *Méthodes de préparation par électrolyse et les procédés annexes.*

Nous étudierons, successivement, chacune de ces méthodes.

EXTRACTION DE L'ACIDE FORMIQUE DES PRODUITS NATURELS

Pendant près de deux siècles, on n'a pu se procurer l'acide formique, qu'en l'empruntant, tout formé, aux animaux ou aux végétaux que la nature généreuse en avait doté.

Jusqu'à l'an 1822, jusqu'à l'isolation du procédé de préparation chimique de Dobereiner, c'est à la vieille méthode de Samuel Fischer, perfectionnée par Margraff, que l'on a eu recours pour se procurer le premier des acides gras, l'un des piliers de la série acyclique.

Procédé Fischer-Margraff. — Il est fort simple et consiste dans le traitement par l'eau bouillante, en présence d'alcool, d'une bouillie de fourmis rouges. La matière première est peu abondante, assez coûteuse, car, la chasse, dont elle est le fruit, manque d'agréments et, la préparation ne laisse point d'en être assez répugnante.

Le bouillon obtenu est filtré, puis distillé.

Le résultat traité, soit par une base alcaline, soit par du carbonate de plomb, donne, après concentration, des formiates cristallisables.

Ceux-ci, purifiés, puis desséchés, sont traités, parvenus à l'état anhydre, soit par un acide minéral, acide chlorhydrique ou sulfurique, soit, dans le cas de formiate de plomb, par l'acide sulfhydrique, à chaud.

Il y a dégagement d'acide formique gazeux, qui, après condensation, est purifié par de nouvelles rectifications.

Les rendements sont infimes, puisque un kilogramme de fourmis rouges donne, à peine, 25 grammes d'acide formique anhydre.

Aux fourmis, on a tenté de substituer les chenilles, l'assa fœtida, l'ortie, le tamarin; mais, toujours, les résultats de l'extraction sont demeurés insignifiants.

Aussi, tant qu'on ne put l'extraire que des produits naturels, l'acide formique, en dépit des multiples travaux qu'il a déterminés au XVIIIe et au XIXe siècle, est-il demeuré une véritable rareté de laboratoire.

MÉTHODES DE PRÉPARATION DE L'ACIDE FORMIQUE PAR VOIE CHIMIQUE

Dobereiner, en préparant l'acide formique par l'action des oxydants sur les hydrates de carbone, a ouvert la voie aux méthodes chimiques. Les principales sont :

1° Les procédés Dobereiner, Gay-Lussac, etc., basés sur l'action des oxydants sur les hydrates de carbone;

2° Les procédés Gay-Lussac, Berthelot, Lorin, etc. utilisant l'acide oxalique, soit seul, soit en présence des alcools polyatomiques.

1° PRÉPARATION DE L'ACIDE FORMIQUE PAR LES HYDRATES DE CARBONE

Le premier procédé qui a été présenté est dû à Dobereiner, un chimiste, qui, vers le commencement du siècle dernier, s'est beaucoup occupé de la préparation et de la fabrication des divers acides organiques.

Son procédé consiste à faire réagir, à chaud, une solution étendue d'acide sulfurique, sur divers hydrates de carbone naturels, en présence d'oxyde de manganèse.

Ce produit, en présence d'un acide, donne naissance à un abondant dégagement d'oxygène, qui se porte sur l'hydrate de carbone, et par oxydation, en détermine la transformation en acide formique.

Dobereiner indique pour cette préparation, les proportions suivantes :

10 parties en poids d'amidon sec;
37 — de bioxyde de manganèse;
37 — d'acide sulfurique 66°;
30 — d'eau.

On chauffe pendant dix heures, puis, l'acide formique obtenu est distillé et recueilli sur du carbonate de plomb.

Le formiate de plomb obtenu est, après dessiccation, décomposé, au bain d'huile, par un courant d'acide sulfhydrique, puis rectifié.

Le rendement est de 3,5 0/0 de l'amidon mis en jeu.

Procédé Liebig. — Pour des motifs qu'il expose, soit dans les *Annales de physique et chimie* (XVII, p. 69), soit dans les *Annales de Poggendorff* (III, p. 217), Liebig a été amené à substituer la fécule à l'amidon, dans le procédé de Dobereiner.

« En raison du boursouflement de la masse, écrit-il, il faut employer une cornue d'un volume dix fois plus grand que celui des matières. La fécule se trouvant placée dans la cornue, on y introduit, peu à peu, le mélange d'eau et de bioxyde de manganèse; puis, on chauffe jusqu'à + 40°; arrivé à cette température, on introduit l'acide sulfurique, par petites fractions, en agitant. Lorsque la réaction est terminée, ce qui demande deux ou trois heures, on distille, en négligeant la fin des produits de réaction : le distillat est reçu sur du carbonate de plomb, qui transforme l'acide formique, en formiate de plomb. Ce dernier est purifié, par cristallisation, et CO^2H^2 en est dégagé, par l'action d'un acide minéral fort. »

Procédé Pelouze. — A l'amidon et à la fécule, on substitue l'acide tartrique qui est oxydé par un mélange d'oxyde puce de plomb et d'eau : on a ainsi du formiate de plomb que l'on attaque par l'acide sulfhydrique.

Procédé Filhol. — On traite le sucre par l'acide sulfurique; dans cette réaction, il se produit des acides formique, ulmique et sulfureux. On agit avec :

Sucre .... 20 parties
Acide sulfurique .... 80 —

On chauffe très doucement.

Il y a, d'abord dégagement, d'oxyde de carbone, d'acides carbonique et sulfureux, puis la masse se boursoufle, en donnant de l'acide formique que l'on condense.

« En ajoutant de l'oxyde de manganèse, dit Filhol, la production est plus considérable. »

Girardin décrit ainsi le procédé qui, vers 1835, était en pratique, dans les laboratoires, pour la préparation de l'acide formique :

« On traite, dit-il :

1 partie de sucre par ;
2 parties d'eau,
3 parties de bioxyde de manganèse,

dans une cucurbite, que l'on porte à + 40°, puis on ajoute, peu à peu, en agitant :

3 parties d'acide sulfurique étendu de
3 parties d'eau,

Le premier tiers d'acide sulfurique étant ajouté, il y a un grand dégagement d'acide carbonique ; aussi faut-il prendre soin de choisir une cucurbite, ayant quinze fois le volume des matières en action.

Quand l'effervescence a cessé, on ajoute le reste de l'acide, on ajuste le chapiteau et on distille.

Le distillat contient de l'acide formique, de l'alcool et de l'eau : on le neutralise par le carbonate de soude et on l'évapore à sec.

Le formiate de soude desséché, ainsi obtenu, est traité à raison de :

7 parties de formiate de soude, par
10 parties d'acide sulfurique ;
4 parties d'eau.

« On distille et on obtient de l'acide formique pur. Cinq cents grammes de sucre donnent une quantité d'acide formique suffisante pour neutraliser 160 à 190 grammes de chaux. » [*Formation artificielle de l'acide formique* (*Ann. de Ph. et Ch.*, 2, XX, p. 320).]

A l'amidon, Dobereiner, perfectionnant sa première méthode, substitua l'alcool, l'esprit de bois, la ligneux, la gélatine et surtout le glucose, plus économique que le sucre.

Dans toute cette série de procédés, variantes d'un même thème, il se forme, à côté de CO^2H^2, des produits secondaires, surtout de l'acide acétique.

Pour obtenir CO^2H^2 pur, contrairement au dire de Girardin, on ne doit pas neutraliser le produit brut par le carbonate de soude, mais bien, comme l'indique Liebig, par le carbonate de plomb.

Les formiates alcalins sont, en effet, difficilement séparables des acétates, tandis que, la quasi-insolubilité des formiates de plomb, à froid, en permet la séparation facile, par simple filtration, des acétates beaucoup plus solubles.

Le formiate de plomb est décomposé, soit par H^2S, HCl ou SO^4H^2; mais CO^2H^2, obtenu par ce procédé, ne dépasse pas une richesse de 40 0/0.

Si on désire l'obtenir, à concentration plus haute, on le laisse en contact, pendant vingt-quatre heures, disent les méthodes anciennes, avec de l'acide borique anhydre, qui s'empare de la plus grande partie de l'eau de dilution ; on distille, ensuite, en ne recueillant que 90 0/0 de ce qui passe ; on prétend obtenir, ainsi, un acide formique titrant, près de 50 0/0 de CO^2H^2.

Bien que supérieure à l'extraction des produits naturels, la méthode d'oxydation des hydrates de carbone ne donne, en somme, que des résultats fort médiocres, car, elle ne permet point d'arriver à un acide à haute concentration, lequel, seul, est intéressant dans les applications industrielles.

Ce simple motif justifie l'abandon absolu dans lequel sont tombés ces modes de préparation.

2° Préparation de l'acide formique, par l'acide oxalique, soit seul, soit en présence des alcools polyatomiques

La décomposition de l'acide oxalique, $C^2O^4H^2$, a donné des résultats plus pratiques que les méthodes précédentes.

Procédé Gay-Lussac et Gherardt. — Il est basé sur le principe suivant : $C^2O^4H^2$, soumis à une forte chaleur perd, CO^2, et donne naissance à un nouvel acide, contenant un C en moins.

La réaction se fait selon l'équation :

$$C^2O^4H^2 = CO^2 + CO^2H^2.$$

L'acide oxalique, dans ces conditions, perd son eau de cristallisation vers + 80°, se volatilise entre 100 et 120°, commence à se décomposer, vers 150° et, se décompose, totalement, à + 188°.

Il y a formation de H^2O, de CO^2, de CO^2H^2 et d'un peu de CO et d'H, provenant d'une décomposition plus avancée de $C^2O^4H^2$, que, par suite des surchauffes, il est impossible d'éviter.

La réaction s'accomplit, en autoclave, au bain d'huile ; le produit obtenu est transformé en formiate de plomb, par le carbonate, puis décomposé à chaud par H^2S.

Selon Lorin, 1.000 grammes $C^2O^4H^2$, chauffés à + 180°, donnent dans ces conditions, 467 grammes de CO^2H^2 à 13,5 0/0 (*S. C.*, septembre 1882) ; le rendement est faible et l'acide est toujours souillé : il y a, à la fois, entraînement d'acide oxalique et excès d'eau.

Ce procédé est peu pratique et peu rémunérateur.

Procédé Berthelot (*Ann. de Ph. et Ch.*, 3, XLI, 294). — Il est basé sur le dédoublement de l'acide oxalique, en présence des alcools polyatomiques et, en particulier, de la glycérine.

On se trouve, ici, en présence de la première méthode pratique de préparation qui ait été isolée, car, avec les modifications heureuses que lui ont apportées Lorin, Henninger, Van Rombourg, Fauconnier, elle est l'une des rares qui soit susceptible de donner, en premier jet, de l'acide formique à la concentration de 95/97 0/0.

Mis en présence de la glycérine, à une certaine température, l'acide oxalique se dédouble, selon l'équation :

$$C^2O^4H^2 = CO^2 + CO^2H^2.$$

On obtient, ainsi, une molécule d'acide formique, par molécule d'acide oxalique, mis en jeu, mais, avec production d'une molécule de CO^2 ; la moitié, seulement, du poids de $C^2O^4H^2$, entrant en réaction, est, donc, utilisée.

Berthelot agit sur :

1 000 grammes glycérine 28° ;
1 000 grammes d'acide oxalique ordinaire du commerce ;
200 grammes d'eau.

mis dans une cornue de 8 litres ; il chauffe, pendant plusieurs heures, sans dépasser + 100°, et cela, jusqu'à ce que le dégagement d'acide carbonique cesse.

Cette première phase terminée, il ajoute alors à la masse :

1 000 grammes d'eau;
5 à 600 grammes d'acide oxalique,

puis il distille, doucement, jusqu'à ce qu'il ait recueilli 1.250 centimètres cubes de liqueur.

Il ajoute, alors, une nouvelle dose d'eau et d'acide oxalique, et continue, ainsi, en remplaçant, périodiquement, dans l'appareil, l'acide et l'eau disparus, jusqu'à ce qu'il ait obtenu 7 à 8 litres de liquide.

L'acide recueilli titre, environ, 40 0/0 CO^2H^2, et, par 3 kilogrammes d'acide oxalique du commerce mis en jeu, on obtient 1.050 grammes d'acide formique, alors que, d'après l'équation de formation, on devrait en obtenir 1.090 grammes : le rendement est donc presque théorique.

La glycérine se retrouve complètement dans l'appareil, à la fin de chaque opération ; elle est prête à servir à nouveau ; la perte est de 1 gramme, par litre, environ, qui est volatilisé.

On peut obtenir un acide formique, titrant 56 0/0 de CO^2H^2, en supprimant toute addition d'eau ; mais, en ce cas, l'opération doit être conduite lentement et en ne dépassant pas + 90°.

La réaction commence à + 75° et, à + 90°, elle est en pleine activité ; en même temps que l'acide carbonique se dégage, il passe un liquide aqueux, chargé d'acide formique.

Par addition d'une nouvelle quantité d'acide oxalique, faite quelque temps après, alors que le dégagement d'acide carbonique et la distillation ont cessé, la décomposition recommence et un liquide aqueux passe à nouveau, plus riche en acide formique. Par des additions successives d'acide oxalique ordinaire, la richesse en acide formique réel du produit obtenu va toujours croissant, jusqu'à une limite où, l'acide aqueux qui distille, conserve le titre constant de 56 0/0 CO^2H^2. Cette limite est indiquée, précisément, par l'équation de décomposition de l'acide oxalique hydraté.

Dans une première partie d'expériences, l'acide formique aqueux, provenant de chaque kilogramme d'acide oxalique, ajouté par fractions de 250 grammes, titre successivement 24, 44, 53 0/0 ; à une certaine période de l'opération il se fixe à 50 0/0. La réaction devient alors régulière, et on peut compter, qu'en partant de 1.000 grammes de glycérine, chaque kilogramme d'acide oxalique ordinaire ajouté, par fractions de 250 grammes, donne 650 grammes d'acide formique à 56 0/0 : ce qui correspond sensiblement au rendement théorique.

La même glycérine peut servir pendant plusieurs mois.

La seule précaution à prendre, dans cette réaction, est de ne pas dépasser la température de + 95°, car, à température supérieure, on risque, tout en diminuant le rendement, de donner naissance à des composés allyliques.

La réaction telle que nous venons de la décrire semble se passer selon l'équation :

$$C^2O^4H^2 = CO^2 + CO^2H^2,$$

la glycérine n'intervenant que par action de présence; en quelque sorte, comme masse de contact.

En fait, les choses se passent tout différemment, et la réaction est beaucoup plus compliquée qu'un simple dédoublement : en voici, d'ailleurs, l'exposé.

1° L'acide oxalique ou diéthanoïque, agissant sur la glycérine, qui est un alcool, la propanetriol, l'éthérifie en donnant naissance à une oxaline ou éther oxalique de la glycérine ; cette transformation correspond à la perte d'une molécule d'eau ;

2° L'oxaline obtenue, sous l'influence de la chaleur, perd un atome d'acide carbonique et se transforme en formine ou éther formique de la glycérine ;

3° La formine, dès sa naissance, est saponifiée par l'eau provenant de la première phase de la réaction ; l'alcool initial, la glycérine se reforme alors, tandis que, l'acide formique est mis en liberté et entraîné avec l'eau de cristallisation, de l'acide oxalique, vaporisée.

On se trouve, donc, en présence d'une éthérification suivie de saponification, soit d'une véritable réaction à phases.

La loi de Webb permet d'en déterminer le nombre, grâce à la formule :

$$N = m + p - q - z.$$

Le nombre de masses m, entrant dans la réaction, est de sept, savoir : les acides oxalique, carbonique, formique, la glycérine, l'oxaline, la formine et l'eau.

Le nombre de constituants z est de trois : acide oxalique, glycérine, eau.

Le nombre de réactions réversibles q est de un ; c'est l'équation permettant la transformation de glycérine en éther et de l'éther en glycérine. Une seule condition physique, la température, varie, d'où $p = 1$. On aura alors :

$$N = 7 + 1 - 1 - 3 = 4.$$

Il y aura donc quatre phases : la transformation se fera, selon la série d'équations, que voici :

	1re PHASE		2e PHASE
1°	$CH^2-\boxed{OH} + COO\boxed{H}$ $CH-OH \quad COOH$ $CH^2-OH \quad$ A. oxalique. Glycérine.	=	$CH^2-OC(=O)-CO^2H + H^2O$ $CHOH \quad$ Eau. CH^2OH Oxaline.
	2e PHASE		3e PHASE
2°	$CH^2-OC(=O)-\boxed{CO^2}H$ $CHOH$ CH^2OH Oxaline.	=	$CO^2 + CH^2-O-C(=O)-H$ A. carbonique. $\quad CHOH$ CH^2OH Formine.
	3e PHASE		4e PHASE
3°	$CH^2-O\boxed{C(=O)-H} + \boxed{H^2O}$ $CHOH \quad$ Eau. CH^2OH Formine.	=	$CH^2-OH \quad HCO^2H$ $CHOH \quad$ A. formique. CH^2-OH Glycérine.

La glycérine qui, à première vue, semble n'avoir qu'une action de présence, joue au contraire un rôle excessivement important, puisqu'elle donne naissance, successivement, à deux éthers différents et qu'elle devient, ainsi, l'agent principal du dédoublement de l'acide oxalique.

D'autre part, en examinant la réaction, on s'explique très bien qu'on puisse, une fois qu'elle est amorcée, arriver à la production d'un acide formique à richesse constante.

Celui-ci, en effet, est produit, à l'état anhydre, dans la phase de saponification de la formine ; il ne peut donc avoir, comme eau de dilution, que l'eau de cristallisation provenant de l'acide oxalique non desséché.

Si on diminue la quantité de cette eau de cristallisation, la richesse de l'acide formique recueilli tendra, donc, à augmenter, jusqu'à la production d'acide anhydre. C'est, d'ailleurs, un point sur lequel nous reviendrons tout à l'heure.

Si on examine la question de rendement, on voit que, par molécule d'acide oxalique mise en jeu, on ne peut obtenir, comme nous l'avons déjà dit, qu'une molécule d'acide formique; encore bien que, le corps générateur contienne les éléments d'une seconde molécule; mais, ces derniers se trouvent perdus, dans la troisième phase de la réaction, à la suite de la formation d'acide carbonique.

L'isolation par Lorin, puis par Henninger et par Fauconnier, des éthers oxalique et formique de la glycérine, l'étude des actions de ces éthers sur l'acide oxalique à + 95°, ont établi, de façon irréfutable, le bien fondé de la théorie de formation qui vient d'être exposée ; d'ailleurs elle est, aujourd'hui, admise par tous les chimistes.

Lorin a étudié l'influence des variations de température, dans la réaction de Berthelot.

A + 175°, la formine glycérique se décompose, en donnant de l'oxyde de carbone; si on monte à + 195°, on constate aussitôt, la mise en liberté d'acide carbonique, provenant de la décomposition de l'acide formique, selon l'équation :

$$CO^2H^2 = CO^2 + H^2.$$

Cet acide carbonique est mis en liberté, tandis que l'hydrogène produit, en même temps, se fixe sur la glycérine et sur ses hydrates, pour donner du propénol ou alcool allylique. La réaction se passe, selon l'équation :

$$\begin{matrix} CH^2\text{-}OH \\ | \\ CHOH \\ | \\ CH^2\text{-}OH \end{matrix} + H^2 = CH^2\text{=}CH\text{-}CH^2OH + (H^2O)^2.$$

Glycérine + Hydrogène = Propénol + Eau.

Selon Van Rombourg, lorsqu'il y a chauffe au-dessus de + 100°, le phénomène se produit d'une façon un peu différente.

Il se forme, tout d'abord, une diformine, provenant de l'action de l'acide formique libre, sur la monoformine, engendrée dans la troisième phase, puis, la décomposition suit son cours régulier, produisant d'abord de l'oxyde de carbone, ensuite de l'acide carbonique et, enfin, du propénol.

Dans les résidus de la préparation de ce dernier corps, par la glycérine et l'acide oxalique desséché à 200°, on retrouve, d'ailleurs, cette diformine qui, sous l'influence d'une chaleur modérée, à + 100°/120°, se décompose en acide formique et en éther allyformique, selon l'équation :

$$\begin{matrix} CH^2\text{-}O\text{-}C\text{-}H \\ CHOH \quad \overset{\|}{O} \\ CH^2\text{-}O\text{-}C\text{-}H \\ \quad\quad \overset{\|}{O} \end{matrix} = CO^2H^2 + CH^2{=}CH\text{-}CH^2O\text{-}CO^2H$$

Diformine = A. formique + Ether allylformique.

Si on isole cette diformine, en agissant comme Henninger et Tollens l'ont fait pour la monoformine, et si, on la traite par l'acide oxalique, elle donne la quantité d'acide formique correspondant à $C^2O^4H^2$, entrant en jeu.

En se basant sur les théories générales d'éthérification instituées par Berthelot et Péan de Saint-Gilles, on a cherché à augmenter la rapidité de l'éthérification oxalique de la glycérine, par l'emploi d'acides auxiliaires; cette tentative n'a point été couronnée de succès, car on n'a pu obtenir que des éthers mixtes; ce qui s'explique, étant donné le caractère tri-atomique de la glycérine.

Pour que les acides auxiliaires puissent jouer un rôle de valeur, il eût fallu qu'au lieu d'un mono ou une diformine, il se formât une triformine, corps dont l'existence reste, encore aujourd'hui, hypothétique. L'une des fonctions alcool de la glycérine semblant rester libre : l'acide auxiliaire devait s'y porter et déterminer, ainsi la naissance d'un éther mixte.

Le procédé direct, avons-nous dit, permet l'obtention de CO^2H^2, à la richesse constante de 56 0/0.

Si on désire un acide plus concentré, il devient nécessaire de transformer cet acide initial, en sel, par des oxydes ou le carbonate de Pb. Ce sel desséché est ensuite décomposé par la méthode Liebig, à l'aide de H^2S, selon l'équation :

$$Pb(CO^2H)^2 + H^2S = PbS + (CO^2H^2)^2.$$

Il est difficile, dit Riban, dans son *Étude sur les acides organiques* (*Enc. Fremy*), de ménager la température de réaction et, si on dépasse 200°, CO^2H^2 obtenu est souillé par des produits allyacés, cristallisables en aiguilles blanches, au sein de CO^2H^2 ; c'est le corps que Lunyricht considère comme de l'acide thioformique, $CH^2O^2S^2$, homologue de l'acide thioacétique de Kékulé.

Hurst, ne partage point cet avis, et, pour lui, la nature de ce composé gênant reste problématique.

Berthelot conseille, pour avoir CO^2H^2 pur, de faire la dessiccation, puis, la décomposition de Pb $(CO^2H)^2$, au bain d'huile. « On place, dit-il, le sel dans un large tube en U, effilé à l'une de ses extrémités, cette pointe communiquant avec un vase de condensation refroidi. L'acide, ainsi, recueilli est mis à digérer sur du Pb $(CO^2H)^2$, bien sec, qui absorbe H^2S ; on le rectifie ensuite, en fractionnant les produits pour les avoir dans un état de pureté plus grand. On cryolise, enfin, à — 5°, et, une partie de l'acide cristallise : les cristaux, essorés à la trompe ou à l'essoreuse, sont ensuite refondus. A la suite d'une série de refusions, et de recristallisations par le froid, on obtient CO^2H^2 pur.

Procédés Lorin. — Ce chimiste a étudié, avec beaucoup de soin, la préparation de CO^2H^2, en partant de $C^2O^4H^2$, par action, tout d'abord, sur la glycérine, puis, sur les divers alcools polyatomiques. Bien que les méthodes isolées par lui ne soient point pratiquement industrielles, il a fait faire, grâce à sa ténacité et à son ingéniosité, un pas considérable vers la solution d'un problème ébauchée par Berthelot.

Les premières modifications, au procédé glycérique que nous venons d'exposer, proposées par Lorin, ont été les suivantes :

1° Suppression de H^2O ajoutée pour la saponification ;

2° Emploi de $C^2O^4H^2$ desséché, au lieu de l'acide oxalique du commerce ;

3° Substitution à la glycérine 28°, qui contient 13 0/0 d'eau, tout d'abord, de glycérine anhydre, puis d'alcools polyatomiques privés d'eau, comme l'érythéryte, la mannite, etc.

En dehors de travaux pratiques de haute importance, Lorin a su éclairer certains points de la théorie de formation de CO^2H^2 demeurés obscurs, dans les réactions d'éthérification ; s'il n'a su ou pu industrialiser la préparation de CO^2H^2, il n'en a pas moins été l'un des plus énergiques défenseurs ; à ce point de vue, la science lui doit beaucoup et son nom restera lié à celui de l'acide formique.

Avec $C^2O^4H^2,2H^2O$, par la méthode Berthelot, on arrive à un acide contenant 56 0/0 de H^2O, ce qui correspond d'ailleurs à l'équation :

$$C^2O^4H^2, 2H^2O = CO^2H^2 + 2H^2O + CO^2$$
$$126 = 46 + 36 + 44$$

d'où l'on déduit :

$$\frac{46}{46 \times 36} = \frac{56}{100}.$$

L'éther formé, étant saponifié par l'eau d'éthérification, on devrait avoir CO^2H^2 anhydre, mais CO^2H^2 se trouve forcément dilué par l'eau de cristallisation de $C^2O^4H^2$ et par H^2O, contenu dans la glycérine.

Une étude sommaire du problème indiquait que, si on voulait obtenir CO^2H^2, à haut titre, il fallait employer, pour sa genèse, des produits aussi déshydratés que possible.

C'est cette idée très simple qui a guidé les recherches de Lorin.

Le premier procédé présenté par ce chimiste (*S. C.*, *t.* V, p. 7) permet d'obtenir un acide formique à la teneur de 57 0/0, et la modification, à la méthode préconisée par Berthelot, consiste à employer, au lieu de glycérine à 28°, contenant 13 0/0 d'eau, de la glycérine anhydre pesant 31°,2 et, ayant comme densité, d'après Champion et Pellet, 1,264.

Dans cette méthode, Lorin conserve l'usage de l'acide oxalique cristallisé ordinaire.

La réaction commence à + 75° et se régularise à + 90°.

Elle se conduit exactement, comme dans le procédé Berthelot, et ne s'en différencie que par l'obtention d'acide formique un peu plus riche, 57 0/0.

Ce premier résultat ne satisfit point Lorin.

« A l'acide oxalique du commerce, écrit-il, il faut substituer l'acide oxalique desséché : avec ce corps, seulement, on peut obtenir l'acide formique à haute teneur. »

Comment préparer ce produit, qui ne se trouve pas, couramment, dans la pratique commerciale?

On sait que l'acide oxalique hydraté perd facilement son eau de cristallisation, lorsqu'on le porte à une température un peu supérieure à + 100°, ou bien encore, quand on le maintient un certain temps, dans le vide, au-dessus d'acide sulfurique concentré. Comme l'acide oxalique ne se sublime qu'à + 150°, on peut, sans crainte de décomposition, le chauffer assez fortement. A + 120°, il fond dans son eau de cristallisation, puis, vers + 130°, il se dessèche en donnant naissance à de fines aiguilles d'acide anhydre; ces dernières, contrairement à l'opinion que nous citerons plus loin, sont très brillantes, mais il faut les manier avec soin, car les piqûres en sont très désagréables.

Pour faciliter cette dessiccation, Lorin conseille de broyer, préalablement, l'acide commercial; ce dernier est, ensuite, desséché, soit dans une étuve, soit sur une sole en terre cuite chauffée par des chaleurs perdues.

La température, prise dans la masse en séchage, doit varier entre + 110° et + 130°.

Pendant cette opération, l'acide oxalique doit être agité constamment, car il a tendance à former des agrégats, qui, bien que secs en surface, sont encore très chargés d'eau, à l'intérieur.

Souvent, après avoir fait subir à l'acide oxalique une première fusion dans son eau de cristallisation, on laisse la masse obtenue se refroidir; on obtient, ainsi, un acide ne contenant plus qu'une molécule d'eau $C^2O^4H^2$, H^2O. Ce corps est, ensuite, broyé pour être desséché à fond.

Pour arriver à une dessiccation complète, à un acide parfaitement anhydre, l'expérience montre qu'il faut, si on agit sur quelques centaines de kilos, prolonger les opérations de séchage, pendant quarante-huit heures. Au cours de ces manipulations, une certaine quantité d'acide oxalique est entraînée par l'eau de cristallisation, qui s'en va sous l'influence de la chaleur. Cette perte peut atteindre, parfois, jusqu'à 30 0/0 de la matière mise en jeu.

Après Lorin, Villiers (*S. C.*, t. XXIX, p. 415) a fait une étude approfondie de ce traitement.

Il prétend que l'acide anhydre, obtenu par dessiccation ou par sublimation, n'est point isolable sous forme de cristaux définis, mais qu'il se présente, après ces opérations, sous l'aspect d'une masse amorphe.

Cette opinion est absolument erronée, car, à de nombreuses

reprises, nous avons, après une dessiccation poussée jusqu'à + 140° et faite, dans des conditions industrielles, sur sole, sans aucune précaution particulière, nous avons obtenu des cristaux parfaitement caractérisés.

Pour obtenir de gros cristaux d'acide oxalique anhydre, Villiers préconise la méthode suivante :

On dissout à chaud, dans de l'acide sulfurique concentré, de l'acide oxalique du commerce, à raison d'une partie pour douze parties de SO^4H^2, 66°. Au bout de quelques jours ou de quelques mois (?), on obtient des octaèdres dont la composition répond à $C^2O^4H^2$.

Ces cristaux volumineux sont très transparents et tout à fait différents de ceux de l'acide hydraté, qui est formé de prismes clinorhombiques.

Ils s'effleurissent à l'air de façon singulière : un sillon se forme, au début, selon chacune des arêtes de l'octaèdre, et le cristal se divise, bientôt, en huit tétraèdres effleuris, qui se délitent, ensuite, complètement. Ces cristaux, comme ceux obtenus par dessiccation directe, ne peuvent être conservés que dans des récipients hermétiquement clos.

L'acide oxalique anhydre $C^2O^4H^2$ est presqu'aussi avide d'eau que l'acide sulfurique, et ce dernier, en faible dilution, peut lui en céder : cela explique que, si on dissout de l'acide oxalique hydraté dans de l'acide sulfurique à 60° ou 53°, on ne puisse obtenir que des cristaux hydratés.

On obtient encore, du moins au début, des cristaux hydratés, quand on dissout de fortes quantités d'acide oxalique du commerce dans de l'acide sulfurique concentré. On a, en ce cas, deux cristallisations successives, l'une d'acide oxalique ordinaire, à la surface du liquide, l'autre d'acide oxalique octaédrique, lequel se forme, dans la partie inférieure du vase, et ne prend naissance que lors de la fin de la première cristallisation.

Sublimé dans l'air sec, l'acide octaédrique forme des prismes allongés et brillants ; ce fait donne à penser que l'acide oxalique est dimorphe.

Après Villiers, Peter (*M. S.*, mai 1882, p. 474) a isolé un autre mode de préparation de l'acide oxalique anhydre.

Il consiste à faire fondre l'acide du commerce, en bain d'huile, vers 145° à 150°, puis à reprendre la masse par deux fois son poids d'acide acétique cristallisable, à chaud, enfin, après filtration, à mettre l'acide obtenu à cristalliser. Le cristaux, recueillis après égouttage, sont turbinés, puis séchés au bain d'huile à + 120° ; ils correspondent à un acide de formule $C^2O^4H^2$.

On peut, enfin, obtenir un acide oxalique anhydre, en faisant recristalliser l'acide du commerce, dans de l'acide nitrique haut titre.

Comme nous venons de l'exposer, on voit que l'on parvient, de diverses manières, à préparer facilement :

1° De l'acide oxalique monohydraté $C^2O^4H^2,H^2O$;

2° De l'acide oxalique anhydre $C^2O^4H^2$.

Lorin a étudié, successivement, l'action de ces deux acides sur la glycérine et sur les divers alcools polyatomiques ; il a recueilli les observations suivantes.

Si on fait réagir, l'acide oxalique monohydraté, poids pour poids moléculaires, sur la glycérine ordinaire, on remarque qu'à + 108°, la quantité d'eau éliminée est supérieure à celle qui correspond à l'acide carbonique formé, c'est-à-dire à l'eau d'éthérification. Cet excès d'eau, en tel cas, ne peut avoir d'autre cause que de l'eau de cristallisation ; il semble donc, dans la première partie de la réaction, que, sous l'influence de la chaleur, le monohydraté d'acide oxalique se déshydrate et se transforme en acide anhydre.

Si, continuant la réaction, on ajoute une nouvelle quantité d'acide monohydraté, l'eau de cristallisation de ce corps se porte, alors, sur la formine antérieurement formée : il y a saponification, par suite, régénération de la glycérine, puis, mise en liberté d'acide formique qui distille et s'isole. Vaporisé, il vient se condenser et se mélange à l'eau provenant de la dessiccation de la première partie d'acide oxalique mise en jeu. La dilution de CO^2H^2 obtenue est donc formée : 1° d'eau de cristallisation de $C^2O^4H^2$, ayant distillé, dans la première phase de la réaction ; 2° d'acide formique vaporisé, provenant de la deuxième phase de réaction.

L'équation de formation, dans le cas d'emploi de $C^2O^4H^2,H^2O$, se présente ainsi :

$$C^2O^4H^2,H^2O = CO^2H^2 + H^2O + CO^2;$$
$$108 = 46 + 18 + 44$$

on déduit la formule suivante :

$$\frac{46}{46 + 18} = \frac{71,86}{100};$$

ce qui veut dire que, dans les conditions exposées, l'acide oxalique monhydraté donnera naissance à un acide formique qui titrera, théoriquement, 71,56 0/0 et, pratiquement, 70/71 0/0.

Contrairement à l'opinion de Tsakalotos, qui prétend que l'acide formique ne forme point d'hydrates stables, le composé, ainsi obtenu, correspondrait à un corps, ayant pour formule

$$CO^2H^2,H^2O.$$

Au point de vue pratique, il est à noter, comme observations accessoires, que, dans cette réaction, il se forme toujours une petite quantité d'oxyde de carbone ; nous exposerons, plus loin, d'après les travaux de Lorin, les motifs de cette formation de CO.

Il y a également un peu d'acide oxalique entraîné.

Ces deux légers inconvénients réduisent légèrement le rendement.

Si maintenant, au lieu de l'acide monohydraté, on fait réagir, sur la glycérine, l'acide oxalique anhydre, des réactions nouvelles se produisent et, sur ce point, le mémoire de Lorin, paru dans le *Bulletin de la société chimique* de 1873, est à citer, presqu'en entier en dépit de ses obscurités de rédaction.

« Les phénomènes qui se produisent, pendant cette action, ont, dit Lorin, une grande analogie avec ceux que donne l'acide ordinaire. »

Au cours de l'expérience, l'acide déshydraté se combine à la glycérine, selon les schémas préalablement exposés. Il y a décomposition rigoureuse de $C^2O^4H^2$, obtention intégrale de CO^2H^2 et, mise en liberté de CO^2. La quantité d'eau éliminée est bien proportionnelle à la quantité d'acide formique produit; mais ce dernier reste, dans la première partie de l'essai, fixé à la glycérine, sous forme de formine, jusqu'à ce que l'on arrive à la saturation de l'alcool polyatomique mis en jeu : en d'autres termes, la saponification ne se produit que quand, la triformine, déclarée hypothétique par Henninger, s'est formée.

A ce moment, seulement, dit Lorin, la saponification, par l'eau d'éthérification, se produit et l'acide formique anhydre distille.

Il se dilue :

1° Dans les premières parties d'eau d'éthérification ayant distillé sans produire d'action saponificatrice ; ce qui est douteux.

2° Dans l'eau de saponification non utilisée, cette dernière quantité étant négligeable. Théoriquement, on devrait, donc, obtenir CO^2H^2 anhydre, si on a agi sur de la glycérine anhydre.

La continuité de l'opération, par renouvellement de charges de $C^2O^4H^2$ déshydraté, n'est point, aussi absolue qu'avec l'acide ordinaire et, après un certain nombre d'additions, la marche cesse d'être normale. Il y a production de CO, indice d'une décomposition plus avancée et la production probable d'éther allylique.

L'essai se conduit, en faisant réagir, poids moléculaire pour poids moléculaire, l'acide oxalique déshydraté sur la glycérine, l'appareil, où se fait la réaction, est chauffé au bain-marie, à + 87°.

En faisant réagir successivement, sur 335 grammes de glycérine, 6.218 grammes d'acide oxalique, Lorin a obtenu les résultats suivants :

Titre	CO^2H^2 aqueux	CO^2H^2 absolu	$C^2O^4H^2$
16,9	31gr	5gr,65	100gr
58,3	156	91	250
76	196	149	475
83,2	178	148	440
88,8	134	119	655
89,2	277	247	400
91,4	175	160	610
81,5	130	106	645
88,2	150	132 3	»
84,3	240	202 2	305
87,2	371	323 5	320
88,9	146	130	255
91	171	155 6	410
87,3	343	299 5	385
87,3	146	127 5	460
83,6	40	33 4	90
83,6	65	54 28	100
80	25	20	60
84	86	72 2	228
	3.063gr	2.576gr,17	6.218gr

En tenant compte des pertes qui se produisent dans toute expérience ; la différence est très faible, entre le poids de $C^2O^4H^2$, représenté par CO^2H^2 produit, et de $C^2O^4H^2$, mis en jeu.

CO^2H^2 obtenu, est, la moyenne de 84,1 0/0; cette teneur, basse relativement, est due à l'emploi de glycérine 28° et, non de glycérine déshydratée.

Le mécanisme de la réaction semble être le suivant : il y a, tout d'abord, formation d'une formine saturée; puis, d'une oxaline : l'eau d'éthérification réagit, alors, sur la polyformine et met CO^2H^2, en liberté.

On a donc une réaction à deux phases :

1° Formation d'une polyformine.

2° Saponification, par H^2O, provenant d'une éthérification subséquente d'une nouvelle molécule de $C^2O^4H^2$.

Au point de vue d'expérimentation, il est à noter que la réaction avec l'acide oxalique déshydraté commence, vers + 80° ; à ce moment, elle est semblable à celle de l'acide oxalique ordinaire.

Avec l'élévation de température, elle s'accélère et, à + 87°, le liquide de la cornue est couvert d'une couche bulbeuse, de près d'un demi-centimètre, formée de CO^2.

Bientôt la réaction se ralentit; il est, alors, nécessaire d'ajouter une charge nouvelle d'acide oxalique ; on continue, ainsi, jusqu'à la fin de l'opération, sans attendre, avant de faire une charge de $C^2O^4H^2$, que l'acide formique, provenant de la charge précédente, ait été éliminé par distillation.

La totalité ou la plus grande partie de $C^2O^4H^2$, mis en jeu, ayant été transformée en acide formique ou en formine, il est préférable, dit Lorin, de procéder seulement, à ce moment, à la récupération de CO^2H^2.

La masse est, alors, chauffée au bain-marie, en réglant la température, de telle façon, qu'elle ne dépasse pas + 100°.

Les formines, alors saponifiées par l'eau d'éthérification des oxalines, donnent un acide formique à plus haute concentration.

Si, dans les résidus de distillation, on trouve trace de $C^2O^4H^2$, on peut l'utiliser, de façon complète, en lui ajoutant, soit un peu de glycérine à 31° et en chauffant à + 100° ; soit quelques traces de formine, préparée à part ; après réaction, on distille à nouveau, et on obtient une nouvelle portion d'acide formique concentré.

L'acide formique brut obtenu, dans cette suite de réactions, est, ensuite, rectifié par les méthodes ordinaires ; on obtient, ainsi, un acide limpide, fumant et très pur.

Dans cette rectification, le premier tiers passe au titre de 84,1 à 89 0/0 de CO^2H^2 ; le cœur va jusqu'à 94 0/0 et, les queues ne dépassent pas 85 0/0.

Le résidu de distillation ne donne guère, comme teneur en CO^2H^2, plus de 15 0/0, lié à des formines non saponifiées ou non décomposées.

En faisant varier, les proportions réciproques de glycérine et de $C^2O^4H^2$, soit déshydraté, soit hydraté, on arrive aux résultats suivants, dont il est intéressant de parler.

Lorin a fait, d'ailleurs, de ces variations de proportions, l'objet d'un travail particulier, paru, dans le *Bulletin de la Société chimique* de 1882 (t. II, p. 104).

« En opérant, dit-il, avec de l'acide oxalique hydraté, vers 100°, on constate les faits suivants :

Si on fait, sur un poids moléculaire de glycérine, agir un poids moléculaire d'acide oxalique ordinaire, ajouté par fractions successives, le dégagement de gaz ayant cessé, on trouve que, le poids d'eau éliminé, est supérieur à celui qui correspond à l'acide carbonique formé et que, par suite, à l'eau d'éthérification ayant pris naissance.

Cette augmentation semble due à une déshydratation de l'acide oxalique ordinaire.

Si, un poids moléculaire de $C^2O^4H^2$ ayant été ajouté, on continue la chauffe, on remarque que la production d'eau diminue et tend à devenir nulle ; il en est, de même, de la production d'acide formique libre, encore que, le dégagement de CO^2 reste notable.

La réaction étant complètement terminée ; si on pèse le poids d'eau recueillie du commencement à la fin, on trouve qu'elle correspond, rigoureusement, à la somme de l'eau de cristallisation de $C^2O^4H^2$ et de l'eau d'éthérification.

On constate, aussi, que la quantité de CO^2H^2 dégagée est très faible et que, 91 0/0 de CO^2H^2 formé, ont dû rester fixés sur la glycérine.

Si on renouvelle la réaction, par des additions successives d'acide oxalique, les phénomènes se répètent, mais certaines modifications, néanmoins, se produisent.

Dès la seconde addition, $C^2O^4H^2$ ajouté semble déplacer CO^2H^2 lié à la glycérine, ou bien, $C^2O^4H^2$ se porte sur la glycérine libre et, l'eau d'éthérification, provenant de la formation de l'oxaline, saponifie, partiellement, la formine provenant de la première phase de l'opération.

Une partie de CO^2H^2 est, en tous cas, mise en liberté et distille, tandis que l'autre reste liée à la glycérine, sous forme de di ou monoformine, alors qu'elle se trouvait, initialement, sous la forme de triformine : il y a donc saponification partielle.

L'eau, totale, distillée représente l'eau d'hydratation de $C^2O^4H^2$ et l'eau d'éthérification.

A la troisième addition, la saturation de la masse de glycérine, mise en jeu, devient complète, et il se forme, soit une triformine, soit une trioxaline, soit un mélange de ces deux éthers.

A la quatrième addition, la molécule d'acide oxalique ajoutée est représentée, dans les produits d'élimination, par une molécule d'acide formique et une molécule d'eau.

Ce résultat continue jusqu'à la sixième addition.

A partir de ce moment, les rendements changent; Lorin attribue ce fait, à la formation de polyformines condensées ou d'oxaloformines.

Cette opinion parait, d'ailleurs, très controuvable, car, dans la série des formines signalées par Lorin, on n'a jamais pu isoler que la mono et la diformine de la glycérine.

Une polémique assez vive s'est, d'ailleurs, élevée, à ce sujet, entre Lorin, Henninger et Tollens.

Si l'existence de la monoformine a été signalée, par Lorin, dès 1865; Henninger et Tollens ont été, les premiers, à l'isoler, en 1869, et, ce n'est, qu'en novembre de cette année, que Lorin a préparé les mono et diformine.

C'est, d'ailleurs, de cette isolation, qu'il a déduit le mécanisme de la réaction de l'acide oxalique sur les alcools polyatomiques ; réaction à laquelle on attribuait, tout d'abord, une raison catalytique, et qui n'est, en réalité, qu'un corollaire des lois d'éthérification posées par Berthelot et Péan de Saint-Gilles.

Des premières observations, que nous venons d'exposer, sur l'action des variations de proportions, dans la réaction de $C^2O^4H^2$ sur la glycérine, on peut déduire : qu'agissant avec $C^2O^4H^2$ ordinaire, en raison de la déshydratation partielle, on doit, d'abord, obtenir un acide formique, à richesse inférieure à 56,1 0/0 CO^2H^2, et correspondant, très probablement, à un hydrate CO^2H^2,H^2O ; puis la réaction se continuant, on isole, dans les phases suivantes, un acide de plus en plus riche.

Agissant, avec deux molécules de $C^2O^4H^2$, sur le résidu inactif de l'opération précédente, le titre de la troisième portion du distillat obtenu est de 61 0/0 CO^2H^2; celui de la quatrième de 62,5 0/0. Cette remarque subsiste, quel que soit le nombre de molécules d'acide oxalique introduit, mais les titres de CO^2H^2 obtenu vont, constamment, en s'élevant et peuvent atteindre 80 0/0.

Si, on introduit, dans la cornue, et qu'on mélange à la formine résiduaire une nouvelle quantité de $C^2O^4H^2,H^2O$ le sens des résultats reste le même, à très peu de chose près.

Lorsque l'on augmente le nombre des molécules d'acide oxalique ajouté et que cette augmentation, au lieu d'être successive, comme nous l'avons fait jusqu'à présent, s'accomplit en une seule fois, l'ensemble des phénomènes se complique de la production nette d'oxyde de carbone, environ 1 0/0, et de l'entraînement d'une petite quantité d'acide oxalique ; ces actions, très sensibles, au début, perdent de leur grandeur, au cours de l'expérience.

Avec 5 molécules de $C^2O^4H^2$, le poids du résidu, restant en cornue, concorde, avec la proportion de CO^2H^2, qui manque dans le distillat ; si on titre ce résidu, déduction faite de $C^2O^4H^2$ non transformé, on y trouve 5,65 0/0 de CO^2H^2 libre et 56 0/0 de CO^2H^2 combiné à la glycérine.

La monoformine ne pouvant contenir que 32,65 0/0 de CO^2H^2, on se trouve, donc, en présence d'un mélange de mono et de diformine ou bien de la polyformine de Van Rombourgh.

Dans d'autres essais, Lorin a fait varier, considérablement, les proportions relatives de glycérine et d'acide oxalique : les résultats de ces essais sont intéressants à relater.

Avec 10 molécules de $C^2O^4H^2$ ajoutés, en une seule fois, à une molécule de glycérine, on obtient 596 grammes d'acide formique, au titre moyen de 44 0/0, et les trois quarts de l'acide récupéré sont à la richesse de 59 0/0.

Le résidu contient 667 grammes de CO^2H^2 à 54,7 0/0 et, si on le distille, les trois quarts passent, en donnant un acide à 61,3 0/0 : il y a un peu de $C^2O^4H^2$ entraîné.

L'acide formique total obtenu, somme des distillats et du résidu, correspond à un rendement de 100 0/0, par rapport à l'acide oxalique mis en jeu.

La réaction doit être faite, au bain d'eau salée, de façon à éviter toute surchauffe et, par suite, production de propénol.

Avec 24 molécules d'acide oxalique ordinaire ajoutées, en une seule fois, et mis en réaction avec 200 grammes de glycérine, à feu nu, on obtient, 1.041 grammes d'acide formique au titre moyen de 54,8 0/0 ; mais, le dernier acide passant, atteint le titre de 79,4.

Avec 107 molécules de $C^2O^4H^2$ sec ajoutés, en plusieurs fois, à 2 molécules de glycérine, au bain d'huile, on obtient 5.090 grammes de CO^2H^2, à 92,3 0/0 ; on recueille, même, une dizaine de grammes d'acide anhydre.

Avec 73 molécules de $C^2O^4H^2$ ordinaire et 10 grammes de glycérine, on obtient 631 grammes de CO^2H^2, au titre moyen de 49,2 0/0, mais les trois quarts en sont au titre de 60,3. Il y a un peu de $C^2O^4H^2$ entraîné, et le gaz dégagé, qui, au début, contenait 15 0/0 de CO, n'en retient plus que 4,5 0/0, en fin d'opération.

La même expérience faite, sans glycérine, donne 467 grammes de CO^2H^2, au titre moyen de 13,85, contenant un excès notable de $C^2O^4H^2$; dans ce cas, l'excès d'eau provient, en partie, de la décomposition de CO^2H^2 et, les gaz éjectés contiennent, comme l'a d'ailleurs indiqué Gay-Lussac, 45 0/0 de CO : il semble y avoir décomposition.

La liqueur finale paraît correspondre à un hydrate, $CO^2H^2, 15H^2O$.

Avec 146 molécules de $C^2O^4H^2$ et 10 grammes de glycérine, on obtient 1.216 grammes de CO^2H^2, au titre moyen de 47 0/0 ; les trois quarts, distillant en queue, sont au titre moyen de 66 0/0.

Avec 368 molécules de $C^2O^4H^2$ ajoutés, en une fois, à 2 grammes de glycérine, on obtient 587 grammes de CO^2H^2, au titre moyen de 40 0/0 ; les deux tiers de queue sont à 50 0/0, ce qui correspond à un hydrate CO^2H^2, 2,76 H^2O.

Les gaz éjectés contiennent, au début, 30 0/0 CO et cette teneur descend à 17 0/0, vers la fin.

La glycérine reste, mais le résidu exhale souvent une forte odeur de propénol.

En totalisant les diverses parties d'acide formique, soit du distillat, soit du résidu, on s'aperçoit qu'il s'est formé 70 0/0 de ce qu'indique la théorie ; cela correspond, exactement, au double de ce que, sans glycérine, l'acide oxalique donne d'acide formique.

Bien que, dans l'expérience ci-dessus relatée, la glycérine n'ait été, par rapport, à l'acide oxalique mis en jeu, qu'en proportion infime, son action ne s'en est pas moins fait, rigoureusement, sentir ; on peut, par cette constatation, se rendre compte de l'importance du rôle de l'alcool, dans la réaction.

De cette première série des essais de Lorin, il résulte que ; si on fait varier les proportions de $C^2O^4H^2$, par rapport à la glycérine, on fait varier, de même, les proportions des produits de la décomposition et, par suite, la production de CO^2H^2.

En tous cas, le distillat mis à part, le résidu est toujours une formine de composition variable, selon les conditions de l'expérience, tantôt mono, tantôt diformine, tantôt mélange des deux corps ; il est même possible, peut-être, que l'on obtienne une triformine ou une épidiformine, non isolables.

Les conditions de chauffe, importantes, nous le verrons plus loin, quand l'acide est employé en faible quantité, semblent jouer un rôle, encore plus grand, quand on utilise $C^2O^4H^2$, à dose massive.

Si, la température dépasse 98°, l'acide formique, d'origine éthérée, tend à diminuer, comme quantité, tout en augmentant en titre : si la chauffe augmente, encore, et que. l'on agisse avec une forte quantité d'acide oxalique et une faible proportion de glycérine, la réaction de Gay-Lussac — production de CO^2H^2, par dédoublement de $C^2O^4H^2$, sous l'influence de la chaleur — tend à se produire, partiellement.

Au bain d'huile, tant que le thermomètre ne monte pas à + 185°, point critique de la réaction éthérée, et, à partir duquel se forment des composés allyliques, les deux réactions de Gay-Lussac et de Berthelot marchent concomitamment : la première, donnant, en abondance, un acide formique dilué ; la seconde produisant, mais en faible quantité, un acide presque anhydre.

On s'explique que, dans de telles conditions, on puisse arriver aux rendements singuliers qu'a signalés Lorin.

Une expérience inverse prouve le bien fondé de cette hypothèse ; si, en effet, abaissant le plus possible la température, on fait réagir 368 parties de $C^2O^4H^2$ sur 1 partie de glycérine, on a un rendement total de 70 0/0 d'acide, mais ne titrant plus que 40 0/0 ; la réaction de Gay-Lussac, dans un tel cas, semble intervenir presque seule et, la réaction de Berthelot ne donne que le complément d'acide anhydre, permettant d'arriver au titre de 40 0/0.

A l'action de l'acide oxalique sur la glycérine, c'est-à-dire à la formation, au cours de la réaction même, d'une formine, Lorin a été amené, dans une série d'essais nouveaux, à substituer, l'action de l'acide oxalique, sur une formine glycérique antérieurement préparée, ou bien, isolée des résidus d'opérations antérieures.

En faisant agir, au bain d'huile, en une fois, 630 grammes d'acide oxalique, sur 50 grammes de formine, il a, ainsi, obtenu 291 grammes d'acide formique, à 98 0/0; l'opération a duré deux heures, la matière se boursouflant et prenant l'aspect d'une lave en fusion.

De l'acide obtenu, on a extrait, par cryolise, une forte quantité d'acide formique cristallisable.

Ces essais ont, d'ailleurs, été répétés, comme nous le verrons plus loin, sur diverses formines dérivées de différents alcools, autres que la glycérine.

Si on s'arrête, actuellement, à l'action de $C^2O^4H^2$ sur la glycérine, ou sur les formines de la glycérine, on voit que l'on peut dériver l'acide formique :

1° Soit, de la masse en action : $C^2O^4H^2$ agissant sur l'alcool, qui se transforme, en CO^2H^2, en deux stades éthérés;

2° Soit, en substituant à la glycérine, une formine glycérique, antérieurement préparée et qui agit sur $C^2O^4H^2$, un peu, toutes proportions gardées, à la façon d'une culture.

Dans les conditions qui viennent d'être exposées, les charges de $C^2O^4H^2$ n'étant point faites en bloc, les conditions de la température, à laquelle s'effectue la réaction, ont une grosse importance.

Suivant le degré de chaleur, selon les quantités d'eau résiduaire d'éthérification, entrant en jeu, l'éther peut, ou se saponifier en donnant CO^2H^2, ou, si H^2O manque, se décomposer, en donnant un nouvel alcool, le propénol.

A l'observation, on remarque que, si on ne dépasse pas +98°, température conseillée par Berthelot, on n'obtient que CO^2H^2; si on monte plus haut que + 185°, on ne recueille plus que de l'alcool allylique; ces deux résultats sont, donc, fonction de la température.

Ces faits s'expliquent assez aisément : la première phase de la réaction, quel que soit le degré de température relevé, est toujours la même ; il se forme une monoxaline glycérique et de l'eau, puis, par suite de la mise en liberté de CO^2, une monoformine.

Sous l'action de H^2O, provenant de l'éthérification, par $C^2O^4H^2$, d'une nouvelle molécule de glycérine voisine, cette formine se saponifie, car l'eau nécessaire, à cette réaction, n'a pu être vaporisée si, comme dans la première hypothèse, la température est restée à + 98° : il y a alors régénération de l'alcool et mise en liberté de CO^2H^2.

Si, au contraire, on porte le système à + 185°, la réversion des éthers, oxaline et formine, ne saurait se produire, car, la totalité de H^2O, provenant des diverses éthérifications, a été volatilisée, à une semblable température, et, l'un des éléments de réaction manque.

Une réaction secondaire peut se produire : l'éther se décompose en donnant H^2O, CO^2 et du propénol :

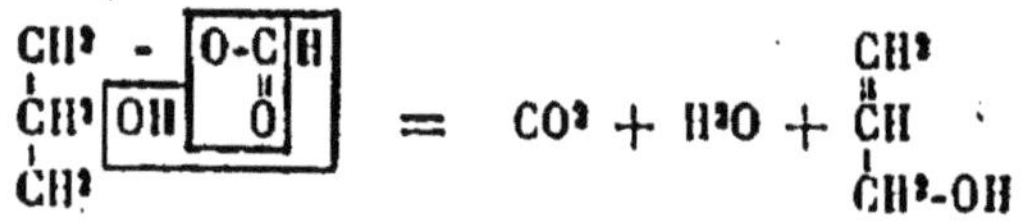

$$\begin{array}{l} CH^2 - \boxed{O-C}\,\boxed{H} \\ \;| \qquad\quad \| \\ CH\,\boxed{OH}\quad O \\ \;| \\ CH^2 \end{array} = CO^2 + H^2O + \begin{array}{l} CH^2 \\ \| \\ CH \\ | \\ CH^2\text{-}OH \end{array}$$

Monoformine glycérique. Propénol ou Allyl allylique.

Si, au contraire, la chauffe a été modérée et que l'on n'ait point dépassé 98°, si même, les trois fonctions alcools de la glycérine avaient été, conformément aux idées de Lorin, éthérifiées, l'action de l'eau résiduaire d'éthérification s'exercera, selon la quantité produite ; soit totalement, en régénérant la glycérine ; soit partiellement, en transformant la triformine, en di ou en monoformine, avec production partielle, mais constante, d'acide formique.

Celle des fonctions alcool, devenant libre dans la formine partiellement désséthérifiée, pourra subir, à nouveau, l'action de l'acide oxalique ; et, il se formera un éther mixte, une *oxaline-formine*, que la chaleur ramènera, à l'état de polyformine et que, l'eau réduira en monoformine ou en alcool.

Ce mécanisme, très simple de réaction, montre l'importance qu'y joue la température.

A 98°, on a le maximum de rendement en acide formique, avec le minimum de richesse en CO^2H^2, et cela, en raison de la teneur initiale en H^2O des corps mis en jeu.

Entre 98° et 185°, le rendement en CO^2H^2 ira constamment, s'abaissant ; tandis que, la richesse du produit obtenu tendra, au contraire, à grandir ; à 185°, il ne se produira plus que du propénol.

La température, donnant une moyenne de rendement, comme quantité et comme titre, se trouve, donc, entre 98 et 185° ; elle peut être, plus élevée que ne l'a indiqué Berthelot (100°), mais elle ne doit pas atteindre 135°, point où CO apparaît.

Lorin, dès 1870, (*S. C.*, t. XI, p. 367), a préparé les formines de la glycérine et de certains alcools polyatomiques, mais Knapp l'avait devancé, dans cette voie, en préparant, antérieurement, aux études de Berthelot sur l'acide formique, la formine de la mannite.

Van Rombourg a repris les études de Lorin et est parvenu à isoler, à l'état de pureté, la mono et la diformine glycériques.

Il les prépare, en faisant réagir les éthers chlorhydriques de la glycérine sur le formiate de soude desséché, au bain d'huile, ou en autoclave.

Après filtration, pour séparer l'excès de formiate non décomposé, les formines sont isolées, en traitant la masse, par l'alcool froid, où elles sont peu solubles; on les rectifie ensuite par distillation.

A la place de formiate de soude, on pourrait employer le formiate de plomb, qui a l'avantage de donner un chlorure insoluble.

Voici, d'ailleurs, quelques renseignements sur les diverses formines glycériques.

Théoriquement, il devrait exister trois formines, mono, di et triformine : jusqu'à ce jour, on n'a pu isoler que les deux premières.

L'existence de la triformine est, d'ailleurs, très problématique : les éthers triacides, en effet, ne se forment guère que vers 200°; or, à + 185°, les formines se décomposent pour donner du propénol; si la triformine prenait naissance, il est probable qu'elle serait détruite, aussitôt formée..

Par contre, il ne faut point oublier que l'une des fonctions alcool de la glycérine est une fonction d'alcool secondaire : on peut, alors, admettre qu'il se forme une épidiformine, analogue, à l'épidichlorhydrine ; la chose est d'autant plus probable que, dans la réaction de Lorin, la quantité d'eau produite est presque toujours supérieure à celle qu'indique l'équation d'éthérification; on aurait, donc, une mono, une diformine et une épidiformine.

La monoformine peut se dériver de la monochlorhydrine, en faisant réagir ce corps sur un formiate, comme l'a indiqué Van Rombourg [*Sur la formine de la glycérine* (*S. C.*, t. XCIII, p. 847)], ou bien encore, elle peut être obtenue en épuisant, par l'éther, les produits refroidis de la réaction de Lorin.

Dans ce cas, la réaction terminée, l'éther est chassé; puis, on rectifie le résidu, dans le vide, en recueillant ce qui passe à + 165°.

La monoformine est un liquide incolore, de densité 1,034, soluble dans l'alcool, l'éther, et de goût très amer.

Chauffée, à la pression ordinaire, jusqu'à l'ébullition, elle se décompose en acide carbonique, en eau et en propénol.

La diformine peut se dériver de la dichlorhydrine et d'un formiate, ou bien se préparer, par l'action de l'acide formique sur la monoformine; on la trouve, également, dans les résidus de la réaction de Lorin, portés à + 190°, et, on l'en isole à l'aide de l'éther.

Elle distille à + 160/166°, sous 20 millimètres de mercure; sa densité à + 15° est de 1,304 ; c'est un liquide incolore et décomposable, par l'eau, en acide formique et en glycérine.

A la pression ordinaire, son point d'ébullition est fort élevé, dès 175/180°, elle se décompose en donnant de l'acide carbonique, de l'eau et du formiate d'allyle, réaction qui la différencie nettement de la monoformine.

La préparation des formines est excessivement délicate : quelque méthode que l'on emploie, on n'obtient, la plupart du temps, qu'un mélange de mono et de diformine et non un produit pur.

Van Rombourg est, cependant, parvenu à extraire des résidus de préparation d'acide formique, par la méthode de Lorin, une diformine glycérique, parfaitement caractérisée.

Son mémoire est à citer, car, il contient une théorie nouvelle de la formation de CO^2H^2.

Dans leurs recherches sur les dérivés allyliques, Tollens et Henninger, dit Van Rombourg dans sa communication à l'Académie des Sciences, ont fait connaître une combinaison qu'ils ont nommée *monoformine* de la glycérine et, qu'ils ont obtenue, en chauffant, à 215°, la glycérine, avec le quart de son poids d'acide oxalique.

Cette monoformine est un liquide neutre qui, dans le vide, bout à + 165°; chauffée à la pression ordinaire, elle se décompose en acide carbonique, en eau et en alcool allylique.

Lorin, dans les études que nous venons d'exposer, semble croire que c'est cette monoformine, qui se forme dans la réaction habituelle de la glycérine et de l'acide oxalique (1). »

(1) L'opinion de Lorin a eu diverses variations, à ce sujet, et, après avoir cru, comme le relève Van Rombourg, au début de ses travaux, à la formation d'une monoformine,

En préparant, par la méthode de ce savant, de l'acide formique, Van Rombourg a cherché à isoler la monoformine qui, devant se trouver dans le résidu, en était extractible, en traitant ce dernier par l'éther et en chassant, ensuite, ce solvant.

Van Rombourg, dans cet essai, procédait, ainsi :

Le résidu, qui contenait encore de l'acide formique, était chauffé, à 100°, pour en déterminer la séparation de CO^2H^2 par vaporisation.

On distillait, ensuite, le liquide restant dans la cornue, et libre, une portion en passait, entre + 165 et + 170°, puis, entre + 175° et + 178°.

La première partie, recueillie entre + 165° et 170°, donnait, à l'analyse 5,74 d'hydrogène, ce qui représente la monoformine.

La deuxième partie, passant vers + 178° donnait, à l'analyse, 6,67 d'hydrogène et correspondait à une diformine.

Cette diformine de Van Rombourg diffère, un peu, de celle isolée, par les autres auteurs.

C'est un liquide incolore, neutre, ayant un goût, d'abord, amer, puis, acide.

Il est soluble dans l'éther, l'alcool et le chloroforme.

L'eau le décompose en glycérine et en acide formique.

Sa densité à + 15° est de 1,304.

Chauffé, il commence à se décomposer, sans distiller, à la pression ordinaire, vers + 180°, en donnant de l'acide carbonique et de l'eau.

Le résidu est constitué par du formiate d'allyle, comme produit principal.

Cette diformine constitue le produit intéressant, extrait par Van Rombourg, des résidus de la préparation de l'acide formique, par la méthode de Lorin.

De ces essais, Van Rombourg déduit une théorie nouvelle de la formation de l'acide formique, par l'action de l'acide oxalique sur la glycérine.

« Dans presque tous les manuels de chimie, dit-il, on explique la formation de l'acide formique, par action de l'acide oxalique sur la glycérine, en supposant qu'il se forme une monoformine, qui,

il a été conduit, par la suite, à admettre la formation d'une di et même d'une triformine ?

saponifiée par l'eau d'éthérification et l'eau de cristallisation de l'acide oxalique, donne de l'acide formique.

« De mes expériences, je crois pouvoir conclure que c'est, au contraire, une diformine qui donne l'acide formique. »

Il y aurait en tel cas, mise en liberté d'une molécule d'acide formique presque anhydre, par suite de la décomposition de la diformine, sous l'influence de la chaleur, et formation de monoformine.

« La formation du formiate d'allyle, conclut Van Rombourg, éther que Tollens et Weber ont obtenu, en chauffant à une température plus élevée le mélange de glycérine et d'acide oxalique, en excès. est due à la décomposition de cette diformine.

« Cette hypothèse est, d'ailleurs, d'accord avec la théorie de réduction des alcools polyatomiques. »

Pour faciliter la formation des formines, dans la masse, la Nitrit Fabrick (D. R. P. 199.873) a proposé l'emploi, à côté d'acide oxalique desséché, d'acide formique anhydre, et Kappf a indiqué l'emploi (D. R. P. 90.198), de l'acide formique anhydre, sur l'alcool polyatomique, à + 140°.

A la glycérine, que l'on obtient difficilement anhydre et, qui a toujours une tendance à réprendre de l'eau, Lorin, partant toujours du même principe, qui avait guidé ses premiers travaux : à savoir, la nécessité d'employer des corps anhydres : Lorin a substitué d'autres alcools polyatomiques.

Cette étude nouvelle a été résumée dans un mémoire paru dans le *Bulletin de la Société chimique* (t. XXIV, p. 437), et dont voici un extrait.

« De tous les alcools polyatomiques ordinaires, dit-il, la mannite semble devoir être choisie comme substitut de la glycérine, dans la préparation de l'acide formique 56 0/0, avec l'acide oxalique ordinaire du commerce. »

En opérant, avec 400 grammes de mannite, Lorin a obtenu 3.960 grammes d'acide formique à 49,4 0/0 de CO^2H^2, et contenant près de 2.000 grammes d'acide formique vrai ; cet acide était très pur et ne laissait, à la distillation, qu'un très faible résidu.

Si la mannite est facile à traiter avec l'acide oxalique ordinaire, il n'en est pas, de même, avec l'acide oxalique déshydraté ; pour préparer ainsi l'acide formique, il est nécessaire de former, à l'avance, la formine, par l'action de l'acide hydraté, d'isoler ensuite cette formine, puis de faire réagir, sur elle, l'acide oxalique déshydraté.

La mannite étant un alcool sexvalent, de formule :

$$CH^2OH\text{-}CHOH\text{-}CHOH\text{-}CHOH\text{-}CHOH\text{-}CH^2OH$$

ou

$$CH^2OH - \underset{OH}{\overset{H}{C}} - \underset{OH}{\overset{H}{C}} - \underset{OH}{\overset{H}{C}} - \underset{OH}{\overset{H}{C}} - CH^2OH,$$

elle est susceptible de donner une hexaformine. Mais, pour qu'elle revienne, au moins partiellement, à sa forme première, l'eau est nécessaire : et, celle-ci, étant donné le caractère anhydre des corps mis en jeu, ne peut être qu'un résidu d'éthérification.

S'il y a surchauffe, et que, l'eau d'éthérification de la formation soit volatilisée, sans pouvoir entrer en réaction, la saponification de l'éther formique de la mannite ne pourra se produire et, on ira, vers la formation de corps complexes.

Un cas semblable se présente avec la glycérine et l'acide oxalique, et, nous l'avons exposé tout à l'heure.

Voici quelques renseignements sur les éthers divers de la mannite : la préparation en a été faite, pour la première fois, par Knapp, et cela, antérieurement, aux premiers travaux de Berthelot.

La mannite est susceptible de former de nombreux éthers avec l'acide formique ; mais aussi, en même temps, des éthers mannitaniques, ainsi que l'ont constaté Fauconnier et Henninger.

Avec l'acide formique dilué, agissant sur la mannite, on obtient les premiers termes de la série éthérée.

Les derniers ne se produisent que, sous l'action de l'acide formique concentré, agissant sur les mono ou diéthers initiaux : pour obtenir l'hexaformine, il faut, de préférence, employer l'anhydride mixte d'acide formique : l'éther ainsi obtenu est une acétoformine.

On peut, aussi, l'obtenir, en faisant réagir les chlorhydrine, ou mieux, l'héxa-acétine de la mannite, sur un formiate de soude ou de plomb desséché : enfin, on peut l'extraire des résidus de la réaction de Lorin avec $C^2O^4H^2$ hydraté, par l'alcool froid et par l'éther.

Le corps le plus courant, et le seul que l'on ait pu obtenir à l'état de pureté, est l'éther diformique de la mannite $C^6H^{14}O^{14}(CO^2H)^2$:

c'est un produit solide, cristallisé en paillettes ; il fond à + 115° et bout, à + 160°, sous 18 millimètres de mercure.

Les autres formines ne sont que des mélanges.

D'autre part, on remarque, que sous l'influence de l'acide formique concentré, ou mieux anhydre, la mannite se transforme en mannitane et, même, en d'autres corps, qui ont été étudiés par Henninger et par Fauconnier (*S. C.*, t. XLV, p. 104).

L'un d'eux a pour formule, C^5H^8O, et son point d'ébullition se trouve, entre 107° et 109°, à la pression ordinaire.

L'autre a pour formule $C^6H^{10}O^3$, et distille, vers + 157°, sous la pression de 17 millimètres.

La réaction ne se fait que sur la mannite cristallisée ; la mannite amorphe ne donne rien.

Il est très probable que c'est la formation de ces corps qui, dans l'action directe de l'acide oxalique desséché, sur la mannite, empêche la naissance de la formine.

La réaction de réduction de l'oxaline doit se réaliser, partiellement, et, dès que l'acide formique se trouve mis en liberté, comme il est fort concentré, il doit se porter sur la mannite non éthérifiée, ou sur la mannite régénérée, l'attaquer et la transformer en les deux composés que nous venons de citer.

L'alcool se trouvant détruit, la réaction de Lorin ne peut se continuer.

Avec une formine préparée à l'avance, un tel accident n'est pas à craindre : car CO^2H^2 n'est libéré que, par réduction partielle de la formine, et, il n'y a, jamais, régénération complète de l'alcool.

Si, sur une formine de la mannite préparée de la façon qui vient d'être exposée, ou provenant d'une action préalable de l'acide oxalique hydraté sur la mannite, on fait réagir l'acide oxalique déshydraté, on obtient les résultats suivants, d'après Lorin.

4.500 grammes d'acide déshydraté, ajoutés par portions de 100 grammes, donnent 2^kg,160 d'acide formique contenant 1.865 grammes de CO^2H^2 ; le titre moyen obtenu, en premier jet, est donc de 86,4.

« Ce titre, dit Lorin, passe à 88,5 0/0, si on ne tient pas compte des premiers acides, destinés à la saturation complète de la mannite et, ayant produit, par suite, un excès d'eau.

« La distillation de ces acides élève leur titre au delà de 90 0/0, pour les premières parties, les dernières titrant encore 83,2.

« Enfin il ne reste dans la cornue, que 16 grammes d'un liquide jaune ambré, accusant, encore, une teneur de 74 0/0 en acide formique.

« L'hexaformine de la mannite ne contenant que 60 0/0 d'acide formique, on se trouve, donc, en présence d'un mélange de formine et d'acide formique libre.

« Le résidu, d'ailleurs, traité par l'eau, ne fournit que 2 ou 3 grammes d'une matière sirupeuse, encore acide.

« Ces résultats établissent que, la mannite, de même que la glycérine, donnent d'une manière constante, un acide très concentré, surtout, si l'on part d'une formine préparée à l'avance. »

La propriété éthérifiante du résidu noirâtre visqueux, et, fortement acide qui reste, après la première opération, et qui pèse près de 300 grammes, n'est pas épuisée : on peut renouveller la réaction.

Il n'est pas douteux que la dulcite, l'idite, la talite, l'isodulcite et la rhamnohexite, isomères de la mannite, ne se conduisent, de même, vis-à-vis de l'acide oxalique desséché.

L'action de la mannite sur l'acide oxalique desséché a vu, dans ces derniers temps, son étude reprise par Makowa (*Zeit. für org. Ch.*, t. XXII, p. 1601, août 1900), et ce travail nouveau a confirmé, entièrement, la thèse présentée par Lorin.

Comme le savant français, le chimiste russe substitue, à la glycérine, la mannite : il fait réagir deux molécules d'acide oxalique desséché, sur une molécule de mannite et, chauffe le mélange, à une température, variant entre + 100° et + 110°.

Il se forme, ainsi, un éther hexaformique, que l'eau provenant de l'éthérification, transforme, d'un côté, en acide formique, de l'autre, en diformine de la mannite.

L'éther hexaformique, d'après Makowa, est substituable à l'acide formique, dans presque toutes les réactions : ainsi, par exemple, il décompose facilement les bicarbonates alcalins.

L'acide formique obtenu, par saponification, distille, à l'état d'acide cristallisable, si on prend soin de le recueillir dans un récipient refroidi, entre — 2° et — 5°.

Si, dans la réaction qui vient d'être exposée, on pousse la température, au-dessus de + 110° et, que l'on prolonge le chauffage, il se forme de la mannitane.

Ce dernier corps forme, avec l'acide oxalique, des éthers formiques qui se comportent, absolument, comme ceux de la mannite et qui, par saponification ménagée, donnent, à la distillation, de l'acide formique cristallisable.

La question de température semble jouer un très gros rôle dans la formation de ces formines; mais, contrairement à ce que pensait Lorin, elles ne sont point détruites et la réaction est beaucoup moins complexe que l'on ne croyait : l'éther formique de la mannite se transforme, en éther formique de la mannitane, qui, à la moindre intervention d'eau, donne de l'acide formique cristallisable.

L'action de l'acide formique, sur l'isomannite, a été étudié par Fauconnier qui, le premier d'ailleurs, a isolé ce corps (*S. C.*, t. XLI, p. 124).

Fauconnier, pour l'obtenir, traite une partie, en poids, d'isomannite, par trois parties en poids d'acide formique cristallisable : puis, il chauffe l'ensemble, pendant huit heures, au réfrigérant ascendant.

Au bout de ce temps, la formine a pris naissance : on soumet, alors, la masse à la distillation dans le vide.

A + 160°, sous la pression de 18 millimètres de mercure, il passe, dans cette opération, un liquide incolore qui, par refroidissement, cristallise en petits feuillets brillants, fondant à + 115°, à la pression normale.

Ces cristaux sont solubles, dans l'éther et dans l'alcool chaud, et presqu'insolubles, dans l'eau et l'alcool froid.

L'analyse leur donne, comme composition centésimale :

Carbone	47,04
Hydrogène	4,96

Leur formule semble être $C^8H^{10}O$.

Chauffés, avec de l'acide oxalique hydraté, ces cristaux donnent naissance à de l'acide formique 56 0/0 : ils agissent, ainsi, comme la formine de la mannite normale.

Ils se décomposent par la chaleur, à la pression ordinaire, en donnant de l'oxyde de carbone et, en régénérant de l'isomannite.

La substitution de la mannite à la glycérine, par Lorin, dans la préparation de CO^2H^2, a été le premier pas fait vers l'étude des réactions de l'acide oxalique, sur les alcools polyatomiques, autres que la glycérine, et, vers l'étude de la formation des formines, par dédoublement.

Fort des premiers résultats obtenus, Lorin a cherché à substituer à la mannite, l'érythérite, $C^4H^{10}O^4$, alcool quadrivalent, très voisin de la glycérine, et qui, chauffé avec l'acide formique donne un carbure diéthylénique, la butanediène CH^2=CH-CH=CH^2, d'où, par la méthode de Gruner, on peut dériver à nouveau l'érythérite.

Toutefois, Denninger (*S. C.*, t. XXXIX, p. 625) considère que, si on fait réagir, avec ménagement, l'acide formique sur l'érythérite, on obtient, non du butanediène, mais bien deux formines et, en particulier, une tétraformine dont nous décrirons, plus loin, la préparation.

Il est à dire qu'on considère, souvent, l'érythérite comme un diglycol.

Avec l'acide oxalique hydraté, ce corps donne les mêmes résultats que la glycérine ou la mannite et fournit, de façon continue, à la température de + 98°, de l'acide formique à 50 0/0 de CO^2H^2.

Si on élève la température, les mêmes phénomènes que nous avons déjà signalés se reproduisent; mais, au lieu d'obtenir du propénol, on a du butanediène, C^4H^6, gaz reconnaissable à son odeur spéciale.

Avec l'acide oxalique déshydraté, les résultats ont été, tout à fait, différents.

La préparation antérieure de la formine n'est, tout d'abord, point nécessaire pour obtenir un résultat et, on peut faire réagir, directement, l'acide oxalique anhydre sur l'alcool.

« En opérant au bain d'eau salée, c'est-à-dire vers 110°, dit Lorin, et en partant de 85 grammes d'érythérite, j'ai fait réagir 2.405 grammes d'acide oxalique anhydre, par portions, d'abord, de 70 grammes, puis de 100 grammes.

« J'ai obtenu 1.120 grammes d'acide formique aqueux, contenant 985 grammes d'acide formique vrai; donc le titre moyen, en premier jet, a été de 87,95 0/0 CO^2H^2. En ne tenant pas compte des premiers acides, qui contiennent un excès d'eau provenant de l'éthérification de l'érythérite, on a le titre moyen de 90,4 0/0 : pour les dix derniers acides bruts produits, lorsque le mécanisme des éthérifications et saponifications successives a été bien réglé, le titre moyen, en CO^2H^2, dépasse 96 0/0.

« Parmi les alcools polyatomiques qu'on a fait réagir sur l'acide oxalique déshydraté, l'érythérite est celui qui donne, sans contredit, les résultats les plus nets.

« Le gaz produit ne donne, à la fin, que 4 ou 5 0/0 d'oxyde de carbone ; le résidu de rectification est faible, bien que le titre de l'acide y soit monté à 98 0/0 ; il n'atteint que 28 grammes, contenant 19 grammes d'acide formique.

« Enfin, la propriété éthérifiante du résidu de l'opération est loin d'être épuisée, puisque les derniers acides obtenus sont, précisément, les plus riches. »

Contrairement à la glycérine, dont le pouvoir éthérifiant vis-à-vis de l'acide oxalique tend à s'annuler, le pouvoir de l'érythérite, au contraire, s'exalte ; il semblerait, d'après cela, qu'il y ait formation de polyformine.

D'autre part, comme la réaction de décomposition, en butanediène, ne se fait qu'à la température assez élevée de 300°, on peut, sans crainte, chauffer la masse au-dessus de 98° ; l'acide formique obtenu, dans ces conditions, doit théoriquement être à un titre beaucoup plus haut : c'est ce que d'ailleurs l'expérience a vérifié.

Voici le résultat des essais de Lorin :

Titre de l'acide formique recueilli	Poids d'acide formique aqueux	Poids d'acide formique vrai	Poids d'acide oxalique anhydre correspondant
33,4	10gr	3gr,4	70gr
45	24	10 8	70
70,4	26	18 3	70
73,2	22	16 1	70
85	20	17 5	70
85,6	20	17 1	70
89,5	32	28 6	70
86,2	25	21 6	70
88,4	36	31 8	70
91,7	14	12 8	»
91,8	30	27 5	70
93,1	30	27 9	105
97	35	33 9	100
85,9	50	43	100
92,7	30	28 1	»
37,5 (1)	67	25 4	»
92,7	22	20 4	100
95	32	30 6	»
»	»	»	100
A reporter..........	525gr	414gr,9	1.205gr

(1) Absorption.

Titre de l'acide formique recueilli	Poids d'acide formique aqueux	Poids d'acide formique vrai	Poids d'acide oxalique anhydre correspondant
Report..............	525^{gr}	$414^{gr},9$	1.205^{gr}
»	»	»	100
94,8	55	52 2	100
95,6	38	36 3	100
96,8	48	46 5	100
96,3	44	42 4	»
97,7	57	55 6	100
96	62	59 9	100
»	»	»	100
95,2	70	67 4	100
»	»	»	100
96,1	40	38 5	100
95,6	42	40 2	100
95,5	58	55 4	100
95,1	70	66 6	»
	1.109^{gr}	$975^{gr},4$	2.405^{gr}

Comme on le voit, le rendement a été presque théorique.

De l'examen de ce tableau, il résulte que c'est, seulement, vers la treizième opération, que les hauts titres de 94 à 95 0/0 commencent à apparaître, pour se continuer d'une façon régulière, sauf accidents d'expérience, jusqu'à la fin de l'opération ; le titre varie entre 95 et 97 0/0, dans les dix derniers résultats.

Comme nous le disions, il semble que, dans la première phase, la formine tende à se former, mais l'éthérification des quatre fonctions alcooliques de l'érythérite ne se fait que progressivement : cela n'a rien d'étonnant, car cela répond, absolument, aux lois d'éthérification.

Quand la tétraformine est constituée ; le jeu des éthérifications et des saponifications successives étant réglé ; la production d'acide formique, à haut titre, devient constante et continue.

Au lieu d'agir, directement sur l'érythérite ; on peut, comme dans le cas de la mannite, préparer préalablement la formine.

Les éthers de l'érythérite réagissant, normalement, sur $C^2O^4H^2$ éshydraté ; on peut, avec eux, obtenir, dès le début de l'opération, un acide formique variant de 92 à 94 0/0.

Voici, d'ailleurs, quelques détails sur les diverses formines érythériques qu'Henninger, surtout, a étudiées.

On peut les obtenir, par attaque directe de l'érythérite, avec deux fois son poids de CO^2H^2 (densité 1,185), à l'ébullition, pendant six heures ; le corps étant tétratomique, on obtient, ainsi, un mélange des quatre éthers ; mono, di, tri et tétraformines, que l'on peut isoler, les uns des autres, par cristallisation dans l'alcool et dans l'éther absolus.

La mieux caractérisée est la tétraformine $C^4H^6 (CO^3H)^4$: on peut préparer, en faisant bouillir l'érythérite, à deux reprises successives, séparées par une distillation intermédiaire, avec 20 parties de CO^2H^2.

La première fois, on se sert d'un acide de densité 1,185 ; la seconde fois, on emploie l'acide cristallisable.

Cette tétraformine, purifiée par plusieurs cristallisations, dans l'alcool et l'éther absolus chauds, donne de longues aiguilles soyeuses, peu solubles à froid, dans l'alcool, l'éther et l'eau, et fusibles à + 150°.

L'eau bouillante les dédouble, très rapidement, en CO^2H^2 et en érythérite.

En raison même de ce que nous venons d'exposer, et surtout, parce qu'elle ne se décompose, qu'à température relativement haute ; cette tétraformine semble être, des divers éthers polyatomiques, celui qui donne les meilleurs rendements, dans la transformation de $C^2O^4H^2$ en CO^2H^2 ; tant au point de vue du rendement, qu'au point de vue de la régularité de l'opération.

On peut aussi l'obtenir, par l'action de la tétrachlorhydrine de l'érythérite que l'on prépare à l'aide du perchlorure de phosphore, sur les formiates de Na ou de Pb desséchés.

On peut, également, employer, dans cette double décomposition, les tétraformines sulfurique, nitrique ou nitro-chlorhydrique : toutefois, il est bon de dire que ces réactions sont fort délicates à conduire, en raison des actions secondaires qui se manifestent souvent.

D'une façon générale, l'érythérite s'éthérifie, assez rapidement, et les chiffres que nous avons trouvés, pour l'acide formique, sont très voisins de ceux que Mentchoutkine a trouvés pour l'acide acétique.

Les voici, d'ailleurs :

ACIDE ACÉTIQUE		ACIDE FORMIQUE	
1 mol. $C^4H^{10}O^4$....	1 mol. $C^2H^4O^2$....	1 mol. $C^4H^{10}O^4$	1 mol. CO^2H^2.
Vitesse initiale (1).	53,6............	60,10.	

(1) On appelle vitesse initiale, dans une éthérification, selon Mentchoutkine, la quantité, en centièmes, d'alcool et d'acide éthérifiés dans la première heure, à la température de + 154°.

ACIDE ACÉTIQUE (*suite*)		ACIDE FORMIQUE (*suite*)	
Limite...........	65,73............	64,23.	
1 mol. $C^4H^{10}O^4$....	1/2 mol. $C^2H^4O^2$..	1 mol. $C^4H^{10}O^4$	2 mol. CO^2H^2.
Vitesse initiale...	50,7............	57.	
Limite...........	56..............	60.	
1 mol. $C^4H^{10}O^4$....	4 mol. $C^2H^4O^2$...	1 mol. $C^4H^{10}O^4$	4 mol. CO^2H^2.
Vitesse initiale...	62,7............	53.	
Limite...........	40,07	58.	
1 mol. $C^4H^{10}O^4$....	6 mol. $C^2H^4O^2$...	1 mol. $C^4H^{10}O^4$	6 mol. CO^2H^2.
Vitesse initiale...	20,07............	40,7.	
Limite...........	31,24............	49.	

La formation des tri, di et monoformine est beaucoup moins nette que celle de la tétraformine : les réactions de l'acide formique sur l'érythérite sont très particulières et, donnent lieu, à côté de la formation des éthers, précités, à la genèse de corps nouveaux provenant de la décomposition ou du dédoublement de l'alcool, sur lequel se fait la réaction.

« Lorsque l'on réagit, dit Henninger, (*S. C.*, t. XIX, p. 2145; XXXIV, p. 195; XXV, 225, 418) sur l'érythérite, avec 4 parties d'acide formique 70-80 0/0, il se produit des formines cristallisables, parmi lesquelles prédomine la diformine.

Vers + 210°-220°, ces formines se décomposent :

1°, en gaz carbonique mélangé de CO;

2°, en formine d'un glycol non saturé ou érythérol, $C^4H^8O^2$;

3°, en crotonylène;

4°, en deux composés, l'un identique à l'aldéhyde crotonique, l'autre isomérique à ce corps;

5°, en érythérane, que l'on retrouve, en majeure partie, dans les résidus du distillat. »

Les équations suivantes rendent compte de la formation de ces produits.

$$\underset{\text{Diformine érythérique.}}{C^4H^6(OH)^2(CHO^2)^2} = CO^2 + H^2O + \underset{\text{Monoformine du glycol ou érythrol.}}{C^4H^6(OH)CO^2H}$$

$$\text{»} = (CO^2)^2 + (H^2O)^2 + \underset{\text{Crotonylène.}}{C^4H^6}$$

$$\text{»} = CO^2 + CO + (H^2O^2) + \underset{\text{Corps neutre crotonylique.}}{C^4H^6O}$$

$$\underset{\text{Érythérite.}}{C^4H^{10}O^4} = H^2O + \underset{\text{Érythérane.}}{C^4H^8O^3}$$

I est probable, qu'au-dessous de 200°, CO^2H^2, agissant sur l'érythérite, forme deux diformines isomériques : l'une donnant, à + 220°, l'érythrol, l'autre, le corps neutre crotonylique C^4H^6O.

La formine du glycol ; nous le verrons, d'ailleurs, plus loin ; se conduit, au point vue de la genèse de CO^2H^2, comme la formine de l'érythérite.

L'érythérane, qui l'on trouve, souvent, dans les résidus de la réaction, paraît jouer le rôle de la glycide, de la mannitane, de la dulcitane, de la quercitane, par rapport aux alcools correspondants.

Toutefois, d'après Henninger, l'érythérane, produit déshydraté, ne fixe pas directement H^2O, pour reproduire l'érythérite, même en présence des halogènes et, avec HCl aqueux, il donne, seulement, une dichlorhydrine, $C^4H^6O^3$ $(HCl)^2$.

Il résulte de ces faits que, dans la préparation de CO^2H^2, par l'érythérite, il faut, de toute façon, éviter la formation de l'érythérane.

On retire, alors, du cycle de réaction, une certaine quantité d'érythérite qui n'y rentre plus, ce qui diminue, d'autant, la puissance active de l'alcool polyatomique, mis en jeu.

Les autres alcools tétratomiques, comme la penta-érythérite de Tollens et Nigaud (C^5H^8) $(OH)^4$; l'héxyérythérite de Wagner, C^6H^{10} $(OH)^4$; la limonétrite, $C^{10}H^{16}(OH)^4$ ont une action identique à l'érythérite, sur $C^2O^4H^2$ déshydraté, et donnent naissance à CO^2H^2 concentré.

Il doit en être, de même, de la phtalypinacone, que l'on peut considérer comme un alcool tétratomique, deux fois primaire et, deux fois secondaire.

Lorin a encore étudié l'action de l'acide oxalique déshydraté sur d'autres alcools polyatomiques, comme la dulcite, la quercite et l'inosite.

Les résultats qu'il a obtenus (*S. C.*, 1877, t. I, p. 518) ont rendu, plus généraux le mode de préparation de CO^2H^2 en le dérivant de $C^2O^4H^2$.

Agissant sur la dulcite, Lorin prépare sa formine, en ajoutant, à $C^2O^4H^2$ ordinaire, 48 grammes de dulcite : en chauffant à + 85° ; on obtient de l'acide formique, aux titres successifs que voici : 23, 37, 46, 48 et 56,5 0/0 : CO^2 résiduaire restant pur.

Une fois arrivé à 50,5 0/0, le titre reste constant, mais la réaction, bien que régulière, est moins vive qu'avec la mannite.

Si, on fait réagir sur $C^2O^4H^2$ déshydraté, une formine de la dulcite, préparée à part, on obtient CO^2H^2 aux titres successifs que voici : 37, 52, 66, 74, 83, 86, 90, 91 0/0 : CO^2 résiduaire contenant quelques traces de CO, de 1 à 10 0/0.

La distillation des produits obtenus donne un acide formique, au titre moyen de 89 0/0.

Dans l'étude de la courbe de rendement, on constate qu'après avoir passé, par un maximum, elle s'abaisse et devient à un certain moment nulle : la teneur en CO, croît en raison inverse, et la production de CO^2, le maximum passé, tend à s'annuler.

Avec la quercite, on obtient, encore, des résultats intéressants, mais la réaction est moins nette.

Cet alcool donne, avec $C^2O^4H^2$ ordinaire, de l'acide formique, à titres successifs que voici : 2, 3, 14, 20, 34, 47, 59 0/0. Avec $C^2O^4H^2$ déshydraté, on obtient un acide formique, aux titres successifs de 62,67, 72,75, 81,83 0/0, la réaction ayant lieu au bain d'eau salée.

Il y a décomposition partielle de CO^2H^2 obtenu, car, le gaz carbonique résiduaire contient de 10 à 20 0/0 de CO.

Avec l'inosite, agissant, à la température du bain d'eau salée, et avec $C^2O^4H^2$ ordinaire, on obtient des acides formiques aux titres successifs de 2, 5, 9, 13, 16, 26, 40, 50, 53 0/0 : avec $C^2O^4H^2$ déshydraté, le titre moyen de CO^2H^2 obtenu ne dépasse pas 75 0/0, et, CO^2 résiduaire contient de sensibles quantités de CO.

La réaction est, somme toute, assez semblable aux précédentes.

Vincent (*S. C.*, XXXIV, p. 214) a obtenu avec la sorbite, isolée de la sorbine provenant des graines de sorbier et isomère de la mannite et de la dulcite, des résultats identiques.

En chauffant au bain-marie, 2 grammes de sorbite et 75 grammes de $C^2O^4H^2$ ordinaire, à + 75°, on constate que le mélange se liquéfie et qu'il y a dégagement de CO^2; en ajoutant $C^2O^4H^2$, par charges successives, on arrive à une production régulière de CO^2H^2, à 56,5 0/0.

Le résidu, traité par l'alcool absolu, a permis d'isoler une formine : c'est une masse sirupeuse, incolore et inodore, qui, traitée au bain-marie, par $C^2O^4H^2$ ordinaire, donne, de suite, CO^2H^2 à 56 0/0; avec $C^2O^4H^2$ anhydre, on a un acide variant de 75 à 98 0/0 CO^2H^2.

Lorin, qui a été en, quelque sorte, l'apôtre de la fabrication de CO^2H^2, par $C^2O^4H^2$, a cherché à faire réagir ce dernier acide sur divers sucres, sur la glucose, sur le sucre de lait ; mais là, comme la théorie, d'ailleurs, permettait de le prévoir, son échec a été complet

Il a été plus heureux avec le glycol (*S. C.*, 1874, t. II, p. 104).

$C^2O^4H^2$, dissous dans le glycol, se décompose de façon normale, vers + 80°, avec formation de CO^2H^2 et dégagement de CO^2 pur, mais, la réaction ne se produit qu'après la dissolution de $C^2O^4H^2$.

En procédant, par voie d'additions successives, on obtient, avec $C^2O^4H^2$ hydraté, un acide formique, aux titres successifs de 6,7; 22,3; 30; 47,15; 56,7.

Dans ces conditions, il faut, environ vingt heures, pour déterminer la décomposition complète d'une molécule de glycol.

Un peu de formine formée est, toujours, entraînée avec l'acide formique qui prend naissance.

En faisant réagir, 810 grammes d'acide oxalique ordinaire sur 80 grammes de glycol, Lorin a obtenu 558 grammes de CO^2H^2 aqueux, à 40 0/0; soit 221 grammes de CO^2H^2 réel.

Entre, la quantité théorique qu'indique l'équation et la quantité recueillie, il existe une différence de 78 grammes : celle-ci a été absorbée, dans la formation de formines, qui restent dans le résidu.

Ce dernier a donné, à la distillation, de la monoformine, de la diformine, du glycol, de l'eau et de l'acide formique.

Une autre expérience, faite avec du glycol, préparée par le procédé Kinson, a fourni des résultats comparables, et les titres des liquides obtenus ont été, en acide formique réel, successivement de 5, 6, 10, 32, 40, 43, 56, 56,70 0/0.

Les acides formiques recueillis contenaient, forcément, par suite de l'entraînement, une partie des formines; on les a réunis au résidu de l'opération, et on a fractionné le tout.

Une partie du liquide passe, entre + 101° et + 120° : il est constitué par de l'acide formique étendu.

Une seconde partie passe, entre + 120° et + 172° : elle semble, plus fortement acide, que ne devrait être une monoformine.

Neutralisée par le carbonate de magnésie, puis redistillée, elle donne de la monoformine et du glycol.

La troisième partie passe entre + 172° et + 175°, elle n'est point acide et n'a pas l'odeur d'acide formique; elle est constituée par de la diformine de glycol, presque pure, ce que l'on vérifie par un titrage, à l'eau de baryte.

Les résultats obtenus par Lorin, en faisant réagir l'acide oxalique sur le glycol, sont comparables, au point de vue de la préparation des formines du glycol, à ceux obtenus, par Henninger et Tollens, en faisant réagir l'acide formique libre, sur cet alcool.

En résumé, l'action de l'acide oxalique, sur le glycol, est identique à l'action de ce dernier acide, sur la glycérine : dans la réaction, il se fait de l'acide formique libre qui se dégage et, des formines du glycol qui restent dans le résidu.

Il se produit, en même temps, une mono et une diformine, qui sont isolables, par fractionnement, des acides formiques aqueux et du résidu de l'opération.

Ces formines isolées réagissent, à nouveau, sur l'acide oxalique, à la façon des formines glycériques et des formines des autres alcools polyatomiques.

De ces expériences, on peut conclure que les alcools diatomiques se conduisent, dans la préparation de l'acide formique avec l'acide oxalique, comme les alcools polyatomiques.

On peut, même, étendre ce raisonnement à tous les alcools susceptibles de donner une oxaline, quel que soit le nombre de leurs fonctions.

Sous l'influence de la chaleur, l'oxaline se dédoublera toujours, en donnant, en quantité plus ou moins considérable, une formine qui, saponifiée, fournira de l'acide formique.

D'une façon générale, dit Leidé dans son *Traité des éthers* (*Encyclopédie Frémy*, t. VIII, p. 69), lorsque l'on fait réagir l'acide oxalique desséché, sur un alcool monoatomique primaire, à côté de l'oxaline, il se forme toujours une formine.

Cette réaction générale a été isolée, depuis longtemps, par Schmidt et Lœwig.

En faisant varier les proportions relatives d'alcool et d'acide, la durée de contact, la température, on fait aussi varier les proportions d'oxaline et de formine obtenues.

La production de formine est maxima, quand on fait réagir sur l'alcool, une quantité d'acide oxalique sec, un peu supérieure à celle qui est nécessaire pour former l'oxaline acide et, surtout, si on laisse le mélange digérer, pendant quelques jours, à la température, de + 50/60°.

Dans des conditions semblables, l'alcool méthylique est celui qui donne, proportionnellement, le moins de formine ; puis viennent les alcools éthylique, propylique, butylique, amylique primaires.

L'action est identique, avec les alcools allylique et butylique primaires.

Enfin, d'après Cahours et Demarçay (*S. C.*, t. XXIX, p. 480), elle s'exerce, d'une façon plus sensible, sur l'alcool octylique.

La proportion de formine, très faible, avec les premiers alcools de la série, va en augmentant, au fur et à mesure, que le point d'ébullition de l'éther oxalique s'élève, l'action de la chaleur s'accentuant de plus en plus.

Cahours et Demarçay (*C. R.*, 3, t. LXVIII, p. 382) ont fait une étude complète de l'action réciproque de l'acide oxalique et des alcools monoatomiques.

Remplace-t-on l'alcool ordinaire, par les alcools propylique, butylique et amylique, qu'immédiatement on observe la formation, simultanée et assez abondante, d'oxalate et de formiate correspondants : en faisant varier les proportions d'acide et d'alcools, on obtient des quantités fort différentes des deux éthers.

La formation de ces éthers s'explique par la décomposition, de l'éther acide naissant, en premier lieu, sous l'influence d'un excès d'alcool ou sous l'influence de la chaleur seule : dans le premier cas, on a :

$$\underset{\text{A. oxalovinique.}}{C^4H(C^4H^5)O^8} + \underset{\text{Alcool.}}{C^4H^5OH} = \underset{\text{Eau.}}{H^2O} + \underset{\text{Oxalate d'éthyle.}}{C^4(C^4H^5)^2O^8};$$

dans le second cas, on obtient :

$$\underset{\text{A. oxalovinique.}}{C^4H(C^4H^5)O^8} = CO^2 + \underset{\text{Formiate d'éthyle.}}{CH(C^4H^5)O^4}.$$

Lorsqu'on dissout $C^4O^8H^2$, dans l'alcool, à la température de 60-70° et, qu'après une digestion de quelques heures, on soumet la masse à la distillation, on remarque que les différentes portions, distillant de +85° à 110°, de +110° à 130°, de +130° à 145° et de +145° à 185°, renferment, toutes, de l'éther oxalique, qui, par suite, a dû se former à basse température.

Vers +140°, il se produit un dégagement de gaz qui, très faible, au début, s'accélère beaucoup, entre +150° et +155°, pour continuer faiblement jusqu'à +185°, température à laquelle l'opération est terminée.

Le gaz dégagé est un mélange d'acide carbonique et d'oxyde de carbone, dans le rapport :

Au début :	CO	25 vol.	A la fin :	CO	10 vol.
—	CO^2	75 vol.	—	CO^2	75 vol.

La proportion maxima de formiate, par rapport à l'oxalate, varie entre 2,8 et 10 0/0.

L'acide oxalique sec agit, comme l'acide oxalique hydraté et, au contact des alcools primaires donne facilement naissance à des éthers : il réagit sur les alcools propylique, butylique, allylique : l'oxala qu'il forme est, toujours, accompagné d'une certaine quantité de formiate.

Si les alcools butylique et amylique sont en grand excès, on obtient presqu'exclusivement de l'oxalate ; si l'acide, au contraire, est en excès et que l'on laisse le mélange digérer, un certain temps, avant la distillation, la proportion de formiate obtenu s'élève, quelquefois, à près des deux tiers du poids d'oxalaté formé.

Un mélange de deux molécules d'acide oxalique sec et d'une molécule d'alcool amylique, abandonné pendant quelques jours à lui-même, puis, porté, pendant une heure, à + 100°, fournit deux couches de liquide : l'inférieure, aqueuse, renferme de l'acide oxalique et un peu d'éther oxalique acide ; la supérieure fournit, par distillation, à + 155°-165°, un liquide renfermant une forte proportion de formiate d'amyle ; le thermomètre monte, ensuite, à + 260-265°, et il distille, alors, presque exclusivement de l'oxalate d'amyle.

Le mélange d'éthers, soumis à la rectification, donne 1 partie de formiate, pour 3 parties d'oxalate.

La décomposition de l'éther oxalique acide d'amyle paraît commencer, vers + 155°, et se términer, entre + 165° et + 170°.

Le gaz dégagé est composé presque exclusivement d'acide carbonique.

L'alcool butylique donne des résultats comparables à ceux de l'alcool amylique : le mélange d'éthers produits se sépare, par distillation fractionnée, en formiate de butyle, passant vers + 92°-96°, et en oxalate de butyle, distillant à + 220-225°.

Les alcools primaires, propylique, allylique, benzylique donnent, de même, des mélanges d'oxalates et de formiates.

L'alcool isopropylique donne une plus forte quantité de formiate : et, si on fait réagir l'acide oxalique sec sur un mélange d'alcools propylique et isopropylique, on obtient, surtout, de l'oxalate de propyle, bouillant entre +209° et +211° puis donnant, par saponification, de l'alcool propylique ayant son point d'ébullition à +92-98°.

D'une façon générale, les alcools secondaires s'éthérifient, moins facilement, que les alcools primaires, sous l'influence de l'acide oxalique : les rendements en formiate, sont assez faibles.

Si on compare, entre eux, les alcools secondaires, on voit que, l'éthérification oxalique et la transformation de l'oxaline en formine, s'y font, à peu près, de semblable façon; les quantités de formine obtenues sont toujours, excessivement, petites.

En tout cas, on n'obtient point de différences de rendement en formine, comparables à celles que l'on observe, dans le cas des alcools primaires; entre l'alcool méthylique et l'alcool octylique, par exemple.

Si on remplace l'acide oxalique hydraté, utilisée dans les essais précédents, par de l'acide desséché, on constate des différences plus considérables, surtout si l'on opère comparativement, au point de vue de la formation des divers éthers, oxaline acide, oxaline neutre et formine, sur deux alcools isomériques, l'un primaire et l'autre secondaire.

On remarque tout d'abord que, l'acool secondaire s'éthérifie beaucoup moins facilement que le primaire.

Dans cette réaction, il se forme toujours de très petites quantités d'éther secondaire et de très fortes quantités d'éther primaire.

La proportion de formine, avec le premier, est insignifiante, tandis qu'avec le second, elle représente environ un tiers de l'éther produit; on peut considérer que, seul, l'alcool primaire fournit de l'acide formique en quantité sensible.

L'acide oxalique, réagissant sur les alcools tertiaires, ne donne pas naissance à des éthers formiques et cela, pour cette simple raison, qu'il décompose ces alcools, en hydrocarbures et en eau; toutefois, avec un très fort excès d'alcool, on arrive, parfois, à obtenir quelques traces de formine.

En résumé, on peut dire que l'action de $C^2O^4H^2$, sur l'ensemble des alcools, donne toujours naissance à CO^2H^2, soit libre, soit engagé dans des combinaisons éthérées, en plus ou moins grande quantité.

Cette propriété atteint son maximum, avec certains alcools polyatomiques, comme la glycérine, la mannite, l'érythérite, qui permettent d'obtenir CO^2H^2 à l'état libre ; elle a son minimum avec les alcools secondaires et tertiaires, qui ne donnent CO^2H^2, qu'en très faible quantité engagée très souvent dans des combinaisons éthérées, dont on ne peut l'extraire que, par l'opération subséquente de la saponification.

Au cours de cette étude, nous avons constaté que, dans la préparation de CO^2H^2, il se produisait souvent un dégagement insolite de CO ; il est utile de donner quelques éclaircissements, sur cette réaction secondaire et, sur les motifs qui la déterminent, car elle a une importance pratique.

Tant que la proportion de CO, dans les gaz résiduaires, reste faible, la richesse en CO^2H^2 de l'acide formique obtenu augmente ; mais, si le dégagement de CO s'accentue, la richesse en CO^2H^2 diminue.

Il semble, donc, y avoir une corrélation étroite, entre la teneur des gaz résiduaires en CO et, la richesse en CO^2H^2 de l'acide formique recueilli.

Toutefois, avec certains alcools polyatomiques, comme l'érythérite, l'augmentation de CO n'implique pas la diminution de CO^2H^2 ; ce fait explique, d'ailleurs, la facilité avec laquelle cet alcool permet la préparation des acides haut titre.

Il est à noter, que si, à $C^2O^4H^2$, on substitue $C^2O^4H^2,2H^2O$, et que, la chauffe ne dépasse pas $+ 140°$; jamais il n'y a production de CO.

La température et l'état d'hydratation de $C^2O^4H^2$ jouent donc un certain rôle dans ces phénomènes.

D'où, d'ailleurs, peut provenir cette production insolite de CO, à des températures souvent inférieures à $+ 100°$?

Il est nécessaire d'en isoler la cause.

Selon Lorin, elle se trouverait dans la décomposition des formines par la chaleur, et ce serait là l'une des caractéristiques de cette classe d'éthers.

Si, à de la glycérine ayant servi à la préparation d'une quantité notable de CO^2H^2, on fait une addition nouvelle de $C^2O^4H^2$; on remarque que, le rapport en volume, de CO à CO^2, est au début de 20, puis qu'il diminue à 10, après le dégagement d'une quinzaine de litres de gaz.

Ce rapport s'affaiblit encore et devient sensiblement nul, en fin d'opération.

La richesse, en acide formique, du distillat suit la marche inverse.

Après le boursouflement de la masse, dans la cornue, boursouflement qui met fin à l'opération, on a une matière noirâtre, visqueuse, s'étirant comme de la glu, contenant très peu de glycérine et semblant constituer une sorte de goudron spécial, ne contenant pas trace de produits allyliques.

Les autres alcools polyatomiques et, notamment la dulcite, fournissent des résultats identiques à ceux de la glycérine.

Avec ces alcools, à la treizième addition de $C^2O^4H^2$, on observe un dégagement de 2 à 3 0/0 de CO ; après la production de 10 litres de gaz, la teneur en CO passe brusquement à 10 0/0, puis la proportion grandit rapidement, jusqu'à ce point que CO^2 ne se trouve plus, qu'à l'état de traces, dans le gaz éjecté.

A + 105°, sur un ensemble de 75 litres de gaz, les deux tiers sont du CO.

Si on prend une formine, résultant de l'action de $C^2O^4H^2,2H^2O$, sur la glycérine et qu'on la soumette à la distillation à + 100°, on y trouve, un peu de CO^2H^2 libre, de la monoformine en quantité, puis des traces de polyformines, de l'acide oxalique, de l'oxaline, non transformés et CO^2.

Si, on augmente la température jusqu'à + 130/135°, on constate le dégagement d'une très forte quantité de CO, ne contenant alors que des traces de CO^2.

Si, alors, on ajoute à la masse, $C^2O^4H^2$, le dégagement reste régulier pendant une longue période de temps et on recueille, dans le distillat, CO^2H^2, sans traces de produits allyliques.

Le résidu gluant que l'on obtient, en fin d'opération, dégage encore CO sous l'influence de $C^2O^4H^2$.

Si on agit sur une formine, provenant du traitement préalable du glycol, entre + 135° et + 140°, la réaction est encore plus nette, car on obtient une production abondante de CO, mélangée, à peine, de quelques centimètres cubes de CO^2 : à + 170°, la réaction cesse.

De ces essais, Lorin déduit, qu'à la température de + 130°, les formines des alcools polyatomiques se décomposent, en donnant naissance à CO : ceci donne toute explication utile au sujet de la formation de CO, dans la préparation de CO^2H^2, par $C^2O^4H^2$ et les alcools.

Cette production de CO a, cependant, encore, d'autres causes, qui ne sont pas à négliger.

On a vu, en effet, au cours des essais exposés, que la réaction de $C^2O^4H^2$ anhydre, sur les alcools polyatomiques, se complique d'une action déshydratante, due soit à l'acide, soit à l'alcool, et s'exerçant, soit, sur CO^2H^2 naissant, soit, sur la formine, soit, sur l'oxaline. Le résultat, dans ces trois cas, est la genèse de CO : CO^2H^2, isolé sous l'influence de $C^2O^4H^2$ déshydraté, à + 105°, se décompose, d'ailleurs, en CO, avec production de CO^2 et cela, dans le rapport de 1 à 2.

Si, d'autre part, on traite CO^2HK desséché, par CO^2H^2 et que, l'on porte la masse, à + 120°, on constate qu'il se produit, un abondant dégagement de CO et de H^2O : à + 135°, cette décomposition devient régulière, pour arriver à son maximum, à + 150.

En tel cas, la décomposition de CO^2H^2, par CO^2HK, est comparable, à celle produite par SO^4H^2, et la réaction se passe selon, l'équation :

$$CO^2HK + CO^2H^2 = CO^2HK + CO + H^2O.$$

Le formiate de soude sec se conduit, de même : par contre, le formiate de baryte ne réagit pas.

Avec les acétates de K et de Na, la réaction est identique, entre + 135 et 153°.

Ainsi donc, de + 135° à + 153°, sous l'influence concomitante de $C^2O^4H^2$ sec, des alcools polyatomiques, des formiates et des acétates secs de K et de Na, l'acide formique se décompose, en CO et H^2O.

Là, se trouve, donc, un des motifs du dégagement de CO observé et si, d'uu autre côté, on ajoute, que, selon Gay-Lussac, à + 170°, $C^2O^4H^2$ se décompose, en volumes sensiblement égaux, de CO^2 et CO, on connaîtra tous les motifs qui peuvent expliquer la genèse de CO, dans la réaction de $C^2O^4H^2$, à chaud, sur les alcools polyatomiques.

MÉTHODES DE PRÉPARATION DE L'ACIDE FORMIQUE PAR SYNTHÈSE

1° PROCÉDÉS DE PRÉPARATION D'ACIDE FORMIQUE BASÉS SUR L'EMPLOI DE L'OXYDE DE CARBONE

Si vif que puisse être, au point de vue scientifique, l'intérêt que présentent les diverses méthodes de préparation de l'acide formique que nous venons d'exposer; ni l'oxydation des hydrates de carbone, ni la décomposition des formines préparées, en partant de l'acide oxalique et des alcools divers, ne sont des moyens bien pratiques de fabriquer industriellement le méthanoïque.

Le procédé de Dobereiner et ceux de ses imitateurs paraissent lents, sont de faible rendement et ne donnent enfin que des acides à basse teneur.

En dépit de Lorin et de ses émules, l'emploi de l'acide oxalique, hors le cas où l'on a besoin d'acide formique anhydre, ne présente qu'une solution incomplète du problème posé.

En raison de son prix relativement élevé, en raison de son utilisation défectueuse, puisque la moitié de son poids est perdue, étant transformée en acide carbonique, l'acide oxalique est une matière première peu recommandable.

Il est, en effet, incapable de fournir l'acide formique, à un prix lui donnant avantage sur son rival, l'acide acétique, dont le revient, avec la distillation des bois, est assez bas.

Malgré l'ingéniosité déployée, si l'industrie n'avait toujours eu à sa disposition, que des procédés du genre de ceux de Dobereiner et de Lorin, il est probable que l'acide formique, en dépit de tous ses avantages, serait resté une curiosité de laboratoire.

Aux hydrates de carbone, à l'acide oxalique, il était nécessaire de substituer une matière première plus maniable, moins coûteuse et très abondante : on l'a trouvée dans l'oxyde de carbone qui, théoriquement, par hydratation, doit fournir l'acide formique, selon l'équation :

$$CO + H^2O = CO^2H^2.$$

Ce principe a été posé, dès 1856, par Berthelot, lequel en partant de ce gaz, est arrivé, dans des conditions particulières que nous décrirons plus loin, à opérer la synthèse du corps qui nous intéresse.

Les difficultés que devait présenter la réalisation industrielle de ce problème, scientifiquement résolu par le grand savant français, ont été telles, qu'il a fallu près de quarante ans de recherches, d'études et d'essais, pour les surmonter : entre une réaction connue et sa réalisation industrielle, le temps semble être, quoiqu'on en dise, le gros facteur.

Ce n'est, en effet qu'en 1895, qu'un chimiste allemand, le Dr Goldsmith, prenant, comme point de départ, les expériences instituées par Berthelot, utilisant les multiples travaux de Mertz, de Tiribica, de Laessen, de Weith, de Maquenne, est parvenu à mettre debout la fabrication synthétique de l'acide formique, en se servant, comme matière première, de l'oxyde de carbone.

Avant de décrire la série des réactions isolées par Berthelot, lesquelles forment le *substratum* des méthodes industrielles actuellement usitées; avant d'isoler quelles modifications successives ont apporté, à la méthode initiale, Mertz, Tiribica, Goldsmith, de Lambilly, Rudolf Kopp, Rascher, Higgins; il convient de faire une rapide étude du corps qui, avec la vapeur d'eau, va devenir l'élément essentiel de formation de l'acide formique; il sied d'examiner, quelque peu, l'oxyde de carbone, au triple point de vue de ses propriétés chimiques, physiques et thermochimiques.

La formule de l'oxyde de carbone est CO : C peut y être diatomique et O tétratomique; CO étant susceptible de fixer Cl ou O, on tient à le considérer, généralement, comme diatomique, quand il est engagé dans une combinaison semblable.

Comprimé à 100 atmosphères et condensé, dans un tube plongé dans l'O liquide, il se liquifie, dès qu'on détend l'oxygène.

La température est alors voisine de — 190° (Wroblewski, *C.R.*, XCVIII, 82).

La tension de la vapeur saturée de CO est de :

— 190°	73c,5 Hg.
— 197°	16 »
— 198°,5	12 »
— 201°	0 »

Amené à la température de — 29°, sous une pression de 300 atmosphères, puis mis en brusque détente, l'oxyde de carbone, selon Cailletet (*C.R.*, t. LXXXV, p. 1217) et Natterer (*Jahres*, LXXXVIII, 1851), se liquéfie et se solidifie, après avoir formé un brouillard épais. D'après Wroblewsky et Olszewski (*C.R.*, t. XCVI, p. 1140), soumis à une pression de 150 atmosphères, à — 156°, refroidissement obtenu par l'éthylène bouillant dans le vide, il donne, lorsqu'on le détend progressivement, un liquide transparent, incolore, à ménisque distinct et; s'évaporant très rapidement.

Selon Wroblewski (*C. R.*, XCVIII, p. 982), les tensions de sa vapeur saturée, seraient :

à — 141°,3..........	34atm,4
à — 150°............	20atm,8
à — 159°,7..........	12atm,8

La température d'ébullition de l'oxyde de carbone, à la pression ordinaire, est de — 190°; à cette température, si on abaisse la pression jusqu'à 10 centimètres de mercure, le gaz liquéfié se solidifie. A la pression ordinaire, selon Olszewski et Liversidge, (*C. N.*, t. LXXVII, p. 216), il ne donne une masse neigeuse, qu'à — 211°, et cette dernière entre, en fusion, à — 207°.

A l'état gazeux, CO se présente comme un corps incolore, inodore et peu soluble dans l'eau.

Cette solubilité est donnée, pour une température quelconque *t*, par la formule suivante :

$$C = 0{,}032874 - (0{,}0081632\,t + 0{,}00016622\,t^2).$$

Bunzen (*Ann. Ph. Ch. L.*, t. XCIII, p. 1) a, d'ailleurs, établi une table de solubilité que voici :

à + 5°,8............	0,028300 0/0
à + 8°,6............	0,027125 0/0
à + 99°.............	0,026755 0/0
à + 172°............	0,023754 0/0

Dans la pratique, on évalue qu'il s'en dissout 35 centimètres cubes, par litre d'eau, à 0°, et, 25 centimètres cubes, à + 15°.

La solubilité dans l'alcool est beaucoup plus considérable, et cette propriété a été souvent utilisée, dans la préparation des formiates : elle est environ dix fois supérieure à celle de l'eau.

Voici, d'ailleurs, la table de solubilité de CO, dans l'alcool, aux différentes températures, telle que l'a établie Carius :

+ 2°	—	0,20356 0/0
+ 7°	—	0,20526 0/0
+ 12°,9	—	0,20116 0/0
+ 16°	—	0,20560 0/0
+ 19°	—	0,20341 0/0
+ 24°	—	0,20452 0/0

Le coefficient moyen de solubilité, de 0° à + 25°, est donné par la formule suivante, d'après S. Kirow (*Z. Ph. Ch.*, p. 139) :

$$a = 0,20443\ t.$$

La densité de l'oxyde de carbone, selon Rayleigh (*R. S.*, t. LXII, p. 204) varie; entre 0,9674 et 0,96716 : le poids au litre est de 1gr,2.

Son coefficient de frottement a été donné, par Maxwell et par Meyer, dans les *Annales de Poggendorf* (t. CXLIII, p. 14).

Son indice de réfraction a été déterminé par Croullebois (*An. Ph. Ch.*, t. XX, p. 137) et par Mascart (*C. R.*, t. LXXVIII, p. 617).

Les spectres électriques qu'il développe, dans les tubes de Geissler, ont été décrits par Wilner.

L'étude de son spectre a été faite par Ciamician (*M. Ch.*, 1636) et par Wesendonck (*Ann. de Pog.*, t. XVII, p. 240).

Sa chaleur de formation a été étudiée par Berthelot et Matignon, (*C. R.*, t. CXVI, p. 1333) et par Thomsen (*R. C. G.*, t. VI, p. 1553).

A partir des éléments, elle est de :

C diamant + O	=		26c,1 (Berthelot);
C — + O	=		30c,15 (Thomsen);
CO + CCl^2	=	+	18c,8 (Berthelot);
CO + S gaz	=	—	3c,6 (Berthelot);
CO + O	=	+	66c,81 (Thomsen), 68c,2 (Berthelot);
CO + O + Hg	=	+	72c,69 (Thomsen).

L'étude des chaleurs de combustion et de combinaison de CO, a été faite par Berthelot, Thomsen, Dulong, Grassé, Budrew, Otswald, Fabre et Silbermann.

Sa chaleur de combustion est de 68c,2 selon Berthelot; 66c,8 selon le Dr Gautier.

Ses températures de combustion ont été étudiées par Malord et Lechatellier (*S. C.*, t. XXXIX, p. 4) : pour un mélange, en parties égales, de CO et O ; elle se trouve vers 650° ; pour un mélange de 85 de CO et 15 d'O, elle est, entre + 630° et 650° ; pour un mélange de 70 de CO et de 30 d'O, elle ne dépasse pas 645° ; et enfin, elle monte, à 680°, pour un mélange de 30 de CO et 70 d'O.

Les mélanges de CO et d'air se conduisent, de la même façon ; par contre la température s'élève, avec un mélange de CO^2.

Selon Campbell, ces températures s'abaissent à 100-105°, lorsque l'on place ces mélanges, en présence d'oxyde de cuivre, recouvert de palladium (*Am. Ch.*, t. XVII, p. 681). Les chiffres que donne Falk (*S. C.*, mai 1908) diffèrent des chiffres de Lechatellier : il trouve que :

6 CO + O^2	s'enflamment à	+ 994°
4 CO + O^2	»	+ 901°
2 CO + O^2	»	+ 874°
10 CO + O^2	»	+ 904°

A l'air libre, selon Valerius (*D. A. B.*, t. XXXVII, p. 12), la combustion se produit, à + 1.430° ; évaluation obtenue, d'ailleurs, par calcul.

CO est absorbable, par le charbon de bois, à raison de $9^{cm^3},42$ pour 1 centimètre cube de C.

En présence d'eau, CO, sous l'influence de l'effluve, donne CO^2H^2, du formol, de l'acétaldéhyde et, selon Losanitsch et Jovitschisch (*B. S. G.*, t. XXV, p. 135), avec NH^3, de la formiamide ; ces faits ont été, d'ailleurs, indiqués déjà par Dixon.

Le pouvoir de diffusion de CO a été étudié par Troost et Deville : à travers la fonte portée au rouge, il est considérable ; cette matière absorbe, d'ailleurs, 4 à 5 fois son volume de CO qu'elle restitue, à froid.

Si, on examine l'oxyde de carbone, au point de vue chimique, on constate qu'il n'est point comburant, mais qu'il est inflammable et qu'il brûle, avec une flamme bleue, en donnant CO^2.

Son affinité, pour l'oxygène, lui donne un pouvoir réducteur considérable : c'est, comme l'assure Hartsmann (*Ann. L.*, t. CXL, p. 228), sa véritable caractéristique.

Il réduit, d'après Moissan, le sesquioxyde de fer, en le faisant passer par toutes ses phases diverses d'oxydation, oxyde magnétique, protoxyde et enfin métal.

Il réduit, à froid, le chlorure d'or neutre ; à une douce chaleur, le nitrate d'argent et, au rouge, les oxydes de Ca, Pb, Fe, Sn.

Il réagit, sur SO^2, en donnant CO^2 et S.

Selon Ditte (*S.C.*, t. XIII, p. 318), il décompose l'acide iodique à + 65°, en donnant CO^2 et I.

Il ne s'allie pas généralement au Br ; toutefois, Schiel prétend que, la combinaison peut se faire en présence de faibles traces d'eau.

Mélangé à CO^2, il réagit sur l'oxyde de fer et même sur le métal, en produisant, selon Grunner (*C. R.*, t. LXXIV, p. 226) et Bell (*Ch. S.*, t. XL, p. 335) du carbonate ferreux.

Il est bon de tenir compte de cette observation, lorsqu'en fabrication d'acide formique, on a à manipuler CO, mélangé de CO^2, dans des récipients de fer.

L'oxygène, l'ozone, même sous l'influence de la lumière, restent, selon Ramsen et Southworth (*B. C. G.*, t. VIII, p. 1414) sans action sur CO ; seul l'acide chromique, selon Ludwig, (*A. L.*, t. CLXII, p. 47) ou l'amiante platiné, (*Kirchoff Ann.*, t. VII, p. 230) en permettent l'oxydation.

Un fil de platine, porté à + 300°, dans un mélange de CO et O détermine l'inflammation du mélange, avec transformation en CO^2 : la mousse agit de même, à la température ordinaire ; le noir y rougit et, la combinaison de CO + O, en CO^2, ne se fait qu'avec explosion.

Selon Baumann (*Z. Ph. Ch.*, t. V, p. 244), Traube (*B. C. G.*, t. XV, p. 2325), le palladium, le platine déterminent la réaction de CO, sur O et H^2O, avec formation de CO^2 et O^2H^2 ; elle se continue tant qu'il y a une trace de vapeur d'eau.

Selon Traube, la réaction suit les phases suivantes :

$$CO + H^2O + O^2 = CO(OH)^2 + H^2O^2,$$
$$H^2O^2 + CO = CO(OH)^2,$$
$$2CO(OH)^2 = 2CO^2 + 2H^2O,$$

ou, selon Dixon (*Ch. S.*, t. XLIX, p. 94), le schéma que voici :

$$CO + H^2O = CO^2 + H^2,$$
$$H^2 + O = H^2O.$$

Au contact du platine au rouge, CO, comme l'a montré Grove,

est capable de composer H^2O; mais la réaction est limitée, surtout, si on absorbe CO^2 produit, par une base.

Desséché par l'anhydride phosphorique, CO ne détone plus, sous l'influence de l'étincelle électrique : selon Lothar Meyer, l'inflammation de CO et O, ainsi desséchés, est difficile, mais pas cependant impossible.

L'oxyde de carbone est dissociable, au moyen du tube chaud et froid, comme l'ont montré Sainte-Claire Deville (*C. R.*, t. LVII, p. 273) et Berthelot (*An. Ch. et Ph.*, t. XXIV, p. 56).

CO se combine à Cl, avec un dégagement de + 18c,6, et la réaction est facilitée par la lumière ; il s'allie directement au potassium, faiblement au sélénium et au tellure.

Il est réduit par les métaux alcalins et par le bore à + 1.200°, selon Moissan (*C. R.*, t. CXIV, p. 620).

Il se combine aux oxydes alcalins et aux alcoolates; si ces derniers sont mélangés d'un acide organique, la réaction devient complexe, car, il se forme des acides non saturés et des acétones.

Bien que, sans action sur le phénate de Na et sur l'acétate de Na, il réagit néanmoins sur un mélange d'éthylate et de phénylacétate de Na.

Il est absorbé par l'acide cyanhydrique liquide, sans combustion ; selon Bottinger, (*B. Ch. G.*, t. X, p. 1022) Curstanjus et Schertell (*I. P. Ch.*, t. XXIV, p. 49), il n'y a pas là de combinaison, même sous l'influence de la lumière, mais bien une simple dissolution.

Avec les hydrures, selon Moissan (*C. R.*, t. CXXXIV, p. 211), il donne des formiates; on obtient la même réaction, avec les hydrates, les carbonates, les bicarbonates, les alcoolates

Elle a été l'objet des études de Berthelot, Ganther, Frœlich et Lœss, Pœtsch, Schrœder, Mohler, Kunhemann, Brodie.

L'oxyde de carbone est rapidement absorbé par les solutions neutres, acides, ou ammoniacales de chlorure cuivreux ; cette action est facilitée par la présence de sulfate d'ammoniaque. L'absorption, selon Leblanc, (*C. R.*, t. XXX, p. 483), se fait, jusqu'à concurrence de 20 fois le volume du chlorure, ou 2 0/0 de son poids.

L'absorption maxima est, dans le rapport de CuCl à CO.

Selon Berthelot (*An. C. Ph.*, t. XXIII-XXXII, p. 488), lorsque CO se trouve, en excès, vis-à-vis de CuCl, il se forme un corps cristallisé : $4CuCl,3CO,4H^2O$ ou, $CuCl,CO,2H^2O$, dont la chaleur de formation est de 14c,2,

Ce produit est altérable à l'air et décomposable par H^2O (Berthelot, *An. Ch. P.*, 3, XLVI, p. 488).

La chaleur de dissolution de CO, dans CuCl, est de 11c,37 : l'intervention de KOH détermine le dégagement des 6/10 du gaz dissous.

En solution, dans le protochlorure de cuivre ammoniacal, CO réagit sur l'aniline, sur l'acétylène, sur la toluidine, en donnant des combinaisons, cristallines, stables (Horwitz, *B.C. G.*, t. IX, p. 1608).

Entre 300 et 400°, CO est dédoublé par Fe^2O^3; on obtient du fer métal et du carbonate ferreux, affirme Gruner (*C. R.*, t. LXXIV, p. 28).

CO s'allie au chlorure de platine, en donnant naissance à des chloroplatinites de carbonyle, selon Schutzenberg (*S. C.*, t. XIV, p. 17) et au nickel, à + 80°, pour donner du nickel-carbonyle (Mond Lang, *S. C. S.*, 57, p. 749; *B.C. G.*, 23, III, p. 628; *B. Ch. G.*, XXIV, p. 2248).

Selon Berthelot, Graham et Stammer, CO forme des carbonyles avec Fe, au rouge, avec Ag, fraîchement réduit, et, avec Cu, en fusion.

Il est absorbé par le permanganate, en solution sulfurique, selon Engler et Wild, (*B. C. G.*, t. XXX, p. 1669), Meyer (*B. C. G.*, t. XXIX, p. 2828) et selon Raklingausen (*B. C. G.*, t. XXIX, p. 2549).

Sabatier et Senderens ont étudié la décomposition de CO par le fer, le cobalt et le nickel réduits; Joannis a examiné sa combinaison avec le sulfate de cuivre et les métaux ammonium; Wildermann, Dyson, Harden, celle avec Cl; Ikirow, (*Z.Ph.Ch.*, t. XLI, p. 39) s'est occupé de sa solubilité dans les différents liquides organiques; Harbeck et Lunge de son action sur le platine et le palladium.

C'est un corps très vénéneux, et Claude Bernard a établi qu'il agissait, en déplaçant l'oxygène fixé, sur les globules rouges du sang. Il forme une combinaison cristallisée avec l'hémoglobine, la carboxyhémoglobine, étudiée par Hoppe Seyler. Rouge comme l'hémoglobine, non réductible par l'hydrosulfite, et de coloration permanente, elle a un spectre d'absorption qui permet de la différencier, nettement, de l'hémoglobine. Ces questions ont, d'ailleurs, été reprises, depuis Claude Bernard, par Grehant, Polack, Biefeld et Wicloux, Bottomby et Jackson.

Le sang oxygéné donne une série de raies sombres qui, sous l'influence d'un réducteur comme H^2S ou l'hydrosulfite de Na, tendent à se confondre, en une bande noire, située entre les raies D et E de Frauenhaufer.

Examinée, au spectroscope, la carboxyhémoglobine fournit des bandes d'absorption, occupant les divisions de l'échelle 82-91 et 97-107; ces bandes sont les mêmes pour l'oxyhémoglobine; mais, si on ajoute un réducteur, dans ce dernier cas, elles se fondent en une seule zone, tandis qu'avec la carboxyhémoglobine, les bandes persistent.

On recherche l'oxyde de carbone, par l'azotate d'argent, par le chlorure de palladium et par l'acide iodique à + 150°; dans ce dernier cas l'iode mis en liberté est dosé par l'hyposulfite, on peut de ce dosage déduire, en présence de quelle quantité de CO, on se trouve

On emploie, aussi, dans de tels dosages, le permanganate de potasse, en présence des sels d'argent et, également, la méthode de Vogel à l'aide du sang.

Les propriétés générales de CO étant exposées; examinons, maintenant, sa formation.

La préparation industrielle de CO présente un intérêt fort grand : aussi, encore, avant d'en étudier l'application à la synthèse de l'acide formique, nous paraît-il logique, d'examiner les diverses méthodes qui ont été proposées, pour arriver à son obtention économique et à sa purification.

On peut préparer CO de bien des façons, étant donné que c'est le produit, ou d'une oxydation incomplète du carbone, ou d'une réduction partielle de l'acide carbonique, soit libre, soit engagé dans diverses combinaisons.

Dans le cas qui nous occupe, les procédés courants de préparation; soit, par réduction des oxydes métalliques; soit par le traitement de l'acide oxalique, par l'acide sulfurique; soit par la transformation des oxalates et des ferrocyanures; soit par distillation sèche des matières organiques; soit par décomposition des formines; soit par pyrogénation de l'alcool; soit par décomposition, à l'aide de KOH, du chloroforme, du bromoforme ou du chloral; soit par réduction de l'acide carbonique à l'aide du zinc en poudre ou de H^2S; soit par la décomposition des aldéhydes ou par la combustion incomplète du gaz d'éclairage, sont ou trop coûteux ou trop impratiques.

Dans la fabrication de l'acide formique, où la recherche de la matière première la plus économique s'impose, il faut recourir, comme source d'oxyde de carbone : soit, à la réduction de l'acide carbonique, provenant de la fermentation ou de la décomposition des carbonates, ou enfin des gaz de fumées ; soit, aux méthodes employées pour produire, industriellement, les gaz pauvres dont la teneur en CO est toujours appréciable.

Si, les gaz connexes, azote, acide carbonique, hydrogène, méthane sont gênants, on peut toujours purifier la masse gazeuse, par l'une des méthodes physiques ou chimiques que nous exposerons plus loin : s'ils ne sont point gênants, le prix du gaz pauvre, étant bas, c'est à lui qu'on devra, de préférence, avoir recours.

Nous verrons, plus loin, que l'emploi de l'oxyde de carbone dans la préparation de l'acide formique correspond à trois procédés différents : 1° le procédé par pression ou procédé Goldsmith, 2° le procédé par catalyse et 3° le procédé par réduction.

Suivant la méthode choisie, on pourra employer un gaz impur, ou bien un gaz pur sera nécessaire : de ce choix donc, découlera le mode de préparation de l'oxyde de carbone, auquel, on devra s'arrêter de préférence.

Deux méthodes générales de genèse se présentent, pour la préparation industrielle de CO :

1° Réduction de l'acide carbonique ;

2° Production de l'oxyde de carbone, par transformation du carbone, en gaz, à plus ou moins haute teneur en CO, c'est-à-dire fabrication des gaz pauvres.

Entre ces deux méthodes générales, le procédé Riché peut servir, un peu, de trait d'union : dans sa première phase, en effet, il produit de l'acide carbonique, qui dans la seconde est réduit en CO.

Comme corollaire, nous aurons, enfin, à étudier l'emploi des gaz de haut fourneau, produits résiduaires, mais composés complexes, où, à côté de CO et de H, nous trouverons NH^3.

Le dernier corps rendra, tout particulièrement, intéressant l'emploi de ces gaz, dans la préparation de CO^2H^2, par le procédé catalytique.

Avant d'entrer dans le détail de la préparation de CO, il est bon de rappeler que, 46 kilogrammes de carbone sont nécessaires pour former 100 kilogrammes de CO, lesquels représentent un volume de 83^{m3},83, à la pression normale.

Lorsque l'on a besoin de CO pur — et c'est le cas du procédé de préparation de CO^2H^2 par pression — la première méthode générale s'impose; surtout, si on a sous la main une source abondante d'acide carbonique pur, comme celui qui prend naissance dans diverses fermentations.

On peut, en effet, facilement, transformer cet acide en CO, en le faisant passer, lentement, à travers une cornue ou une colonne contenant du carbone, coke, charbon de bois ou anthracite, portés au rouge.

La réaction commence vers + 000°, mais elle reste incomplète; selon Lunge, vers 1.100°, on n'obtient qu'un rendement de 93 0/0; il faut aller, jusqu'à 1.200°, pour arriver à une transformation intégrale.

Cette dernière s'effectue selon l'équation :

$$CO^2 + C = 2CO - 22 \text{ calories.}$$

La réaction est donc endothermique; ainsi s'expliquent les hautes températures qu'elle réclame.

La formation de CO^2, à partir de C, dégage, en effet, + 48^c,5, tandis que celle de CO n'en produit que 26^c,1; le passage de CO^2 à CO doit, donc, être accompagné d'une absorption de — 22 calories. Malgré son invraisemblance, la réaction s'effectue néanmoins, et Berthelot en donne les raisons suivantes

Il pose, en principe, qu'à la température où la réaction se produit intégralement, vers +1.200°, l'acide carbonique est déjà dissocié, en oxyde de carbone CO, et en oxygène, O; la réaction, selon Bathkeau, qui est, d'ailleurs, d'accord avec Lunge, n'est jamais complète, et son rendement ne dépasse pas 93 0/0.

Quoi qu'il en soit, une partie de l'oxygène de l'acide carbonique par suite de cette dissociation, est mis en liberté, et, c'est lui qui réagissant, sur le carbone en excès, donne naissance à une seconde molécule d'oxyde de carbone.

On se trouve, donc, en présence de trois gaz : acide carbonique, oxyde de carbone, oxygène; leur équilibre, par suite de la température, est à chaque instant, détruit; une nouvelle portion d'acide carbonique peut, à chaque instant, être dissociée, tandis qu'en même temps une certaine quantité d'oxygène peut se porter, sur le carbone, pour donner naissance à de l'oxyde de carbone.

En réalité, la réaction n'est limitée que par la dissociation de l'acide carbonique; dissociation qui demande de hautes températures, qui, néanmoins sont pratiquement obtenables.

Dans cette transformation, l'acide carbonique double de volume en se transformant en oxyde de carbone : il y a lieu de tenir compte de cette augmentation, dans le calcul des gazomètres de réception.

Si, on n'a point à sa disposition de l'acide carbonique de fermentation; on peut obtenir ce gaz, sous une forme un peu moins pure, en recueillant; soit les gaz de four à chaux; soit les produits de la décomposition du bicarbonate de soude, dans le procédé Solway.

Leur réduction, par le carbone à 1.100°, en oxyde de carbone se produit aisément.

En partant des carbonates alcalino-terreux, du carbonate de chaux, par exemple, on peut aussi, en le chauffant, à raison de 6 parties pour une partie de carbone, obtenir, directement, de l'oxyde de carbone sensiblement pur.

Si, on peut utiliser un oxyde de carbone moins pur; si on consent à passer par la purification de ce gaz; au lieu d'employer de l'acide carbonique préparé, selon les diverses descriptions que nous venons de donner, on peut utiliser, pour les soumettre à la réduction sur du carbone au rouge, des gaz de combustion provenant d'un foyer quelconque, ou; des gaz de carneau ou des fumées qui contiennent toujours une quantité sensible d'acide carbonique, à côté de gaz inertes, comme l'azote.

En usine, en prenant une dérivation sur les carneaux des générateurs, cette méthode est fort économique.

Si on se reporte à Thomson, la température des fumées est, à + 150°, pour 227 grammes de houille brûlée, à la seconde, avec une consommation de 22 kilogrammes d'air, par kilogramme de charbon brûlé : la composition des gaz de fumée est la suivante, en volumes :

	litres
Acide carbonique	6,90
Oxygène	9,60

	litres
Oxyde de carbone	1,98
Azote	77,90
Indosés (fumées)	3,62

Ce mélange complexe, mis en présence de carbone au rouge, se transforme en oxyde de carbone et en azote.

Dans la pratique, on compte que, 12 kilogrammes de charbon (carbone), portés au rouge, peuvent traiter 115^{m3},5 de gaz de carneau : ceux-ci, après passage, donnent 133 mètres cubes d'un gaz, comparable au gaz de générateur, et dont la composition est en volume de :

44^{m3},0 d'oxyde de carbone ;
89^{m3},2 d'azote.

soit, comme composition centésimale, en poids :

CO	33,3 0/0
Az	66,7 0/0

Selon d'autres auteurs la composition du gaz serait de :

CO	57,1 0/0
Az	42,9 0/0

Par cette méthode, 100 kilogrammes d'oxyde de carbone demanderaient 23 kilogrammes de charbon et reviendraient, sans frais ni main-d'œuvre, à 57 centimes, 5.

Un tel gaz est, économiquement, utilisable toutes les fois que, le procédé, choisi pour la préparation de l'acide formique, n'exige pas que cette matière première subisse la coûteuse opération de la compression.

En effet, si, on se reporte aux conditions d'action décrites, dans le brevet Goldsmith, un tel mélange de gaz n'y serait point employable : les deux tiers du travail de compression et d'échauffement nécessaire, pour la mise en pratique de l'invention seraient à considérer comme perdus, puisqu'ils portaient sur l'azote, gaz inerte et qui n'intervient pas dans la réaction.

Si, on emploie, au contraire, le procédé catalytique ; comme, aux températures fort basses de la réaction qui se passe, entre de + 90° à + 150°, l'azote demeure un gaz parfaitement inerte ; en employant les fumées gazéifiées, la seule perte à faire entrer en ligne de compte devrait être l'échauffement de l'azote; perte négligeable d'ailleurs, car le gaz complexe sort à une température relativement élevée (500°) de l'appareil de formation, et il y a lieu, pour le bien de l'expérience, plutôt de le refroidir que de l'échauffer.

Il en sera, de même, dans le procédé de préparation de l'acide formique et des formiates, par réduction des bicarbonates.

En tel cas, la pureté du corps employé importe peu; il suffit de régler, selon la teneur du complexe, en produit actif, la vitesse de passage de l'oxyde de carbone impur.

En résumé, le gaz de carneau, transformé en oxyde de carbone, n'est pas employable avec le procédé Goldsmith, mais il est parfaitement utilisable, dans le procédé catalytique de Lambilly ou, dans le procédé de réduction des carbonates de Rudolf Kopp.

Cela est, probablement, une des causes de la situation privilégiée, qu'en un très court laps de temps, ont su conquérir les usines d'Oestricht.

Les appareils les plus utilisés pour transformer l'acide carbonique, soit pur, soit provenant des gaz de fumées, sont ceux qui servent à la préparation des gaz de générateur, comme le gazogène Richer, le four Siemens, le four de la Pother Iron Steel C°, etc., etc., tous dispositifs divers, que nous décrirons plus loin.

Le principe, d'ailleurs, en est toujours le même : l'air ou le gaz, poussés par un ventilateur, ou attirés par une trompe, sont contraints à traverser une couche plus ou moins épaisse de carbone en ignition; la vitesse de passage, dans le cas particulier qui nous occupe, est réglée, en fonction de la richesse en acide carbonique du gaz mis en jeu et, en raison de l'épaisseur de la couche de carbone.

Si, on se reporte à la seconde méthode générale, c'est-à-dire à la transformation du carbone en oxyde : on connaît trois procédés de gazéification.

1° La distillation sèche, qui donne des *gaz d'éclairage* peu utilisables, dans le cas qui nous occupe ;

2° L'action de la vapeur d'eau sur le charbon porté au rouge : c'est la méthode de préparation du *gaz à l'eau ou gaz bleu;*

3° L'action d'un excès d'air sur le charbon incandescent : c'est la méthode qui permet l'obtention du *gaz de générateur ou de gazomètre*.

Ces deux dernières actions peuvent être combinées : elles donnent, alors, naissance au *gaz mixte*, dont la teneur en oxyde de carbone et en azote est plus faible, mais, dont la richesse en hydrogène est beaucoup plus grande.

Si, on néglige la préparation du *gaz d'éclairage ou de distillation*, les équations thermiques de formation des différents complexes, sus-mentionnés, se présentent ainsi :

GAZ D'EAU OU GAZ BLEU

H^2O liquide + C = H^2 + CO.................... 38°,770
H^2O vap. + C = H^2 + CO...................... 27°,970

GAZ DE GÉNÉRATEUR

C + O + 53 p. Az = CO + 53 p. Az + 29°,690

Leur composition moyenne est la suivante :

GAZ A L'EAU

Hydrogène	17vol,2
Oxyde de carbone	39vol,2
Azote	43vol,1

GAZ DE GÉNÉRATEUR

Oxyde de carbone	34vol,3
Azote	65vol,7

GAZ MIXTE (DOWSON)

Oxyde de carbone	25,07
Hydrogène	18,73
Azote	49,98

On peut ranger les diverses sortes de gaz, ayant une richesse assez grande en oxyde de carbone pour permettre leur utilisation dans la préparation de l'acide formique, suivant la classification de Lencauchez ;

1° Gaz Riché ;

2° Gaz de gazogène de houilles diverses (type Siemens), ou gaz de générateur ;

3° Gaz à l'eau, provenant du coke ou de l'anthracite (type Dowson) ;

4° Gaz de générateur mixte, provenant du coke, de l'anthracite, du charbon de bois et de la vapeur d'eau ;

5° Gaz de gazogène, utilisant les lignites, la tourbe, le bois ou les déchets ;

6° Gaz de hauts fourneaux.

Ce dernier peut être utilisé ; soit, directement, en sortant du geulard ; soit, gazéifié complètement en CO, par passage, sur C en ignition.

Gaz Riché. — Reprenant les essais de Lebon et de Pettenkofer, Riché est parvenu, en partant du bois, à obtenir un rendement très abondant, en gaz.

Le principe de ses appareils est basé sur la distillation renversée ; c'est-à-dire que, dans l'appareil complet, les produits provenant de la pyrogénation du bois, accomplie dans une première cornue, sont obligés de passer, en cheminant de haut en bas, à travers une seconde cornue, remplie de carbone incandescent, où ils se gazéifient.

Le chauffage de l'appareil est assuré, à l'aide d'un four Siemens.

Dans la cornue de gazéification, la réaction s'effectue, entre 950 et 1.050°.

Suivant les combustibles employés, les rendements en gaz, à l'usine de Lisors, ont été les suivants :

1.000	kilogrammes	de tourbe............	1.000	mètres cubes de gaz
53	—	de tannée............	52	—
100	—	de sciure de bois.....	127	—
100	—	de déchets de coton...	50	—
31	—	de papier............	22$^{m^3}$,85	
11	—	d'entrailles de bœuf...	15	—
2^{kr},8		d'entrailles de lapin...	4$^{m^3}$,3	

On peut, également, employer, pour cet usage, des gadoues provenant du nettoyage de la voirie urbaine.

D'après les analyses, faites à l'École des mines, en 1890, par Langlois et Morel d'Arba, la composition moyenne de ce gaz serait :

CO..	20
CO^2..	12
H..	9
CH^4..	17
Az..	3

D'après Chavanon, on aurait, pour le mètre cube, pesant 823 grammes, la composition suivante :

	Volume	Poids	Poids du litre
CO^2	21,53	51	1gr,965
CO	22	33,4	1 ,251
CH^4	12,47	10,8	0 ,716
H	41,20	4,8	0 ,895

Le prix de revient du mètre cube, en déduisant la valeur du charbon, serait de 1cent,63 à 1 centime : avec le coke, il s'abaisserait à 0cent,4.

En raison de sa forte teneur en CO^2, le gaz Riché est d'un intérêt, relativement secondaire, pour la préparation de CO^2H^2 ; toutefois, on peut remédier à ce défaut, en obligeant les produits de distillation à traverser plusieurs colonnes de carbone au rouge et à se gazéifier, ainsi, complètement.

Il devient alors utilisable et si on a, à sa disposition, des matières employables à la distillation et, dont le prix soit peu élevé, comme de la tannée, des déchets d'emballage, des sciures, des gadoues, ou de la tourbe, il est fort intéressant.

Étant donné le principe de l'appareil, on conçoit aisément que, si on isole la cornue de distillation et, que si on utilise, seulement, les cornues de gazéification, il soit employable à la transformation de l'acide carbonique pur, provenant : 1° des cuves de fermentation; 2° de la décomposition des carbonates; ou bien, la transformation de l'acide carbonique impur, contenu dans les gaz de carneau ou de haut fourneau.

Gaz de générateur. — Ces gaz, produits dans un foyer particulier appelé gazogène ou générateur, sont dus à la combustion incomplète du carbone, par action de l'air sur le coke, l'anthracite, le lignite, la houille, en ignition, avec tirage naturel ou soufflage forcé.

A l'air, on peut substituer, soit des gaz de carneau, soit des gaz de haut fourneau, soit un mélange de ces divers gaz.

Dans le cas d'emploi d'un carbone autre que le coke, il y a, comme dans le gaz Riché, deux phases de production.

1° On obtient des gaz de début qui sont des produits de distillation dont on se débarrasse ou que l'on gazéifie, à part ;

2° On récupère de l'oxyde de carbone, après la transformation du combustible en coke, la distillation étant finie et, au moment où se fait l'introduction d'air.

Dans ce dernier cas même, la réaction se fait en deux parties : sur la première couche de charbon au rouge, l'eau et la vapeur d'eau donnent naissance à de l'acide carbonique, qui se réduit ensuite, en oxyde de carbone, sur la seconde.

La première application des gaz, dus à la combustion incomplète, a été faite en 1800 par Aubertot ; ces essais ont été repris successivement, par Fabri du Tour, en 1837, et par Bischof, en Allemagne, en 1839. Ces recherches ont été complétées par les travaux de Bunsen, de Turner et surtout d'Ébelmen, dont le mémoire présenté à l'Académie des Sciences, le 24 janvier 1842, est demeuré du plus haut intérêt.

La question est entrée, dans sa phase pratique d'application, grâce aux frères Siemens, en 1856.

Le principe de préparation du gaz de générateur ou gaz Siemens est le suivant : le combustible est placé dans un four, de façon à former une couche épaisse ; l'air arrive, par la partie inférieure, de façon à y déterminer une ignition presque complète.

Les produits de combustion : CO^2, H^2O, H^2, passent alors, dans la couche incandescente supérieure : ils y sont dissociés en partie ou réduits, si bien que l'on doit, théoriquement, obtenir un mélange de CO, de Az et de H.

Les meilleurs résultats sont, naturellement, obtenus avec les carbones les plus purs, comme le coke et l'anthracite.

L'appareil Siemens, en tant que gazogène, est essentiellement constitué par un four, muni d'une grille oblique, sur laquelle descend le combustible ; l'injection du comburant s'y fait, soit par tirage naturel, soit, par soufflage, à l'aide de ventilateurs ou de trompes Kœrting.

Certains types de gazogènes sont munis, à la place de cendrier, d'une cuvette étanche et remplie d'eau : la chaleur rayonnée détermine l'évaporation de cette dernière, et la vapeur produite, se mêlant à l'air d'alimentation, donne un peu de gaz à l'eau.

Ce système a l'avantage de refroidir la grille et d'empêcher les cendres de former un laitier dur.

Nous signalerons, sans insister autrement, car ils sont, sans intérêt immédiat, dans la question qui nous occupe, les divers dispositifs de récupération de chaleurs perdues, annexés par Siemens, à son gazogène ; toutefois, dans les nouveaux gazogènes Siemens, où CO est produit, par réduction de CO^2, ils ont une importance assez grande, car la réaction étant endothermique, ils permettent de l'obtenir économiquement.

A côté des appareils de Siemens, il convient de citer le gazogène de Ponsard, où l'alimentation se fait, à l'aide d'air chauffé, à 800°, par les récupérateurs ; les fours de Larmann, de Bœtius et de Bicheroux, d'Hempel, de Schilling, de Bidermann et d'Hervey, d'Odelsjerna, qui marche au bois, de Blesinger, de Michel Perret, de Dinz, de Dubbs, etc.

Dans le gazogène de Larmann, les deux phases de décomposition de la houille ont lieu dans deux parties différentes du four : ce dernier se compose d'une cornue, où le charbon distille et se cokéfie ; puis d'une cuve, où le coke en ignition reçoit les gaz provenant de la distillation et les transforme en oxyde de carbone.

Dans l'appareil de Bœtius, les générateurs, à parois obliques, sont établis, au-dessus de la sole d'un four où a lieu la distillation.

Le dispositif d'Odelsjerna est constitué, par une cuve tronconique, disposée sur un foyer en cône renversé et terminé par une grille : il est fort ressemblant à une cuve de haut fourneau. Les gaz, formés par la combustion inférieure, doivent traverser une masse de carbone en ignition et ils sont, ainsi, réduits en CO.

Perret a appliqué le principe du four à étage, à la production de gaz de générateur : utilisant, dans ce but, des poussières d'anthracite, il permet l'obtention de CO à assez bas prix.

Le gazogène de Dinz est de même ordre ; mais aux plaques de Perret, il a substitué des chambres tronconiques, en terre réfractaire, reliées les unes aux autres, par le fond et par les côtés, à l'aide de larges tuyautages.

L'appareil de Blezinger, enfin, est conçu, comme un four rotatif.

Ces divers appareils peuvent se diviser, en deux grandes classes.

Ceux du type Siemens ancien, où l'oxyde de carbone est, surtout, produit par l'action de l'oxygène sur le charbon : la réaction y étant exothermique, elle se produit à température relativement basse ;

Ceux du type Bœtius ou Siemens nouveau, où il y a à la fois production d'oxyde de carbone, par action de l'air sur le charbon, puis réduction de l'acide carbonique, sur le coke au rouge ; dans ce dernier cas, la réaction étant endothermique, l'intervention d'une forte chauffe est nécessaire, et c'est là, où, l'application des récupérateurs devient utile.

La composition du gaz, obtenu dans les gazogènes, varie, en raison des combustibles employés, et sa richesse, en oxyde de carbone, peut aller de 22 à 34 0/0.

Voici un tableau résumant diverses analyses faites par Fischer, Lencauchez et Scheurer Kestner.

		H	CH^4	Ethylène	CO	CO^2	Az	
N° 1	Siemens, à Essen.....	10,30	2,93	»	22,84	6,99	56,88	Fischer
2	—	8,02	2,46	»	26,01	5,50	58,01	—
3	—	5,5	1,39	»	22,61	5,89	64,61	—
4	—	4,83	1,63	»	24,02	3,06	65,56	—
5	—	3,92	0,92	»	23,01	4,04	68,11	—
6	St des Métaux, (coke).	10,83	1,10	1,38	21,76	3,77	61,36	Lencauchez
7	Saint-Denis, (houille).	6,88	3,85	0,57	25,84	0,45	62,41	—
8	Bois..................	0,70			34,50	11,60	53,20	Scheurer
9	Bois..................	1,30			21,20	22	55,50	—
10	Charbon de bois.....	0,20			34,10	0,80	64,90	—
11	Tourbe...............	0,50			22,40	14	63,10	—
12	Coke.................	0,10			33,80	1,50	64,80	—

Avec le gazogène Siemens, d'après Fischer, la moyenne se présente comme suit :

CO^2..............................	5,3
CO..............................	23,7
CH^4..............................	1,9
H..............................	6,5
Az..............................	62,6

En substituant le bois à la houille, d'après Othon Petit, on obtiendrait un gaz de la composition suivante :

CO^2..............................	6,95
CO..............................	28,60
CH^4..............................	2,29
H..............................	8,54
Az..............................	53,71

On estime que les rendements sont : avec la houille, de 4^{m3},52 de gaz de générateur, par kilogramme de charbon brûlé; avec le bois, seulement de 2 mètres cubes et avec le coke, de 4^{m3},9.

Le prix de revient du mètre cube, avec le coke, à 32 francs la tonne et à une teneur de 10 0/0 de cendres, sans frais ni main-d'œuvre, est estimé à $0^{f},6$.

Gaz à l'eau. — La gazéification du carbone peut être obtenue, par l'eau, comme l'a observé Fontana, vers 1780 : la réaction est la suivante :

$$C + H^2O = CO + H^2 - 39^{c}6.$$

Cette réaction, comme on le voit, est endothermique et ne peut se produire qu'à haute température, vers 1.000° ; à 100°, on n'obtient que de l'acide carbonique.

Cette préparation a été successivement étudiée par Meusnier et Lavoisier, par Vere et Crane, par Ibbetson, par Donovan et surtout par Jobard, de Bruxelles, qui l'a rendue pratique. Gillard s'en est servi pour assurer, de 1856 à 1885, l'éclairage public de Narbonne ; enfin Tessié du Motay (1871) et Lowe (1875) ont, avantageusement, perfectionné sa mise en pratique.

En Europe, elle n'est guère utilisée, qu'en Allemagne, où les travaux de Schultz, de Knandt et surtout de Bass l'ont rendue, presque pratique, dans les usines de la Wassergaz Aktien Gesellschaft de Dortmund, d'Essen et de Witkowitz.

La préparation du gaz à l'eau ou gaz bleu a lieu, par deux méthodes principales :

1° Préparation par l'injection de vapeur d'eau, dans des cornues chauffées extérieurement et contenant le combustible incandescent ; dans ce cas, on a une fabrication continue ;

2° Fabrication dans des gazogènes sans chauffage extérieur. Dans ce cas, la préparation a lieu en deux phases : dans la première, un courant d'air, passant sur le charbon, le porte à l'incandescence, vers 1.000 ou 1.200° ; dans la seconde, on substitue un courant de vapeur au courant d'air, et la décomposition endothermique de l'eau prend naissance, elle éteint peu à peu le charbon, que l'on porte, à nouveau, à l'incandescence, par un nouveau courant d'air et ainsi de suite.

Cette méthode, qui présente une certaine analogie avec la préparation des gaz mixtes, ne peut être continue, qu'en employant deux appareils, en tous points semblables, et marchant alternativement.

Le premier système semble abandonné : seul l'appareil Sanders, où la vapeur d'eau est décomposée, par du charbon de bois porté au rouge, dans un four, est encore en service.

L'appareil de la Wassergaz dérive du deuxième système; il fonctionne, comme le Riché, à marche renversée.

La vapeur arrive par le haut, dans un gazogène, rempli de coke en ignition et, le gaz formé ressort, par le bas, à l'endroit où se fait l'appel d'air destiné à la combustion.

Le mécanisme, qui permet l'envoi du gaz formé aux scrubbers et au gazomètre, commande également l'entrée d'air, de telle sorte que, lorsque l'oxyde de carbone se dégage, l'air ne peut pénétrer dans l'appareil et *vice versa*.

L'air y est envoyé, sous une pression de 50 millimètres; l'envoi de vapeur se fait dans l'appareil, pendant cinq minutes; on y expédie, ensuite, de l'air, pendant dix minutes, pour remettre le coke en ignition.

Un groupe de deux générateurs de 10 mètres cubes, marchant alternativement, peuvent consommer, par vingt-quatre heures, 24.160 kilogrammes de coke et donner 17.780 mètres cubes de gaz à l'eau.

La production de 1 mètre cube de gaz demande donc, environ, 1^{kg},3 de coke.

Les compositions de ce gaz sont les suivantes, selon les usines :

Usine de Dortmund.	H......	49,2	Usine d'Essen.............	48,6
— —	CO.....	42,3	—	44
— —	CO^2....	3,2	—	3,3
— —	Az.....	4,8	—	3,7
— —	H^2S....	0,5	—	»

soit, pratiquement, 50 0/0 de CO et 50 0/0 de H.

Un tel gaz, purifié par la méthode endosmotique que nous décrirons plus loin et, qui est très applicable étant donné sa richesse en hydrogène, est susceptible de donner, abondamment, l'oxyde de carbone, presque pur, nécessaire dans le procédé de préparation de l'acide formique, par pression.

Le prix de revient, sans frais ni main-d'œuvre, est, d'environ, 3 centimes et demi à 4 centimes, par mètre cube.

Le dispositif de Lowe, qui est utilisé, à New-York, pour la préparation du gaz à l'eau carburé, est, aussi, employable, pour la préparation de l'oxyde de carbone, en y supprimant toute la partie destinée, à la carburation.

Cet appareil, assez semblable à celui de la Wassergaz, permet l'emploi d'anthracite, et, l'usage de récupérateurs, utilisant la chaleur des gaz de combustion de houille, y facilite le maintien à température constante du générateur, avec des frais moindres que dans l'appareil précédent.

Grâce à ce dispositif, le soufflage de l'air ne s'y fait qu'à chaud.

Gaz mixte. — Lorsque l'on injecte de l'air, sur du charbon, en ignition, nous avons vu que l'on obtient du gaz de générateur, (gaz Siemens ou gaz à l'air), formé d'oxyde de carbone, d'acide carbonique et d'azote.

Si on fait passer de la vapeur d'eau, sur du carbone au rouge, on obtient du gaz à l'eau ou gaz bleu, formé d'un mélange d'oxyde de carbone et d'hydrogène.

En injectant, soit successivement, soit concomitamment, de l'air et de la vapeur d'eau, sur un charbon enflammé, on obtiendra, donc, un gaz mixte, formé de gaz de générateur et de gaz à l'eau, auquel, on a donné le nom de gaz pauvre ou gaz Dowson.

Si on procède, par injections successives, pendant la période de soufflage, on obtient du gaz de générateur, mélangé, parfois, d'un peu de gaz d'éclairage, si on emploie des houilles et, non du coke; puis, pendant l'injection de vapeur, on aura, en masse, du gaz d'eau.

Au sortir des appareils Klone, très usités en Allemagne, voici, selon Fischer, quelle est la composition de ces gaz :

GAZ DE GÉNÉRATEUR

	Après 1 min. de soufflage.	Après 5 min.	Après 10 min.
CO^2	7,04	4,03	1,60
CO	23,68	28,44	32,61
CH^4	0,14	0,39	0,18
H	2,95	2,20	2,11
Az	65,89	64,94	63,90

La température, à la sortie du gazogène, étant de 500°.

Avec le gaz à l'eau, on a les résultats suivants :

GAZ A L'EAU

	Après 1 min. d'injection.	Après 2 min. 1/2.	Après 4 min.
CO^2	1,80	3	5,6
CO	45,22	44,60	40,9
CH^4	1,10	0,40	0,2
H	44,80	48,90	51,4
Az	7,10	3,10	1,9

Et ceci, avec un coke de cette composition :

C	34,8
H	0,5
Az et O	2,1
Cendres	10,6
H^2O	2

Si on fait durer l'injection d'air, onze minutes, et l'injection de vapeur, quatre minutes, on obtient les compositions que voici :

GAZ DE GÉNÉRATEUR

	Après 1 min.	Après 6 min.	Après 10 min.
CO^2	7,04	4,03	1,60
CO	23,68	28,44	32,61
CH^4	0,44	0,39	0,18
H	2,95	2,20	2,11
Az	65,89	64,94	63,90

GAZ A L'EAU

	Après 1 min.	Après 2 min. 5.	Après 4 min
CO^2	1,8	3	5,6
CO	45,2	44,6	40,9
CH^4	1,1	0,4	0,2
H	44,8	48,9	51,4
Az	7,1	3,1	1,9

Le mélange des deux gaz, effectué au gazomètre, donne alors les résultats suivants :

GAZ MIXTE

	I.	II.	III.	Moyenne.
CO^2	2,71	3,88	3,41	3,3
CO	43,95	44,05	44	44
CH^4	0,21	0,41	0,36	0,4
H	48,97	47,80	48,92	48,6
Az	4,06	3,86	4,30	3,7

On considère que, dans cette opération, 1 kilogramme de coke donne, 1^{m3},13 de gaz à l'eau et, 3^{m3},13 de gaz de générateur, correspondant à 1^{m3},17 d'oxyde de carbone ; ce qui remet le prix de ce dernier gaz, sans frais généraux, ni main-d'œuvre, à environ, 3 centimes.

Si, comme dans l'appareil Klone, on emploie, concomitamment, l'injection de vapeur et le soufflage d'air, la composition du gaz obtenu devient :

GAZ MIXTE

CO^2	6,9
CO	26
CH^4	0,4
H	14
Az	52

On obtient dans ces conditions 5^{m3},15 de gaz mixte, par kilogramme de coke, représentant 1^{m3},33 d'oxyde le carbone; le revient est un peu plus bas que, dans le cas précédent, mais, le gaz est très dilué.

Avec le générateur Dowson, la composition du gaz mixte serait, d'après Aimé Witz, de :

H	20
CO	30
Gaz inertes	50

D'après Forster, le gaz mixte, obtenu, dans un Dowson, brûlant de l'anthracite de Swansea, aurait la composition suivante :

	Volume.	Poids.
H	18,73	1,678
CO	25,07	31,438
CH^4	0,31	0,222
C^2H^4	0,31	0,388
Az	48,98	61,518
CO^2	6,57	12,943
O	0,03	0,043
	100	108,230

Le poids spécifique étant, de 1,082, et la densité, par rapport à l'air, de 0,833 : Fischer donne d'autres chiffres, qui diffèrent, sensiblement, de ceux de Forster, les voici :

CO^2	7,2
CO	26,8
CH^4	0,6
H	18,4
Az	47

En tel cas, la production a été de $4^{m3},83$, par kilogramme d'anthracite, correspondant à $1^{m3},29$ CO ; ce qui donne un prix de revient de près de 7 centimes, pour le mètre cube de CO.

Dans le générateur Matter, qui ressemble beaucoup à celui de Lencauchez, les rendements et les compositions du gaz sont les suivantes :

Par 48 kilogrammes de charbon, mis en jeu, on obtient :

CO	$89^{m3},2$
H	$22^{m3},3$
Az	$123^{m3},8$

ce qui correspond à une composition centésimale de :

CO	37,6 0/0
H	9,4
Az	53

Dans cet appareil, on obtiendrait le mètre cube d'oxyde de carbone, avec une dépense de 510 grammes de charbon, ce qui, sans frais ni main-d'œuvre, les autres gaz étant considérés comme perdus, donnerait un revient, d'environ, 1 centime et demi, au mètre cube de CO.

Avec les appareils américains de Strong et de Dwight, où, la vapeur et l'air entrent, à brève alternance, le carbone employé étant du coke, on a la composition de gaz suivante :

GAZ A L'EAU

	Après 1 min.	Après 2 min. 5.	Après 4 min.
CO^2	1,8	3	5,6
CO	45,2	44,6	40,9
CH^4	1,1	0,4	0,2
H	44,8	48,9	51,4
Az	7,1	3,1	1,9

GAZ DE GÉNÉRATEUR

	1 min.	4 min.	10 min.	Moyenne.
CO^2	2,71	3,88	3,41	3,3
CO	43,95	44,05	43,01	44
CH^4	0,21	0,41	0,36	0,4
H	48,97	47,80	48,92	48,6
Az	4,06	3,86	4,30	3,7

Un kilogramme de coke donne, 1^{m3},13 de gaz à l'eau et, 3^{m3},13 de gaz de générateur, soit 2 mètres cubes d'oxyde de carbone ; ce qui mettrait le revient du mètre cube de CO à 1 centime et demi, environ.

D'après Blas, qui, à la Wassergaz, a pu étudier, de très près, le revient des gaz mixtes ; la dépense peut s'établir, tous frais compris, de la manière suivante, en supposant une fabrication journalière de vingt heures.

Grandeur des appareils, production horaire en m³	1.000	500	150
Frais d'établissement	125.750f	66.500f	33.625f
Amortissement et intérêt 9 0/0 par mètre cube	0c,190	0c,200	0c,331
Combustible 1 kg par mètre cube, à 10f la tonne	1c	1c	1c
Eau pour refroidissement et chaudière	0,100	0,100	0,100
Main-d'œuvre	0,150	0,250	0,500
	1c,440	1c,550	1c,931

D'après Aimé Witz, la teneur moyenne, en oxyde de carbone, étant, de 30 0/0, on peut, de ces chiffres, déduire le prix de revient du mètre cube de CO ; tous les autres gaz étant considérés, comme perdus.

Pour une production horaire de 1000 m³ de gaz mixte le prix du m³,CO est de 4c,8
— 500 — — 5c,17
— 150 — — 6c,44

Le prix de CO, aux 100 kilogrammes, sa densité étant de 1,2, peut se déduire, alors, des chiffres suivants :

				les 100 kgs coûteront
Pour une production horaire de 1000 m³ de gaz mixte soit 360 kgs CO, de				4f, »
—	500	—	180 —	4f,35
—	150	—	60 —	5f,36

A ce prix de revient, il y a lieu d'ajouter les frais de purification qui sont assez élevés.

Suivant d'autres auteurs, le prix de revient du gaz mixte varierait, tous frais payés, entre 3 centimes, 25 le mètre cube et 7 centimes.

Le gros facteur de ce revient est, évidemment, le prix du charbon qui, dans le compte de Blass, est chiffré très bas.

Si on marche avec de la houille ordinaire, à 25 francs la tonne, on peut estimer le prix de revient des 100 kilogrammes d'oxyde de carbone, entre 12 et 14 francs.

Avec l'appareil Lowe, le prix de revient varie un peu : 1 kilogramme de coke, nous le savons, donne 5 mètres cubes de gaz mixte, contenant 1^{m^3},3500 d'oxyde de carbone.

En considérant, l'amortissement, la main-d'œuvre et, les autres frais, comme sensiblement, les mêmes que, dans le prix de revient de la Wassergaz, le coke, comme valant 350 francs la tonne ; le prix de revient du mètre cube de CO, sera de 5^c,33 ; ce qui donne par 100 kilogrammes de CO, un prix de revient de 4 fr. 45.

Le rendement du charbon en gaz est, d'ailleurs, beaucoup plus élevé, en employant la préparation mixte, qu'avec tout autre procédé.

Un kilogramme de charbon donne, en effet, en

Gaz d'éclairage	0m³,3	Rendement.	20 0/0
Gaz de générateur, houille	4m³,52	—	60
— coke	4m³,90	—	68
Gaz à l'eau, coke	4m³,77	—	67
Gaz mixte (houille), gaz d'éclairage .. 1m³,2			
— — générateur.. 3m³,13	5m³,46	—	84
— — eau 1m³,13			

En partant de la houille, et, en cherchant à obtenir du gaz mixte, on voit que l'on a, tout d'abord par distillation, du gaz d'éclairage, puis, du gaz d'air et, enfin, du gaz d'eau ; en tel cas, la gazéification tend vers un maximum.

Voici, maintenant, quelques renseignements sur les divers appareils employés, aujourd'hui, dans la préparation du gaz mixte.

L'appareil Dowson, après avoir été très recherché, est aujourd'hui à peu près abandonné, en raison de l'encrassage rapide de sa grille.

Il est formé d'une cuve garnie de matières réfractaires et possédant une grille et une trémie de chargement ; l'air et la vapeur d'eau y sont, successivement, envoyés, à l'aide d'injecteurs Koerting. La perte de chaleur, par rayonnement, est d'environ 9 0/0.

Le Dowson représente le type des gazogènes, à air libre, à cendrier ouvert et à sole sèche.

Les gazogènes, actuellement en service, sont, au contraire fermés et munis de cendriers arrosés ; ils sont soufflés, par des ventilateurs ou par des injecteurs.

Dans de telles conditions, un gazogène décompose, par kilogramme de charbon, environ 200 grammes d'eau, et, les gaz en sortent, à température relativement basse, soit + 850°, pour le coke ; + 500°, pour l'anthracite ; et de + 90° à + 60°, avec les houilles à longue flamme de Flenu.

Avec le bois, le gaz s'échappe froid ; l'utilisation des calories, pour combattre l'endothermicité de la réaction, y est donc presque complète.

On peut diviser les gazogènes courants, pour la préparation du gaz mixte, en trois types, auxquels, tous les autres se rattachent, ce sont :

1° Le gazogène Buire-Lencauchez ;

2° Le gazogène Benier ;

3° Le gazogène Pierson Mond.

Le gazogène Lencauchez, dont le gazogène Matter est une variante, se trouve formé d'un cylindre en tôle, garni intérieurement d'une chemise en briques réfractaires, séparée de l'enveloppe métallique par une couche de sable.

Le combustible y est introduit par une trémie, placée à la partie supérieure et, munie d'une soupape manœuvrable de l'extérieur, à l'aide d'un levier à contrepoids.

Un dispositif de grilles obliques empêche le charbon de tomber, dans le cendrier, et, laisse filtrer l'air, pendant le soufflage.

Le cendrier fermé est alimenté d'eau, par un robinet, et est muni d'un tube, à col de cygne, permettant l'évacuation, à l'extérieur, de l'excès de liquide.

La chaleur rayonnante du foyer détermine la vaporisation d'une partie de l'eau du cendrier. Ce dispositif empêche, également, l'usure rapide des grilles qui ne peuvent s'échauffer outre mesure. Un ventilateur Roots permet le refoulement de l'air, à travers la masse de charbon de la cornue.

Le gaz formé, soit gaz d'air, soit gaz d'eau, après avoir traversé le charbon au rouge, sort par une tubulure supérieure et est envoyé aux gazomètres.

Le chargement du gazogène se fait, toutes les quatre ou six heures ; on peut y utiliser, soit de l'anthracite, soit des charbons maigres de Nœux ou d'Anzin.

La production, par kilogramme de charbon, est, d'environ, 4^{m3}335 de tous gaz.

Le gazogène de Tailor a été un outil utile dans les campagnes dernières : sa disposition, est assez semblable, à l'appareil de Lencauchez, mais, au lieu d'y faire, alternativement, l'introduction de vapeur et d'air, on y injecte de l'air mélangé de vapeur.

Il en est de même des appareils de Strong et de Dwigh.

Le principe du gazogène Bernier est le même que, celui de Lencauchez, mais l'appareil diffère, par quelques détails. La trémie de chargement est munie d'un dispositif qui, la rend beaucoup plus étanche et empêche toute fuite du gaz. La grille est constituée par un cylindre creux muni d'ailettes et, susceptible d'un mouvement, de rotation, autour de son axe. Ce cylindre, rempli d'eau, forme générateur de vapeur, laquelle passe, par un détendeur, avant d'être envoyée au gazogène.

Le gazogène Pierson est alimenté par un mélange d'air et de vapeur d'eau : c'est un appareil à concomitance et, non à alternance, comme les autres installations, précédemment décrites.

Les chaleurs rayonnantes y sont utilisés, au moyen d'une double enveloppe du gazogène, à échauffer le mélange d'air et de vapeur d'eau qui est ainsi porté, à haute température, avant son injection, sous la grille.

Ce dispositif est assez semblable à celui qui est employé, dans la préparation de l'acide sulfurique catalytique, pour réchauffer le mélange de SO^2 et d'air, avant de l'envoyer sur la masse de contact.

On réalise, ainsi, une économie considérable de combustible, en utilisant le rayonnement du gazogène et, en empêchant son refroidissement, par une récupération parfaite et méthodique des chaleurs perdues.

Cet appareil permet l'emploi de charbon maigre, à haute teneur en matières volatiles et en cendres, comme la braisette La Grange d'Anzin ; la composition du gaz obtenu, avec un tel charbon, est la suivante :

H	20,45 0/0
CO	20,85
CH^4	1
C^2H^4	traces
CO^2	2,50
O	0,60
Az	34,60

La gazogène de Mond, qui a pour caractéristique de pouvoir employer des charbons demi-gras, ressemble beaucoup au gazogène Pierson, et il en emploie la chambre de réchauffement du mélange d'air et de vapeur, avant injection. Il comporte une cornue à double enveloppe, munie d'une trémie de chargement et à l'intérieur de laquelle, se trouve une cloche de distillation ; le dispositif, formant la partie inférieure, comprend, une grille, prolongée par une sorte de tronc de cône en tôle qui, formant joint hydraulique, vient plonger dans l'eau remplissant une cuve en maçonnerie, placée, sous l'appareil. Comme dans le Pierson, le mélange d'air et de vapeur d'eau ne pénètre sous la grille et n'entre dans le gazogène, qu'après s'être échauffé en contact des chaleurs perdues de l'appareil.

Le four Mond donne un mélange de gaz d'éclairage, de gaz de générateur et de gaz d'eau.

Avec du charbon demi-gras, cet appareil donne un mélange dont, voici l'analyse :

	I.	II.
H	24,80	26,4
CO	13,20	16,2
CH^4	2,30	2,5
C^2H^4	traces	traces
CO^2	12,90	16,3
O	traces	traces
Az	46,80	44,1

La gazéification se fait, rapidement et abondamment, avec le Mond qui, en vapeur, peut utiliser, 2 fois et demie, le poids de charbon mis en jeu et qui, donne, par tonne de combustible, près de 4.500 kilogrammes de gaz. Malheureusement, la faible teneur de produits obtenus, en oxyde de carbone, rend, relativement, peu intéressant cet appareil, lorsqu'il s'agit de son application, à la fabrication de l'acide formique.

Gaz de haut fourneau. — Les gaz qui s'échappent de ces appareils, sont utilisés, déjà, depuis un certain temps, au service des machines à gaz : ils sont susceptibles d'être aussi employés dans la préparation de CO^2H^2.

L'utilisation en a été préconisée, dès 1814, par Rubertot ; l'idée a été reprise en 1837 par Faber du Faur ; en 1841 par Karsten, et en 1848, par Kestner, mais, ce n'est que de nos jours qu'elle est entrée en pratique.

Ces gaz tiennent, à la fois, du gaz de générateur et du gaz d'éclairage, en raison de leur teneur en ammoniaque : ceci est susceptible de les rendre très intéressants, surtout dans certains procédés de fabrication de CO^2H^2, comme la méthode de Lambilly, ou dans les procédés qui en dérivent.

Malheureusement ces gaz sont, souvent, chargés de goudrons et ils exigent une purification très soignée et, partant, assez coûteuse avant d'être utilisés.

D'autre part, leur température, à sortie du haut fourneau, est telle (+ 1.000 à + 1.200°) qu'il est absolument nécessaire de les refroidir, avant de les mettre en contact, avec les alcalins ; si on les utilisait, avec leur chaleur initiale, on ne donnerait naissance qu'à des cyanures et non à des formiates.

Lorsque les hauts fourneaux sont chauffés au coke, ils ne donnent guère que, CO comme gaz utilisable ; mais, s'ils sont chauffés, comme en Écosse, à la houille crue, qui, contient 1,4 0/0 de Az, ils renferment, une quantité sensible d'ammoniaque, qui les rend précieux pour le procédé catalytique.

Le mécanisme de formation de ces gaz est comparable, à celui des gazogènes, dont nous avons précédemment exposé le fonctionnement : si, dans le haut fourneau, chargé de minerai et du combustible en question, on insuffle de l'air chaud, cet air et la vapeur d'eau, provenant de l'humidité du minerai, agissent sur le charbon, au rouge, comme dans un appareil à gaz mixte, et déterminent la naissance d'oxyde de carbone, d'acide carbonique, de méthane, d'hydrogène et d'azote.

Les proportions de CO et de CO^2 sont assez variables, suivant les points, où l'on échantillonne les gaz, la réduction de CO^2 en CO, en présence de C, pouvant se produire : d'autres gaz, comme l'ammoniaque, provenant de l'azote du charbon, y prennent aussi naissance et réagissent, sur l'oxyde de carbone et la vapeur d'eau en donnant, sûrement, d'abord naissance à du formiate d'ammonium que, la haute température transforme en cyanure et, dont on trouve, toujours, de notables quantités dans les gaz de hauts fourneaux.

La température de l'air injecté, qui varie de 500 à 750°, a, aussi, une certaine influence sur la composition.

Dans un haut fourneau écossais, produisant de la fonte Thomas, on obtient environ 4.500 mètres cubes de gaz, par tonne de houille brûlée, avec la composition suivante :

CO	275 l.	0 kg 344
CO^2	100	0 196
H	30	0 002
Az	545	0 684
H^2O	50	0 040

Si, on introduit de l'air pur ou de l'air chargé de vapeur, la composition change, la teneur, en hydrogène et acide carbonique, augmente, tandis que diminue la richesse en oxyde de carbone et en azote.

Voici la composition d'un gaz, l'air étant injecté seul :

CO	33,04
H	4,43
CO^2	0,41
Az	62,12

et voici sa composition, dans le cas où l'air est mélangé de vapeur d'eau :

CO	27,62
H	14,29
CO^2	5,65
Az	52,44

D'autre part, selon les points du haut fourneau, où l'on échantillonne, on trouve des différences très sensibles, à l'analyse, ainsi que le montre le tableau suivant :

	Au-dessous du gueulard.							
	60 cm	1 m,10	2 m,10	3 m,10	4 m,20	A la tympe.	Aux tuyères.	Au foyer.
CO^2	11,92	12,5	8,50	0	2,93	0,75	2,05	8,25
CO	27,03	26,08	12,90	37,68	38,23	4,65	11,85	37,45
Az	47,22	55,01	55,94	53,32	58,84			54,38
H	11,41	5,48	5,48					
CH^4	2,42							

Ebelmen, dans l'analyse du gaz des fonderies de la Ruhr, a trouvé des chiffres un peu différents.

	Tuyères.	65cm des tuyères.	Centre.	1/2 hauteur.	Gueulard.
CO^2.........	8,11	0,16	0,17	0,68	7,15
CO..........	16,53	36,15	34,01	35,12	28,37
H...........	0,26	0,09	1,35	1,48	2,01
Az..........	75,10	62,70	64,47	62,72	62,47

Il semblerait, d'après cette analyse, qu'il y ait, d'abord, formation de CO^2, puis réduction à l'état de CO.

La hauteur du haut fourneau influe, aussi, sur la composition du gaz ; dans les appareils américains, qui ont 24 mètres de haut, on trouve la composition que voici :

	Au-dessous du gueulard.	à 5m	6m	12m	16m	20m	21m,50	aux tuyères.
CO^2......	2,2	2,25	0,67	1,09	1,51	0,5	0	0,81
CO.......	34,08	33,31	35,11	34,96	35,25	35,92	36,63	37,7

Avec le combustible, la composition change, encore ; dans un haut fourneau allemand, chauffé au bois, on a trouvé :

	Au-dessous du gueulard.	à 3m,4	à 5m,2	à 7m	à 8m,2	à 20m
CO^2.......	16,39	16,50	17,80	9,6	2,68	11,60
CO........	13,11	13,70	10,89	21,59	30,66	20,06

Voici, enfin, une autre analyse de Belle, portant sur du gaz de haut fourneau, chauffé à la houille crue.

	Gueulard.	à 1m,10	à 3m	à 4m,9	à 6m,9	à 8m,8	à 10m,7	à 12m,72	à 20m
CO^2..	16,05	11,71	10,03	8,17	6,12	»	»	0,72	3,01
CO...	27,35	29,71	31,39	31,40	32,79	35,27	36	36,02	39,47
H....	0,12	0,1	0,07	0,14	0,28	0,10	0,11	0,08	0,14
Az...	56,48	58,48	58,51	60,20	60,81	64,03	63,89	63,18	57,38

A partir de 12 mètres, le gaz est très alcalin et possède une odeur caractéristique de cyanure ; il recouvre, d'ailleurs, les objets d'une couche blanche cyanée, lors de son refroidissement : au sortir du gueulard, sa teneur en poussière est, d'environ, 10gr,21 au mètre cube, dont 50 0/0 de fer.

Si, on veut l'utiliser, pour la préparation de l'acide formique, il doit, comme nous l'avons indiqué, subir une purification qui a, tout d'abord, pour but de le séparer des goudrons qu'il entraîne ; on emploie, souvent, dans ce but, la méthode de refroidissement et de lavage de Cosp et Alexander.

Suivant le procédé de préparation d'acide formique, auquel, on a recours, le gaz devra subir une purification complémentaire, ou bien, il pourra être employé tel quel.

Dans le procédé de contact, sa teneur, en ammoniaque, en fait une matière première précieuse : comme, dans cette méthode pas plus que, dans la méthode par réduction, l'azote, gaz inerte, n'est gênant, on peut le faire entrer, dans le cycle des réactions, aussitôt, après le dégoudronnage et le refroidissement.

Si, on emploie le procédé par pression ou procédé Goldsmith, étant donné, le volume considérable de gaz inerte que l'on a à comprimer et à chauffer, on a tout intérêt à purifier le gaz de haut fourneau.

On en extrait l'ammoniaque, soit par le procédé Langloan, soit par le procédé Damjister, soit par la méthode Main et Galbruth, tous basés, sur le passage du gaz, à travers des tours de lavage, arrosées d'acides sulfurique ou chlorhydrique : la teneur en NH^3 y est, d'environ, 40 kilogrammes, calculés en sulfate, par tonne de charbon brûlée, dans le haut fourneau.

Pour extraire l'oxyde de carbone pur, du mélange assez complexe qu'est le gaz de haut fourneau, on utilise la propriété que CO a de se dissoudre, à raison de 20 fois son volume à froid, dans le chlorure cuivreux acide ou ammoniacal : le gaz passe, donc, dans une série d'absorbeurs qui retiennent CO, jusqu'à saturation, et laissent passer l'acide carbonique, l'azote et le méthane.

Quand le contenu d'un absorbeur est saturé, on l'isole, et, en le portant à + 70°, l'oxyde de carbone se dégage totalement : il est susceptible d'être envoyé alors soit aux gazomètres, soit aux pompes de compression.

La composition cristalline ($CuCl,3CO,4H^2O$), qui se forme souvent en présence d'un excès de CO, se décompose, aussi, à cette température, en dégageant de l'oxyde de carbone.

Le chlorure cuivreux dissous dans l'acide chlorhydrique, dit Ogier, est le réactif absorbant, par excellence, de l'oxyde de carbone : ce corps se prépare de la façon suivante : soit, en dissolvant le chlorure cuivreux précipité, dans l'acide chlorhydrique ordinaire, soit en attaquant le cuivre ou l'oxyde de cuivre par l'acide chlorhydrique à chaud ; on a ainsi une dissolution brun noir, en partie perchlorurée à l'air; on la verse dans des vases fermés contenant un excès de cuivre, elle se réduit alors et se décolore.

On peut aussi, la préparer, en traitant 14 parties de cuivre, par HCl, en présence de 7 parties de poudre de zinc; la réduction se fait immédiatement.

A l'état ammoniacal, son action est la même sur l'oxyde de carbone : on le prépare en dissolvant le chlorure cuivreux dans de l'ammoniaque, et en traitant la dissolution brune, par le cuivre en excès; elle passe alors au bleu, puis elle se décolore.

Les absorbeurs, étant garnis de chlorure de cuivre, on y fait passer le mélange complexe de gaz qui constitue le gaz de haut fourneau; de temps en temps on vérifie, au chlorure de palladium, s'il ne passe pas un peu de CO.

En tel cas, le liquide de l'absorbeur est saturé, et il devient bon d'envoyer le courant de gaz sur l'absorbeur suivant.

Pour hâter la rapidité du travail, on fait souvent précéder les appareils à chlorure cuivreux, d'épurateurs à chaux qui retiennent l'acide carbonique.

Le procédé de purification ne s'applique pas, seulement, aux gaz de haut fourneau, mais bien, à tous les gaz, contenant CO, mélangé à d'autres composés.

Une autre méthode, sinon de purification, du moins de triage des gaz, a été proposée par Jouve et Vautier (B[t] f[s] du 3 décembre 1908). Elle est basée, sur la différence de viscosité moléculaire des gaz à séparer et, sur l'utilisation de leur rapidité, plus ou moins grande, de passage à travers un orifice étroit.

La loi de Graham dit, en effet, que les vitesses d'écoulement des gaz, à travers un orifice percé dans une paroi mince, sont, inversement proportionnelles, aux racines carrées de leur densité.

Si on prend le gaz d'eau, par exemple, on voit qu'il est formé de

H........................	45 0/0	d. 0,0896
CO........................	45	d. 1,251
CO^2........................	7	d. 1,966
Az........................	3	d. 1,256

Étant donné la grande différence de densité de l'hydrogène, avec les autres gaz, on comprend que l'on puisse, par endosmose, le séparer de CO, CO^2 et Az.

Les corps, à orifices étroits, utilisés, pour cette réaction, sont la porcelaine dégourdie, la faïence non terminée, le plâtre, le graphite et, même, des plaques métalliques percées d'ouvertures, dont le diamètre correspond à la viscosité des gaz à séparer. L'appareil se compose d'un récipient, comportant, à l'intérieur, une série de plaques poreuses ou perforées; après avoir diffusé, à travers ces divers diaphragmes, le gaz purifié est envoyé à son point d'utilisation. D'après les essais faits, à l'usine à gaz de Lyon, on arrive, dans le gaz à l'eau, à séparer pratiquement de l'hydrogène, la plus grosse partie de CO.

Connaissant les propriétés de l'oxyde de carbone, ses méthodes de production et de purification, voyons, maintenant, de quelle façon il est possible, par combinaison avec l'eau ou les hydrates alcalins, de l'appliquer à la fabrication de l'acide formique.

Si on se place, au point de vue thermochimique, au point de vue de la loi de travail maximum, l'union directe de l'oxyde de carbone et de l'eau ne saurait se produire, car si, à côté de l'équation chimique, on pose l'équation thermique, on s'aperçoit que celle-ci est d'expression négative. On a, en effet :

$$CO + H^2O = CO^2H^2.$$
$$25^c,8 + 58^c,2 < 80^c,9.$$

La combinaison de CO et de H^2O, en tant que les chiffres donnés par Berthelot soient exacts, semble correspondre à une absorption de chaleur de $3^{cal},1$: d'après la loi de travail maximum, une telle combinaison, à la température ordinaire, est impossible. Ce fait a été contesté par Thomsen lequel soutient que, loin d'être endothermique, la combinaison de l'oxyde de carbone et de l'eau se produit, avec un dégagement de + 6 calories, les corps étant supposés gazeux. Dans cette hypothèse, Thomsen (*J. C.*, t. XXXIV, p. 673) estime que la chaleur de combustion de CO étant de $60^{cal},69$, sa chaleur de formation, à pression constante, est de $28^{cal},0$ et, à volume constant, de $28^{cal},88$.

En se basant sur les travaux de Maquenne (*S. C.*, t. XXV, p. 307) à propos l'action de la vapeur d'eau, et de CO, certains chimistes ont pu croire que la combinaison se réalisait, à haute température.

Ce fait est faux : puisque Maquenne, s'il a isolé, dans cette réaction, des traces de CO^2H^2, dit que, ce corps y est lié à l'alcali du verre; comme Berthelot, dont nous exposons les expériences, plus loin, ce savant a obtenu un formiate, à formation exothermique et non, le méthanoïque, à formation endothermique.

Il ne paraît point, d'ailleurs, que jusqu'à ce jour on ait pu, directement, par voie chimique, obtenir la combinaison de l'oxyde de carbone et de l'eau.

A côté de Maquenne, d'autres savants ont étudié le problème, et il est, à ce sujet, intéressant de citer, ne fût-ce que, sommairement, les travaux de Dixon.

Suivant ce chimiste, sous l'action de la chaleur, la vapeur d'eau n'est décomposée par l'oxyde de carbone, qu'à très haute température, et il ne se forme, comme Maquenne et Hortsmann l'ont constaté, que CO^2 et H.

Par contre, et là se trouve le point intéressant de l'étude de Dixon, si on soumet, à l'étincelle électrique, un mélange de CO et de H^2O, il se produit, tout d'abord, CO^2 et H ; mais la réaction est limitée et, lorsque 10 0/0 de CO^2 se trouvent, en présence de 90 0/0 de CO, il se produit une période d'équilibre.

Si, alors, on prolonge le passage des étincel[illegible]nt un certain temps, une quantité considérable d'acide form[illegible]nd naissance.

Ainsi, que l'avait prévu Berthelot, avec le concours d'une force extérieure, sous l'influence de l'électricité, la combinaison de CO et de H^2O, douteuse par l'intervention seule de la chaleur, devient alors réalisable.

On peut s'expliquer ainsi, la présence de CO^2H^2 dans les eaux météoriques.

Neumann, au point de vue chimique, est arrivé aux mêmes conclusions que Dixon, encore bien qu'il ait agi, à des températures dépassant + 950°.

Boudard, en 1904, a complété ces recherches, en indiquant qu'elles étaient, en présence de la chaleur, les conditions d'équilibre des deux systèmes ($CO + H^2O$) et ($CO^2 + H$) : il trouve (*S. C.*, t. XXV, p. 484) qu'elles varient, entre 0,77 à + 1110° et, 0,91 à + 1.200°.

Comme on le voit, la question de la formation de CO^2H^2, par hydratation directe de CO, sous l'influence seule de la chaleur, reste théoriquement controversée ; mais, que la réaction soit faiblement endothermique ou d'une exothermicité peu sensible, on peut dire que, pratiquement, elle ne se produit pas.

Pour arriver à une méthode de préparation pratique et industrielle de CO^2H^2, en partant de CO, il faut avoir recours à une combinaison d'autre forme, susceptible de donner toute satisfaction, par des moyens simples et peu coûteux, à la loi du travail maximum.

Selon Berthelot, les combinaisons entre corps peuvent être directes ou indirectes, immédiates ou provoquées, lentes ou instantanées ; elles peuvent s'accomplir par le jeu des énergies chimiques ou réclamer le concours d'énergies étrangères ; dans ce dernier cas, tels corps qui, comme l'oxyde de carbone et l'eau, ne sont pas unissables l'un à l'autre, en raison de leurs énergies latentes, doivent subir ce que Berthelot appelle « le travail préliminaire ».

Cette préparation peut affecter divers aspects.

Elle peut être obtenue, à l'aide de l'électricité, et nous avons vu quel usage de l'étincelle, avait fait Dixon, dans la formation de CO^2H^2, par CO et H^2O.

Elle peut aussi, être déterminée par la chaleur ; en tel cas, le travail effectué est mesuré, par le produit de la température, à laquelle s'accomplit la réaction, multipliée par la chaleur spécifique des corps entrant en jeu : il est représenté par la formule :

$$Q = T(C_1 + C_2 + C_3 ...),$$

Q étant la valeur du travail préliminaire ;

T, la température de la réaction ;

C_1, C_2, les chaleurs spécifiques des corps, en présence.

Nous avons vu, d'après les essais de Maquenne, de Dixon, de Neumann, de Boudard que, pour CO^2H^2, le travail préliminaire, dans le cas de sa formation à partir de CO et de H^2O, ne pouvait être accompli que difficilement par la chaleur.

La réaction peut cependant être rendue possible, par catalyse, et nous verrons, plus loin, quelle application on a su faire de ce moyen.

On peut, enfin, mettre en présence des éléments constitutifs du corps que l'on désire obtenir, un autre corps, susceptible de se combiner avec lui, en donnant un dégagement de chaleur.

C'est à l'application de ce dernier principe qu'a eu recours Berthelot, en faisant réagir les uns sur les autres, dans un même instant, CO et H^2O, puis une base alcaline.

Si on fait réagir CO sur H^2O pour obtenir CO^2H^2, on a :

$$CO + H^2O = CO^2H^2,$$
$$25,8 + 58,2 < 80^c,9.$$

Si on pose l'équation, en supposant que, CO agit sur une base hydratée, comme NaOH, par exemple, on a :

$$CO + NaOH = CO^2HNa \text{ (formiate de sodium).}$$
$$25,8 + 102,8 > 149,6.$$

La loi du travail maximum étant satisfaite, la réaction devient possible; sa vitesse, seulement, devient fonction de la température.

Il est facile de comprendre le mécanisme de la réaction; celle-ci, en réalité, est due à une réaction secondaire qui engage H^2O, dans une combinaison préalable, avec la base Na^2O : l'équation développée peut s'écrire aussi :

$$\text{Na-OH} + \text{C=O} = \text{Na-}\underset{\text{OH}}{\underset{|}{\text{C}}}\text{=O}.$$

C'est à cet artifice, fort simple au fond, que Berthelot a eu recours pour obtenir les formiates et, par suite, l'acide formique.

Voici d'ailleurs la description de son expérience initiale :

« Dans une série de ballons de 500 centimètres cubes, on introduit 10 grammes de potasse humide, puis on remplit les récipients d'oxyde de carbone et on les scelle à la lampe : les ballons ainsi garnis, sont chauffés, de dix à cent heures, vers 100°, au bain-marie.

Après ce temps, la combinaison s'est effectuée : on les ouvre sur un bain de mercure, le vide s'y étant formé, et on constate, qu'à la disparition de CO, CO^2HK y a pris naissance et s'est dissous dans l'eau : on déplace CO^2H par SO^4H^2, puis on distille.

La dilution, assez étendue, que l'on obtient, est traitée par du carbonate de plomb, à chaud : il se forme du formiate de plomb anhydre qui, après dessiccation, est traité dans un tube chauffé, au bain d'huile, par un courant de H^2S.

Il y a décomposition du sel de plomb et formation de CO^2H^2 anhydre, lequel est recueilli dans un récipient refroidi.

La quantité de potasse, mise au jeu, joue un rôle important, au point de vue de la vitesse de réaction. »

L'absorption de CO se produit, [illegible]ement, à froid, mais très lentement.

En faisant varier la nature des alcalis et de leurs solvants, Berthelot a relevé les observations suivantes :

1° Avec la potasse et l'eau, l'absorption demande, à froid, trois semaines, tandis qu'à + 100°, elle n'exige que cent heures, et à 220°, à peine dix heures ; ce délai est réduit à cinq heures, avec la chaux potassée ou le mélange de chaux et de potasse;

2° Avec la potasse et l'alcool, l'absorption est dix à quinze fois plus rapide, soit à froid, soit à + 100°; cette plus grande facilité d'absorption semble due à la solubilité, très considérable de CO, dans l'alcool : le chlorure cuivreux doit agir, de même, dans la réaction de Gathermann.

Si, à la potasse alcoolique, on substitue l'alcool sodé ou l'ammoniaque alcoolique, on obtient, en même temps que CO^2H^2, un peu d'acide propionique ;

3° La glycérine, alcool triatomique, mise en contact, avec la potasse, ralentit, plus que tout autre corps, l'action de CO ;

4° Les dissolutions, méthylique ou amylique, de potasse, agissent comme les dissolutions éthyliques ;

5° Les solutions éthérées agissent comme la potasse alcoolique ;

6° La chaux et la baryte, en présence d'alcools ou d'éthers, réagissent, sur CO, en donnant les formiates correspondants ;

7° La soude, en solutions éthérées ou alcooliques, agit comme la potasse ;

8° L'ammoniaque, en solution aqueuse, réagit très lentement à froid ; en solution alcoolique, ou à + 100°, la réaction devient *très rapide et se fait intégralement.*

L'étude entreprise par Berthelot, en 1856, s'est bornée à ces constatations ; mais, avant l'application industrielle de ces principes faite, en 1895, par Goldsmith, les recherches sur l'hydratation de CO ont été continuées et, bon nombre d'observations précieuses ont été recueillies.

Mertz et Tiribica (*D. C. G.*, t. XIII, p. 23 ; *J. C. S.*, t. XXXVIII, p. 374) ont, avant Goldsmith, tenté de rendre industrielle la réaction de Berthelot, et ils ont étudié les conditions de température les plus favorables à cette réaction.

Ils ont entrepris, dans ce but, une série d'expériences, en faisant agir CO, à des températures variables, sur divers hydrates alcalins, potasse, soude, chaux sodée ou potassée.

Ce sont ces deux derniers corps, qui, en raison de leur porosité, leur ont fourni les meilleurs résultats.

Ces chimistes procédaient de la façon suivante : CO, dérivé de $C^2O^4H^2$ et débarrassé de CO^2, était amené dans des tubes à demi circulaires, renfermant le corps absorbant et, chauffés au bain d'huile ; le gaz, non absorbé, était recueilli à la sortie de l'appareil.

Le produit de la réaction, épuisé par l'eau, était décomposé par SO^4H^2 et dosé à l'état de sel de plomb.

Les résultats de ces expériences ont été les suivants :

1° La température la plus favorable, pour l'absorption rapide de CO, est 200° ;

2° La soude donne de meilleurs résultats que la potasse ;

3° La chaux sodée donne des résultats encore supérieurs;

4° L'oxyde de carbone doit être employé à l'état humide ;

5° A 220°, la réaction a son maximum d'intensité ; mais, la décomposition du formiate se produit, dès que l'on dépasse ce point critique, et, l'intensité de la décomposition croît, avec la température ;

6° Avec la chaux potassée, la réaction se fait au-dessous de 220° ; mais la décomposition commence aussitôt ;

7° Avec la chaux sodée, à 52 0/0 NaOH, la réaction commence vers 170°, devient sensible à 200° et, atteint son maximum, à 220° : un litre de CO est, alors, absorbé en seize minutes.

En collaboration avec Liessen, Mertz a obtenu, par la chaux sodée, des rendements de 80 0/0 en formiates sodique et calcique, à la pression ordinaire ; mais, la réaction ne se faisait qu'à + 120°, pour éviter toute décomposition, sa lenteur était extrême, et elle durait près de huit jours.

C'est le défaut qui a empêché de faire entrer, dès 1875, cette réaction dans la pratique industrielle, comme Mertz, en manifestait l'espoir :

8° Il semble y avoir un point critique de température, situé vers + 220°, car, si on dépasse ce point, l'absorption diminue pour devenir nulle, à + 270° ;

9° Pour arriver à un maximum de rendement et à un maximum de vitesse, il faut employer une chaux sodée très poreuse.

Mertz la préparait, en dissolvant, à 100°, NaOH dans le moins d'eau possible, et en ajoutant, ensuite, de la chaux éteinte. Il desséchait le mélange, constamment agité, jusqu'à ce qu'il ne contînt plus que 5 à 10 0/0 d'eau;

10° Les hydrates de baryte et de chaux, seuls, donnent de mauvais rendements;

11° L'éthylate de sodium absorbe, nettement, CO vers 200°;

12° Le carbonate de baryte, en présence de limaille de fer, absorbe CO, mais la réaction est très lente : il y a formation de formiates de fer et de baryum.

Il est à noter que cette possibilité d'utiliser, pour la préparation de CO^2H^2 par CO, les carbonates et même les bicarbonates, avait été indiquée déjà par Berthelot (*Ann. P. C.*, 4, t. VI, p. 404).

Si, on se reporte aux derniers brevets, on semble avoir, actuellement, une propension à employer ces corps, sur lesquels, nous le verrons plus tard, CO agit, surtout, comme un réducteur.

On peut, en effet, considérer l'acide carbonique hydraté, CO^3H^2, comme un acide oxyformique qui doit s'écrire, d'après Bach, $OH—CO^2H$; en tel cas, CO^3Na^2 devra s'écrire, $NaO—CO^2Na$.

Si on fait réagir CO sur ces corps, on aura :

$$OH\text{-}CO^2H + CO = CO^2 + CO^2H^2$$

ou

$$NaO\text{-}CO^2Na + H^2O + CO = (CO^2HNa)^2.$$

Berthelot (*S.C.*, t. V, p. 1) a constaté que, CO agit, sur les alcoolates de baryte et de sodium, en donnant des éthylformiates, décomposables, en alcool et en formiates, par l'eau : ces travaux ont été complétés par l'étude d'Hugmam et de Gunther (*C. H. S.*, t. XXXVIII, p. 622) sur les alcoolates secs, à différentes températures : les résultats sont, peu différents, de ceux, obtenus avec les solutions.

L'éthylate de sodium, à + 190°, comme l'a reconnu, également, Frohlich (*L. A. C.*, t. CCII, p. 288) donne, en plus du formiate de soude, du propionate et de l'acétate, provenant de réactions secondaires; à + 165°, la proportion en diminue.

A + 160°, le méthylate de sodium donne du formiate et une forte proportion d'acétate et l'isoamylate; à + 280° il fournit un mélange de formiate et d'isovalérate.

D'après Gunther, les mélanges d'alcoolates et d'hydrates donnent de meilleurs résultats que les hydrates isolés; ce que nous avons été, nous-même, en situation de constater à propos de l'ammoniaque : la réaction s'effectue à plus basse température, ce qui est avantageux, car, pour les produits sodés, la réaction, se fait à + 160°, point où la décomposition partielle du formiate produit est souvent à craindre.

Wanklyn, enfin, a étudié l'action de l'oxyde de carbone sur le sodium, et, a constaté la formation, non point d'acide formique, mais bien, de propione, qui, par oxydation, donne de l'acide propionique, souillé d'acide acétique.

Là, se limitent, aujourd'hui, les études de science pure faites, sur l'action de l'oxyde de carbone, vis-à-vis des hydrates alcalins, en vue de l'obtention des formiates et, par suite, de l'acide formique. Il en résulte que la combinaison directe, par voie chimique, entre l'oxyde de carbone et l'eau, étant sensiblement impossible, aux températures, où l'acide formique reste intact ; on a élégamment tourné la difficulté, en faisant intervenir une base, un hydrate alcalin, un carbonate ou un alcoolate ; on n'obtient point, ainsi, d'acide formique libre, mais bien, un formiate dont la chaleur de formation est telle, que la loi du travail maximum est satisfaite.

Dans de telles conditions, l'examen des chaleurs de neutralisation de l'acide formique, par les diverses bases, est particulièrement intéressant, car il indiquera celles d'entre elles, qu'en industrie, il faudra de préférence choisir.

Toutes les bases alcalines, en considérant l'acide et les bases comme hydratés, ont une chaleur de neutralisation, supérieure à l'endothermicité, résultant de l'hydratation de l'oxyde de carbone ; elles sont, donc, toutes employables, dans la synthèse de Berthelot.

Voici, d'ailleurs, le relevé de quelques-unes de ces chaleurs de neutralisation :

Potasse......	Sel solide....	12c,7	Sel dissous....	13c,4
Soude.......	—	11c,5	—	13c,5
Baryte.......	—	9c,25	—	13c,5
Strontiane...	—	8c,35	—	13c,5
Chaux.......	—	6c,7	—	13c,5
Ammoniaque	—	23c,3	—	11c,9

Avec d'autres oxydes, comme ceux de plomb et de zinc, dont la chaleur de neutralisation est de $6^{cal},6$, la réaction se produit, mais elle s'effectue lentement ; elle est difficile avec l'oxyde de cuivre dont la chaleur de neutralisation n'est que de $2^{cal},7$ et, avec l'oxyde de manganèse, qui ne dégage que 3 calories ; l'endothermicité d'hydratation de l'oxyde de carbone étant de 3^{cal},8.

De l'examen de ces divers chiffres, il résulte, comme, d'ailleurs, l'expérience l'a prouvé, que les seuls corps intéressants sont les oxydes alcalins et alcalino-terreux.

Dans la synthèse de l'acide formique, le « travail préparatoire » auquel faisait allusion Berthelot, est donc accompli à l'aide de cette réaction secondaire ; mais à la température, à la pression, normale, sa réalisation, nous l'avons déjà vu, est fort lente.

La vitesse d'une réaction, d'ailleurs, a divers facteurs : l'expérience a prouvé, qu'en chauffant deux corps réagissant l'un sur l'autre, la vitesse avec laquelle ils se transforment est, jusqu'à une certaine limite, fonction de la température atteinte.

D'autre part, cette vitesse est proportionnelle à leurs chaleurs spécifiques, lesquelles sont variables, selon que l'on opère, à volume ou, à pression constante.

Elle est liée, enfin, à l'homogénéité du corps ; un gaz réagit sur un gaz, d'une façon plus rapide, qu'un gaz sur un solide ; l'oxyde de carbone, *gaz*, par exemple, réagit plus rapidement sur l'ammoniaque et la vapeur d'eau, *gaz*, que sur la soude ou la potasse humides *solides* ; la réaction est intégrale, dans le premier cas, elle semble limitée dans le second.

La vitesse de réaction est encore proportionnelle à l'étendue de la surface libre, de la surface de contact, c'est-à-dire, à l'état de division et, aussi, à l'agitation des corps.

L'application logique de ces principes indique clairement que pour obtenir, par l'oxyde de carbone, une transformation rapide des oxydes alcalins et alcalino-terreux en formiates, il est nécessaire :

1° De porter leur masse, à une certaine température, dont la limite est indiquée, par la décomposition même du corps produit ;

2° De pulvériser les corps solides, de façon à augmenter leurs surfaces de contact, avec l'oxyde de carbone ;

3° De les agiter, d'une façon continue, de manière à en renouveler, sans cesse, les surfaces de contact.

Nous verrons, plus loin, comment, avec beaucoup d'adresse, les créateurs de l'industrie formique ont su tirer parti de ces précieuses indications.

Pour que la formation du formiate puisse s'accomplir dans un temps assez court, il est nécessaire d'élever la température : nous avons vu, d'après les essais de Berthelot, de Mertz et de Joubique, que si on agit sur les oxydes alcalins, soude ou potasse, il fallait les porter à + 220°, pour arriver au maximum de vitesse; or, à quelques degrés au-dessus, la décomposition de ces corps commence et elle paraît complète à + 270°.

Comment éviter les risques d'une telle transformation et comment écarter, toutes chances de destruction d'une synthèse si péniblement obtenue ?

En 1875, Mertz et Tiribica avaient indiqué que, la température de décomposition du formiate de sodium, à la pression normale, se trouve, vers + 270°.

Continuant l'étude de ce sel, en collaboration avec Weeth, Mertz a constaté que, le formiate, chauffé en vase fermé, ne se décompose, totalement, en carbonate et en oxalate de sodium, que de + 350° à + 360°; à + 440°, 75 0/0 se transforment en oxalate.

A + 360°, le formiate de potasse ne donne que du carbonate, mais, à + 440°, dans l'air raréfié, la modification, en oxalate, y atteint une teneur de 80 0/0.

Les formiates alcalino-terreux, (calcium, baryum, strontium, magnésium), ne donnent, à toutes ces températures, que des carbonates, sans traces d'oxalates.

De ce travail, ne retenons qu'un point : c'est que, sous pression, la température de décomposition du formiate de sodium, passe de + 270° à + 350-360°, et rapprochons cette observation du principe posé par Berthelot dans sa *Mécanique chimique*, à savoir « que tout corps porté à sa température de décomposition n'est pas immédiatement détruit; sa vitesse de décomposition variant, non seulement avec la température, mais aussi avec la pression. On peut, dit ce grand savant, en conclure que si, pendant la durée de la réaction, on augmente la pression, on élèvera le point critique où la décomposition se produit et, comme corollaire, on aura chance d'abaisser la température où la réaction atteint son maximum de vitesse. »

Ce fut, évidemment, la réflexion que fit Goldsmith lorsque, très habilement, il tenta d'industrialiser les recherches multiples que nous venons d'exposer.

L'emploi de l'oxyde de carbone, sous pression, à température abaissée, bien qu'il eût été déjà indiqué par Mertz, constitue le point le plus original de son brevet du 4 juin 1895; la méthode de Goldsmith forme, ce que nous appellerons, le procédé de préparation d'acide formique, par l'oxyde de carbone, *sous pression.*

S'inspirant d'idées différentes; se servant des masses catalytiques pour déterminer le travail préparatoire, appliquant le principe d'homogénéité, en ne faisant réagir que des gaz sur des gaz, de Lambilly a isolé, utilisant toujours l'oxyde de carbone, de la réaction première de Berthelot, une méthode différente de celle de Goldsmith : c'est celle que nous appellerons, le procédé de préparation de l'acide formique, *par voie catalytique.*

Kopp, enfin, en utilisant les propriétés réductrices de l'oxyde de carbone pour transformer, comme nous l'avons expliqué, les carbonates, considérés, comme des oxyformiates, en formiates, a créé une troisième méthode : c'est celle que nous appellerons le procédé de préparation de l'acide formique, à l'aide de l'oxyde de carbone, *par réduction* des carbonates ou mieux des bicarbonates.

La synthèse de Berthelot a donc donné naissance à trois méthodes de préparation de l'acide formique différentes :

1° Méthode par pression ou procédé Goldsmith et dérivés ;

2° Méthode par catalyse ou procédé Lambilly et dérivés;

3° Méthode par réduction ou procédé Kopp et dérivés ;

Nous allons, successivement, examiner ces trois procédés, ainsi que les nombreuses modifications qui leur ont été apportées.

Méthode sous pression

Procédé Goldsmith. — Comme nous venons de l'exposer, il était, scientifiquement, établi que la transformation pratique de l'oxyde de carbone, en formiates alcalins, et par suite en acide formique, était possible : on savait que l'alcalin, le plus avantageux à employer, était la soude hydratée et, enfin, on avait constaté qu'il était nécessaire d'abaisser la température de réaction sans, toutefois, en ralentir la vitesse; ce qui n'était possible, comme l'indiquait Mertz, qu'en marchant avec l'oxyde de carbone, sous pression.

Le procédé Goldsmith a été la mise en pratique complète de ces principes divers.

Bien que la fabrication de l'acide formique et des formiates soit tenue très secrète, soit à Copœnick par la Nitritfabrick, soit à Œstricht par Kopp, soit à Echendorff par la Chemischefabrik, soit à Saint-Rambert par Cognat ou à Rouen par la Société Normande de Produits chimiques; quoique l'on connaisse mal l'outillage employé, il est certain que l'oxyde de carbone y est produit par l'une des méthodes que nous avons décrites, ou bien, qu'il provient des hauts fourneaux.

L'usinier a dû choisir, parmi ces différents procédés, celui qui, suivant sa situation, est le plus économique, correspond le mieux à ses besoins et s'adapte, le plus facilement, à la disposition de son usine.

Sauf le cas très exceptionnel, où, on a à sa disposition une source continue d'acide carbonique pur, comme dans une distillerie, ou dans le voisinage d'un haut fourneau, l'oxyde de carbone sera, donc, engendré, soit sous forme de gaz de générateur, soit sous forme de gaz à l'eau; à moins que l'on ne transforme les gaz de fumées, provenant des foyers de l'usine, ce qui est un des moyens les plus économiques de production.

Ce gaz, ou plutôt, ce mélange de gaz obtenu, doit être soumis, comme nous l'avons exposé, à la purification par endosmose, selon la méthode de Jouve et Vautier, puis à la purification par le chlorure de cuivre, soit acide, soit ammoniacal : l'oxyde de carbone, ainsi préparé, est emmagasiné dans des gazomètres, assez semblables à ceux des usines à gaz, où on le garde en réserve, jusqu'à ce qu'on l'expédie aux pompes de compression.

Goldsmith a constaté, après Mertz, que la formation de l'acide formique, par réaction de l'oxyde de carbone sur l'hydrate de soude, qui n'est pratique, à la pression ordinaire, qu'à + 220°, devient, sous la pression d'une atmosphère, possible à la température de 190°; bien que sa vitesse de transformation se maintienne constante, on comprend que, si on augmente la pression, la température de la réaction s'abaisse en raison inverse.

Dans la pratique, on marche actuellement, sous la pression de 7 atmosphères et à la température de + 170°, qui correspond à une pression de vapeur de 8 kilogrammes.

On peut, d'ailleurs, si on le veut, marcher à toute autre température, en faisant varier la pression et, la formule isolée par Pouchine (*S.C.*, 1887) en permet le calcul ; la formule de Pouchine s'écrit :

$$t = T(0{,}813p - 0{,}0_45p^2),$$

T étant la température ordinaire de la réaction, à vitesse constante ;

t, la température de réactions sous pression ;

p, la pression.

D'après Wroblesky, qui a étudié, tout particulièrement, la liquéfaction de l'oxyde de carbone, les abaissements de température constatés ont été :

Pour 12 atmosphères,		de....................	— 141°,3
— 20	—	de....................	— 150°
— 34	--	de....................	— 159°

Le gaz oxyde de carbone, provenant des gazomètres, est comprimé, à pression convenable, à l'aide de pompes ordinaires ; puis, il est envoyé dans les appareils, contenant l'hydrate alcalin, sur lequel il doit réagir.

La base, qui est employée, de préférence, dans le procédé Goldsmith, est la soude ou la chaux sodée.

La soude est réduite en poudre fine, de manière à permettre au gaz d'en pénétrer facilement la masse : à cet effet, on la broie, à l'état sec, dans un broyeur à boulet, en lui ajoutant, soit de la chaux éteinte, soit du charbon, soit toute autre substance susceptible de lui servir de support et, d'empêcher, ainsi, le tassement de la masse, ce qui la rendrait imperméable aux gaz.

On emploie, également, de la chaux sodée que l'on prépare de la façon suivante : dans une lessive formée de 30 kilogrammes de soude Solvay, en plaquettes, dissous dans 75 kilogrammes d'eau, on fait éteindre 100 kilogrammes de chaux vive ; le mélange pâteux, ainsi obtenu, est desséché jusqu'à ce que sa teneur en eau soit réduite à 10 0/0 ; on obtient alors une masse très poreuse et qui absorbe, facilement, l'oxyde de carbone.

On emploie aussi le coke sodé que l'on prépare, en faisant couler, sur du coke métallurgique, une lessive caustique à 40° Bé ; la masse est, ensuite, desséchée, en vase clos, à + 200°.

Dans ces derniers temps, on a cherché à substituer, à l'hydrate de soude, de l'eau de chaux et même, plus simplement, une dissolution aqueuse de soude.

Sous l'action de l'oxyde de carbone, la masse sodique, en se transformant en formiate, subit une augmentation de volume très sensible ; elle est égale, environ, aux 2/3 de la masse initiale mise en jeu : les appareils d'absorption doivent donc être calculés, de telle façon, que ce foisonnement ne gêne en rien l'absorption du gaz.

Quand on emploie la poudre de soude sèche, l'eau nécessaire à la formation de CO^2H^2 est ajoutée, directement, à l'hydrate : on mouille légèrement ce dernier, à raison de 10 à 15 kilogrammes d'eau, par tonne de matière entrant en réaction ; on ne fait jamais usage d'injection directe de vapeur d'eau.

D'après les chimistes de l'Electrochemische Werke de Bitterfeld, à la poudre de soude, à la chaux sodée, employées par Goldsmith, il est avantageux de substituer de la soude en gros morceaux que l'on agite constamment (brevet allemand 179.519, 15 avril 1909). L'agitation ainsi préconisée est, évidemment, au point de vue de l'absorption du gaz, une chose excellente ; mais, l'hydrate pulvérulent, en raison même de la multiplicité de ses surfaces de séparation, est très supérieur à la soude en morceaux, si on se place au point de vue de la vitesse de réaction.

Selon Goldsmith, l'absorbant le meilleur de CO est le mélange de chaux éteinte et de poudre de soude ; la potasse donne aussi de bons rendements, mais, son formiate étant plus dissociable, il faut alors, faire très attention aux variations de température.

La chaux et la baryte ne donnent pas de résultats bien pratiques, en raison, de la faible vitesse que s'effectue avec elles la réaction.

Pour ces motifs, dont une pratique déjà longue a établi le bien fondé, la soude caustique et la chaux, dont les prix sont, d'ailleurs, assez bas, sont les seuls hydrates alcalins utilisés à Copœnick.

Goldsmith ne dit pas s'il a fait usage, quelquefois, dans la réaction, des solvants de l'oxyde de carbone, comme les alcools ou l'esprit de bois préconisés par Berthelot : cela est peu probable, car, on augmenterait ainsi le prix de revient.

La masse alcaline, poudre de soude et de chaux, convenablement humectée, est placée dans des absorbeurs où elle doit subir l'action de l'oxyde de carbone.

Si, on se reporte aux brevets de Goldsmith, on ne trouve point de détails sur ces appareils, sinon qu'ils doivent être chauffés à + 170° et qu'ils doivent être aptes à supporter une pression de 7 atmosphères.

On sait, cependant, que les absorbeurs, construits en tôles d'acier, sont montés, en série, de façon à permettre une absorption méthodique de gaz : la réaction y dure de six à huit heures.

Suivant certains auteurs, la réaction, dans un tel laps de temps, n'est pas complète, et 1/3 seulement de l'hydrate alcalin, mis en jeu, est transformé en formiate; à + 200°, sous 12 à 15 atmosphères, la moitié de l'hydrate se transformerait et, la réaction ne serait complète qu'à + 270° sous 50 atmosphères.

Ces renseignements sont absolument erronés et nous ne les citons que pour les rectifier. Nous sommes en mesure d'affirmer, nous basant aussi bien sur les résultats obtenus à Copœnick qu'à Œstrich, ainsi que sur nos essais personnels, qu'à + 170°, sous 6 à 7 atmosphères de pression, la totalité de l'hydrate alcalin est transformée en formiate.

Néanmoins, on doit reconnaître que, plus la température est élevée et la pression forte, plus grande est la vitesse de réaction; mais cette dernière est limitée, surtout au point de vue thermique, par la dissociation, la décomposition, ou la transformation du formiate.

Avec la chaux et les terres alcalines, selon Robine, on peut monter, sans grands risques, jusqu'à + 250° ; avec le carbonate de soude, la température critique semble être + 220°; mais, avec les hydrates alcalins, il est imprudent de dépasser + 200°.

En raison de la loi des masses, on a toujours intérêt à faire réagir, sur l'hydrate alcalin, un sensible excès d'oxyde de carbone, de telle façon que la totalité de l'hydrate, mis en jeu, soit transformée : la disposition des absorbeurs en série permet, assez facilement, de répondre à cette condition.

On sait, d'ailleurs, que l'équilibre, s'établissant entre deux corps en réaction, varie selon les masses relatives des composants, d'une façon continue. Toutes les fois que la masse de l'un des composants est plus petite que celle de l'autre, les résultats sont proportionnels à la plus petite des masses; cela, en raison de ce que, la plus petite des masses est la seule qui puisse tendre vers une combinaison complète : l'excès de CO tendra, donc, à déterminer la transformation complète de l'hydrate alcalin protagoniste.

En dehors de cette raison très importante, qui justifie, à elle seule, l'emploi d'un excès d'oxyde de carbone; il faut, également, tenir compte, qu'au fur et à mesure de son absorption, par l'hydrate alcalin, la pression de l'oxyde de carbone, à l'intérieur de l'appareil où la réaction s'effectue, tend à s'abaisser, et que, par suite, si un afflux nouveau de gaz ne se produit pas, il devient, impossible de maintenir constante la température de l'ensemble : on voit alors diminuer, dans de trop sensibles proportions, la vitesse de réaction.

Si, au contraire, la pression variant de 7 à 3 atmosphères, on relève la température de 170° à 200°, on pourra obtenir, une constance parfaite, dans la vitesse de réaction.

A côté des absorbeurs simples, constitués par une série de vases en tôle d'acier, à fonds bombés, et communiquant les uns avec les autres, le gaz pénétrant par le fond pour ressortir par le haut, un peu à la façon des laveurs; on peut concevoir d'autres appareils de fabrication des formiates, variables, d'ailleurs, selon que l'on considère, comme indispensable ou comme inutile, le brassage des corps en contact.

Si on le juge inutile, la réaction peut être obtenue dans une série de réservoirs à chicane, analogues aux chambres à chlore, et montés en série : l'hydrate alcalin est disposé sur les diverses tablettes des chicanes et l'oxyde de carbone en excès, surtout dans le haut des chambres, est renvoyé, par un tuyautage en col de cygne, dans le bas de la chambre suivante ; l'absorption, dans cette hypothèse a lieu, par lèchement.

La circulation du gaz, dans de tels appareils, est déterminée, soit par un ventilateur placé en tête, soit, par une trompe placée en queue.

L'appareil est chauffé, soit par un serpentin ou des tables chauffantes intérieures, constituant la chicane, soit par une enveloppe extérieure de vapeur.

Dans le second cas, on peut employer un appareil d'absorption, analogue à un four tournant, ou mieux, à un dessiccateur Donnard muni d'un faisceau de tubes de chauffage intérieur.

Ce sera, dans tous les cas, un large cylindre, construit en tôle de 17 à 20 millimètres, assez forte pour supporter la pression de 7 atmosphères, à l'intérieur, ou de 1 kilogramme venant de l'extérieur, monté sur galets et sur tourillons, muni d'un bouchon autoclave de chargement et de suffing boxes, permettant l'entrée de la vapeur, dans le faisceau tubulaire, et du gaz CO dans l'intérieur de l'appareil.

En raison des pressions qu'il devra supporter, l'appareil sera éprouvé à 10-12 atmosphères : il devra être, ainsi que tous ses organes accessoires, parfaitement étanche, car *le mélange d'oxyde de carbone avec l'air, en cas de fuite, constitue un danger permanent ou d'asphyxie ou d'explosion* dont on ne saurait trop tenir compte.

Toutefois la température d'inflammation d'un mélange d'air et d'oxyde de carbone, ne se faisant qu'entre + 600° et + 800°, si on prend soin d'écarter des appareils, toute lumière libre, on a chance de réduire, au minimum, les dangers d'explosion.

La température d'inflammation de l'oxyde de carbone est, d'ailleurs, celle pour laquelle la tension de vapeur est telle que, celle-ci forme, avec l'atmosphère, un mélange détonant.

Selon LeChatelier, cette température varie, entre + 630° et + 725°.

En cas d'inflammation, le danger est très grand ; car, il ne faut pas oublier que la vitesse de l'onde CO + O est de 1.089 mètres, par seconde et, qu'elle augmente, sous la pression.

Il est, d'ailleurs, facile dans la pratique d'éviter toutes chances d'inflammation, soit en renonçant au travail de nuit, soit, en éclairant uniquement l'atelier, avec des lampes à incandescence placées, en double enveloppe, soit enfin avec des lampes à vapeur de mercure.

Le danger d'empoisonnement des ouvriers, à la suite de fuites, est beaucoup plus considérable que le risque d'explosion. Les accidents multiples, survenus à Copœnick et dans diverses usines, où il y a eu mort d'hommes, justifient toutes les mesures de précaution qui ont été prises par les autoritées chargées de la surveillance de cette industrie délicate.

On connait la toxicité de CO et son action sur le sang ; sa présence, à la dose de 4 0/0, dans une pièce, en rend l'atmosphère irrespirable.

Étant donné que, CO est sans odeur, si on ne prend pas la précaution de lui ajouter, comme dans le gaz à l'eau, un composé très odorant, la naphtaline ou la pyrridine, par exemple, on a chance de ne point s'apercevoir des fuites, qui se produisent toujours, quelques précautions que l'on prenne dans la construction des appareils.

La chaudronnerie des absorbeurs doit, par suite de ces risques, être particulièrement soignée, de façon à éviter toutes pertes ; ils doivent être assemblés à clouûres et avec triple rivetage, en quinconce ; les fonds doivent en être emboutis avec une flèche d'au moins 20 0/0 du diamètre ; après chaque opération, l'étanchéité doit en être très soigneusement vérifiée.

Les appareils d'absorption doivent être installés dans des ateliers très aérés, constitués, soit par des hangars à l'ouvert, soit par des hangars simplement persiennés ; les toits doivent être munis de lanternaux, également persiennés, et ayant, au moins, une hauteur de 1 mètre, sur une largeur de $1^m,50$.

Au-dessus de chaque absorbeur, il est prudent d'installer une vaste hotte en bois, placée à 50 centimètres, au-dessus du sommet de l'appareil, communiquant avec l'extérieur, et munie d'un puissant ventilateur Blackmann.

Pendant toute la durée du passage de l'oxyde de carbone à travers l'absorbeur, le ventilateur doit fonctionner, de façon à déterminer, au-dessus de cet appareil, un puissant appel d'air, permettant l'évacuation immédiate de toutes les quantités de CO qui auraient pu s'échapper, soit par les rivetages, soit par les ouvertures.

Des tubes indicateurs contenant, soit du papier ioduro amidonné, soit tout autre réactif, doivent être placés dans le voisinage des absorbeurs.

Il est prudent d'y mettre, également, des ballons d'oxygène, de façon à pouvoir porter un secours immédiat, à toute personne atteinte par l'asphyxie.

Lorsque la réaction de l'oxyde de carbone sur l'hydrate alcalin est terminée ; on isole, par une série de robinets disposés *ad hoc*, l'appareil d'absorption, du courant de CO : cette isolation étant faite ; soit à l'aide des pompes de compression, soit à l'aide d'un ventilateur ou d'une trompe, on fait passer, dans l'absorbeur, un violent courant d'air, de façon à y déterminer l'éviction des moindres traces de gaz toxique.

Si, au lieu de marcher, d'après le système d'absorption méthodique, on procède en suivant le principe de l'appareil isolé, où on comprime, en une seule fois, la quantité d'oxyde de carbone nécessaire à la réaction ; la marche de cette dernière est beaucoup plus facile à suivre.

A fur et à mesure que la combinaison, entre CO et l'hydrate alcalin se produit, la pression, qui était initialement de 7 atmosphères, s'abaisse, et il est, alors, facile de suivre la marche de la réaction, d'après les indications du manomètre ; lorsque l'absorption est complète, la pression, de positive devient négative, et le manomètre indique un vide correspondant à 65-70 centimètres de mercure.

Il faut tenir, en tel cas, dans les conditions de construction des appareils industriels, un grand compte de ce renversement des pressions, qui vont tout d'abord, travaillant du centre vers la périphérie, puis, de la périphérie vers le centre.

Ce phénomène ne se produit que si on travaille avec la quantité d'oxyde de carbone correspondant, strictement, à l'hydrate alcalin mis en jeu ; si on emploie, comme nous l'avons conseillé plus haut, en obéissant à la loi des masses, un fort excès d'oxyde de carbone, l'abaissement de pression sera proportionnel à cet excès même.

Le mélange d'air et d'oxyde de carbone, provenant de la ventilation des absorbeurs, peut être envoyé aux épurateurs à chlorure cuivreux ou, si la richesse en CO y est trop faible, évacué dans une grande cheminée, ou bien encore, brûlé sous les grilles du générateur.

Le maniement de l'oxyde de carbone, dans les absorbeurs, étant excessivement délicat, en raison tout d'abord des qualités toxiques de ce gaz, puis ensuite des risques de formation de mélange détonant, il est bon de vérifier, par de fréquentes analyses, la teneur en oxyde de carbone de l'atmosphère avoisinant les absorbeurs.

Il est utile de procéder, aux mêmes vérifications, avant de pénétrer dans les appareils, pour y enlever le formiate produit.

Dans ce but on peut employer le procédé, très pratique isolé par Mermet (*S. C.*, t. XVII, p. 467). Il est basé sur le principe suivant : une solution faible de permanganate de potasse, acidulé par l'acide azotique, se décolore sous l'influence de CO, et, en présence de l'azotate d'argent, cette décoloration est presque instantanée ; le réactif permet le dosage de CO depuis 1/500 jusqu'à 1/100.000.

Les deux liqueurs employées se préparent d'avance, dans les conditions que voici :

Liqueur d'argent A. — Dissoudre 2 ou 3 grammes d'azotate d'argent, dans un litre d'eau distillée.

Liqueur de permanganate de potasse B. — Faire bouillir quelques grammes de AzO^3H, dans un litre d'eau distillée, puis ajouter, goutte à goutte, une solution de permanganate jusqu'à ce que l'on obtienne une coloration rose persistante ; après refroidissement, on ajoute 1 gramme de permanganate de potasse cristallisé et 50 grammes d'acide nitrique 30° pur. Les liqueurs doivent être conservées à l'abri de la lumière et des poussières.

Pour préparer le réactif de l'oxyde de carbone, on mélange au moment de l'essai :

Liqueur A d'argent	20 centimètres cubes	
Liqueur B de permanganate	1	—
Acide azotique 30° pur	1	—

et on complète à 50 centimètres cubes avec de l'eau distillée : la liqueur ainsi préparée a une coloration rose.

La recherche de CO se fait; soit en faisant barboter l'air suspect, à travers une série de flacons de Wolf; soit en remplissant d'air suspect et d'air pur, deux flacons témoins, où, à l'aide de tubes à brome, on introduit une quantité donnée de réactif.

On peut également se rendre compte de l'état de l'atmosphère, à l'aide du papier au chlorure de palladium, qui, en présence de CO, donne une coloration noire caractéristique ; ce réactif est excellent dans la recherche des fuites, soit sur le tuyautage, soit dans les appareils.

On peut aussi utiliser la méthode de Nicloux, basée sur la réaction qui se produit entre l'anhydride iodique et l'oxyde de carbone à 60°-65°; la méthode de La Harpe et de Reverdin (*S. C.*, t. III p. 163) qui consiste, après avoir filtré l'air suspect sur de la soie de verre, à le faire passer sur de l'acide iodique pur et sec, à + 150°, puis sur de l'empois d'amidon ; il y a alors transformation de CO en CO^2 et mise en liberté d'une quantité correspondante d'iode, que l'on peut doser.

Armand Gautier recommande cette réaction, mais il lui préfère, encore, celle du chlorure d'or qui réagit à froid et d'une façon presque instantanée.

On peut, aussi, employer le papier ioduro amidoné, précaution qui est préconisée par divers conseils d'hygiène.

La présence d'oxyde de carbone, dans l'atmosphère d'atelier, à dose nocive, peut être aussi décelée par l'avertisseur de Racine.

Ce savant décrit, de la manière suivante, son appareil (*S. C.*, 3ᵉ série, t. I, p. 550) :

« Le principe de l'appareil auquel je me suis arrêté, dit Racine, est fondé sur la propriété qu'a le noir de platine d'absorber l'oxyde de carbone, en dégageant de la chaleur. Dans le circuit d'un courant électrique, on intercale deux languettes métalliques, superposées à plat, de manière à se toucher et à fermer le circuit. Une tige recourbée est dressée près de ces deux languettes, et son extrémité se trouve à une certaine distance, au-dessus du bout de la languette supérieure. Un fil combustible (nitro-cellulose) est attaché, d'une part, à l'extrémité libre de la tige, de l'autre, au bout libre de la languette supérieure. Ce fil, qui sert à écarter les deux languettes, est entouré d'une gaine de mousseline contenant un morceau de coton-poudre saupoudré de noir de platine. La présence d'oxyde de carbone, dans l'air ambiant, provoque au contact avec le noir de platine, la combustion, du coton-poudré, puis du fil : la languette supérieure, n'étant plus retenue, vient toucher la languette inférieure, ce qui ferme le courant et met en mouvement une sonnerie placée dans le circuit. »

L'appareil est très sensible, lorsque l'atmosphère contient 1 0/0 d'oxyde de carbone, et il fonctionne au bout de quatre à cinq minutes de contact : à une teneur inférieure, il réagit encore, mais fonctionne assez lentement et, en tel cas, son indication est peu sûre.

Par rapport à l'indicateur à oiseau, le coefficient de sécurité donné par l'appareil, semble être, d'après les essais de Racine, d'environ 50 0/0.

Il permet d'éviter évidemment des accidents graves, mais étant donné son mode même de construction, il est bon de l'employer, concurremment, avec le papier au chlorure de palladium.

Si on se reporte aux expériences de Stammer, de Deville, de Grumer, l'oxyde de carbone semble attaquer légèrement le fer et l'acier ; toutefois l'attaque est tellement faible qu'il ne paraît guère nécessaire de doubler les absorbeurs en plomb, si on a soin de les construire en tôles suffisamment épaisses ayant 17 à 20 millimètres d'épaisseur, au minimum.

On peut, assez facilement, calculer le volume à donner aux absorbeurs, en partant, par exemple, d'une quantité donnée d'hydrate alcalin à transformer.

L'équation chimique indique que, pour 100 kilogrammes d'hydrate de sodium, il faudra employer 70 kilogrammes d'oxyde de carbone, ces deux corps donnant, la réaction accomplie, 170 kilogrammes de formiate de sodium, puisque la réaction est intégrale.

Une telle quantité de formiate correspond, environ à 125 kilogrammes d'acide formique anhydre.

Le poids du litre d'oxyde de carbone étant de $1^{gr},2$, sous 760 millimètres de mercure et à + 15°, les 70 kilogrammes, nécessaires à la réaction, correspondront à un volume de 59 mètres cubes.

Le volume occupé par ce même poids de gaz, à la pression de 7 atmosphères, et à la température de + 170°, sera donné par la formule :

$$V' = V \left[\frac{A(1 + 0,00367t')}{H'(1 + 0,00367t)}\right],$$

V, étant le volume, à la pression 760 millimètres et à la température + 15° ;

V', étant le volume, à la pression de 7 atmosphères et à la température + 170° ;

H, étant la pression de 760 millimètres ;

H', étant la pression de 7 atmosphères ;

t', étant la température de + 170° ;

t, étant la température de + 15°.

Dans ces conditions, on trouve que :

$$V' = 12.900 \text{ litres.}$$

Si on travaille, comme nous l'avons exposé, avec un excès d'oxyde de carbone, de façon à éviter les variations de température et à obtenir le maximum de vitesse de réaction, en transformant l'hydrate en formiate ; il faudra employer un absorbeur d'environ 20 mètres cubes.

Comme dans tous les procédés chimiques, où l'on fait réagir des gaz sur des solides ou des liquides, comme dans le procédé Solway, par exemple, le volume des appareils à mettre en jeu, dans une fabrication de quelque importance, est excessivement considérable ; car, à une tonne d'acide formique produit, correspond un volume de 180 à 200 mètres cubes.

C'est là, d'ailleurs, l'un des graves défauts du procédé Goldsmith qui, pour une production relativement faible, exige un appareillage considérable, matériel, dont la valeur assez haute vient lourdement, grever la fabrication, de frais d'amortissement et de service d'intérêt de capital engagé fort élevés.

Malgré le bas prix des matières premières, c'est pour ce motif que le prix de revient de l'acide formique, par le procédé Goldsmith, est resté assez élevé et qu'il se maintient pour un produit à 90 0/0 de richesse, entre 60 et 65 francs les 100 kilogrammes [1].

[1] Le rapport Chastaing, présenté au Sénat en vue du relèvement du droit de douane, évalue le prix de revient en France, de l'acide formique, préparé par le procédé Goldsmith à 78 francs les 100 kilogrammes (décembre 1911).

Pour obvier à cet inconvénient, Rudolf Kopp, se basant sur la solubilité de l'oxyde de carbone dans l'eau, à assez haute température, a cherché à substituer à l'hydrate de sodium et à la chaux sodée, une dissolution de soude caustique.

Sa découverte a été brevetée en 1904 (brevet allemand 342.168, 6 avril 1904) : le contact intime entre l'oxyde de carbone et les lessives est obtenu; soit par pulvérisation du liquide; soit par agitation mécanique; soit par insufflation, à l'aide de tuyères; soit par circulation, en lames minces, sur des chicanes.

Le cheminement du liquide et du gaz, ayant lieu en sens contraire, la réaction doit se faire, en vase clos, vers 200°, en employant de l'oxyde de carbone le plus pur possible et de la lessive de soude à 40° Baumé.

L'insufflation de l'oxyde de carbone se fait, pendant une demi-heure : au bout d'une heure, la réaction est terminée; on peut aussi employer de la lessive à 15°, mais la réaction est plus longue.

On emploie, également, le sulfate de soude, en présence de chaux; la durée de la réaction est alors de trois heures, et elle donne du CO^2HNa et du sulfate de chaux.

Kopp a, également, employé une dissolution de chaux à 10° B., avec laquelle il obtient la formation de formiate calcique; la réaction dure trois heures, à + 220°.

On a également proposé l'emploi, soit d'ammoniaque aqueuse, soit de lessives de potasse, de baryte ou de strontiane : aucune de ces méthodes n'est entrée dans la pratique.

Ces procédés sont assez semblables à ceux brevetés par l'usine de Moulins (brevet français 382.001).

Plus original est le brevet anglais 13.953 de l'United Alkali, qui, bien qu'utilisant l'action de CO sur les dissolutions aqueuses des bases, en facilite la réaction, par l'addition de sels de titane, lesquels agissent, un peu, à la façon des sels de vanadium.

La Nitritfabrik, si on se reporte à son brevet 367.008 (13 novembre 1906) semble être entrée, dans la même voie que Kopp, et cherche à substituer, aux hydrates alcalins solides, des dissolutions aqueuses du caustique : en agissant à 200°, ses chimistes seraient arrivés à abaisser la pression de CO à 1 atmosphère, sans diminuer la vitesse de réaction.

Le volume moléculaire de l'hydrate de sodium étant de 18,75, celui du formiate de sodium étant de 35,75; on peut considérer que, lorsque l'action de l'oxyde de carbone est terminée, l'hydrate de sodium a doublé de volume.

Le formiate de sodium, produit final de la réaction, se présente sous l'aspect d'un sel anhydre, s'il a été obtenu par synthèse, comme dans la méthode Goldsmith : il a la composition centésimale suivante :

Acide formique..............................	66,18 0/0
Sodium...................................	33,82 —

D'après les essais de Riban sur le formiate anhydre, son point de fusion se trouve entre 185° et 200° : en solution, même à + 175°, sous pression, il se dissocie peu.

Avant de décomposer CO^2HNa par un acide minéral, en vue d'obtenir CO^2H^2, il est bon de le dessécher complètement, car, dans sa formation normale, il cristallise avec 3 molécules d'eau.

Selon certains auteurs, sa teneur en eau dépend de la température à laquelle il a été cristallisé : à 0°, il serait trihydraté, à + 17° dihydraté et, à partir de + 25°, on n'obtiendrait plus que du monohydraté : il se conduirait donc, d'une façon analogue, au sulfate de soude.

Lorsque l'on soumet le formiate de sodium hydraté à l'action de la chaleur, on observe deux fusions successives; l'une à + 127°, qui semble donner un corps semblable aux chlorures de magnésium ou de calcium fondus; l'autre à + 150°, qui donne du sel anhydre : pour obtenir un sel parfaitement sec et relativement peu hygroscopique, il est bon de porter la chauffe jusqu'à + 170°.

A ces températures, il n'y a pas de grands dangers de décomposition, car on reste, somme toute, dans les limites indiquées par Riban ; mais si on pousse la température plus haut, il y a transformation du formiate, ainsi que l'avait indiqué Mertz, d'abord en oxalate, puis en carbonate.

Ces réactions de transformation des formiates en oxalates sont, aujourd'hui, utilisées, par Kopp, à Œestrich, où l'on prépare l'acide oxalique, en partant des formiates et, par l'Electricwerke, qui a fait breveter ce mode de fabrication (*D. R. P.*, brevet 381.245).

Le sel sortant des absorbeurs Goldsmith, ayant été obtenu à la température de + 170°, est sensiblement anhydre, mais il contient, par suite de surchauffes impossibles à éviter, diverses impuretés.

On y trouve, environ, 4 0/0 de carbonate de soude et 1·0/0 d'oxalate de sodium; on y rencontre aussi du soufre, qui, à la décomposition, donne de l'acide sulfhydrique, selon l'équation :

$$CH^2O^2 + S = CO^2 + H^2S.$$

Le formiate brut extrait des appareils est, d'ailleurs, presque toujours fondu à l'eau, filtré, de façon à le séparer de la chaux ou du charbon de support, puis reconcentré, cristallisé et desséché; on en titre les liqueurs, à la solution de brome, en présence de lessive caustique.

On extrait, d'une façon générale, l'acide formique du formiate de sodium, en faisant réagir un acide fort sur ce dernier sel.

Goldsmith emploie, de préférence, l'acide sulfurique : la réaction se fait, alors, selon l'équation :

$$(CO^2HNa)^2 + SO^4H^2 = Na^2SO^4 + 2CO^2H^2.$$

L'équation thermique se présente ainsi :

356 calories plus petit que $512^{cal},8$;

En raison de la loi du travail maximum, la décomposition doit donc être complète et, le dégagement d'acide formique absolu, même à froid.

En réalité, si on se reporte à Berthelot, la réaction serait beaucoup moins simple.

En partant de la base, il y a formation de deux sels acides, et on a tout d'abord :

$$(CO^2HNa)^2 + SO^4H^2 = (CO^2HNa, CO^2H^2) + NaHSO^4,$$

puis, sous l'influence de la chaleur, les sels acides se dissocient, et on obtient, en seconde phase :

$$(CO^2HNa, CO^2H^2) + NaHSO^4 = (CO^2H^2)^2 + Na^2SO^4.$$

Cette hypothèse parait fondée, car, en dépit de la grosse différence de l'équation thermique, la décomposition complète du formiate de sodium, par l'acide sulfurique, ne se produit qu'à chaud.

Si on agit, avec ce dernier corps, comme acide fort, étant donné qu'il se présente dans des états d'hydratation très divers et que, d'après sa composition et les températures auxquelles on agit, l'eau qu'il apporte peut aller, soit à l'acide formique, soit au sulfate de soude, le processus du traitement se trouve, en tels cas, assez complexe.

Si on veut obtenir, seulement, un acide formique à concentration moyenne, tel qu'actuellement le consomme la teinture ou l'impression, c'est-à-dire à 60 0/0 de CO^2H^2, on peut employer pour le déplacement l'acide sulfurique 53°; l'acide formique brut, ainsi obtenu, titre de 55 à 60 0/0; comme la réaction s'est effectuée, entre 100 et 108°, toute l'eau de l'acide sulfurique se porte sur l'acide formique et le sulfate de soude résiduaire est anhydre.

En employant l'acide sulfurique 60°, la richesse de l'acide formique obtenu remonte un peu et arrive à 70-75 0/0 CO^2H^2.

Enfin, en utilisant l'acide sulfurique monohydraté SO^4H^2, on obtient de l'acide formique 80-85 0/0 CO^2H^2, mais il faut opérer avec beaucoup de prudence, car, par surchauffe, on détermine facilement la décomposition de CO^2H^2, en CO, selon l'équation :

$$CO^2H^2 + SO^4H^2 = CO + SO^4H^2,H^2O:$$

il y a formation de dihydrate d'acide sulfurique.

D'après Moissan, ce danger de décomposition, est bien moins, à craindre qu'on ne le croit, généralement car, pour déterminer la réaction de décomposition de CO^2H^2 il faut employer 5 à 6 fois son poids d'acide sulfurique : c'est, d'ailleurs, ce que Dobereiner et Pelouze indiquaient.

Nous verrons, d'ailleurs, en étudiant la concentration de l'acide formique, que, dans certaines conditions, on peut, sans grands risques, faire réagir sur lui l'acide sulfurique concentré et en masse.

Il est facile, d'ailleurs, d'éviter toutes chances de décomposition, en agissant dans le vide : cette méthode a été dernièrement brevetée, en Allemagne et en Angleterre, par Dye, qui l'applique à la décomposition des formiates par SO^4H^2; elle avait été indiquée, bien avant ce chimiste, par Maquenne, dans le *Bulletin de la Société chimique* (t. L, p. 672); cette antériorité semble donc rendre nul le brevet de Dye; la méthode préconisée par lui se trouvant déjà dans le domaine public.

L'opinion de Moissan, d'ailleurs, se justifie très bien si, on réfléchit à ce que la réaction de décomposition de CO^2HNa, en CO^2H^2, sous l'influence de SO^4H^2, se fait en diverses phases et que la formation des sels acides, formiates et sulfates, en modère la brutalité. On évite, ainsi, des décompositions qui, avec l'acide formique seul, sont susceptibles de se produire, dès + 120°.

D'autre part, si on fait réagir SO^4H^2 sur $NaCO^2H$, dans le vide, ou tout au moins à pression réduite, et, si on recueille l'acide produit dans un récipient refroidi, toutes les chances de décomposition se trouvent écartées: en effet, avec un vide de 20 centimètres de mercure, on obtient, à + 60°, la décomposition totale de formiate, avec production d'acide formique concentré.

Dans les méthodes de préparation anciennes, comme le procédé Dobereiner, par exemple, au lieu d'agir sur le formiate desséché, on traitait, par SO^4H^2, des dilutions plus ou moins étendues; on pensait éviter, ainsi, toutes les chances de décomposition,

C'est, pour ce motif, que Pelouze, dont nous citions l'opinion plus haut, recommandait de traiter la dissolution saturée de formiate sodique par une dilution d'acide sulfurique, de densité 1,472, contenant 845 grammes de SO^4H^2 au litre et répondant, sensiblement, à la formule du dihydrate SO^4H^2, H^2O.

A l'acide sulfurique, on a tenté de substituer divers acides minéraux, agissant, autant que possible, à l'état de gaz pur et sec, de façon à réduire, au minimum, les chances d'hydratation de CO^2H^2.

Nous, avons, déjà signalé l'emploi de l'acide sulfhydrique, qui est surtout, utilisé avec le formiate de plomb et, celui de l'acide sulfocyanique agissant, dans les mêmes conditions, sur le formiate de cuivre.

On peut également faire réagir ces deux gaz sur le formiate de sodium; mais la mise en liberté de CO^2H^2, sous l'influence de H^2S, n'a lieu qu'avec l'intervention d'une forte chauffe, aux environs de + 150° à + 160°, ce qui fait courir le risque d'une décomposition partielle de l'acide formique mis en liberté, la décomposition commençant vers + 120°.

Avec l'acide sulfhydrique, la réaction se passe selon l'équation :

$$(CO^2HNa)^2 + H^2S = Na^2S + (CO^2H^2)^2,$$

l'équation thermique s'écrit :

278 plus grand que 271 calories.

ce qui montre la nécessité de l'intervention de la température, pour obtenir la décomposition.

On peut tourner cette difficulté, en agissant, sur une dissolution de formiate, au lieu d'agir sur le formiate desséché : il y a, alors, genèse de sulfure dissous, dont la chaleur de formation est de 103 calories, alors que, celle du sulfure anhydre, n'est que de 88 calories ; la réaction devient, alors, exothermique et se fait facilement, mais, elle ne donne que de l'acide formique dilué.

Avec l'acide sulfocyanique, CyHS, la décomposition du formiate sodique s'obtient plus facilement ; l'équation chimique s'écrit :

$$CO^2HNa + CyHS = CO^2H^2 + CySNa,$$

et l'équation thermique se chiffre :

135 calories plus petit que 170^{cal},5.

La décomposition peut, on le voit, se faire à froid, mais elle est fort lente, et il est bon de la faciliter par une chauffe légère, vers + 60-65°.

A ces acides, on a proposé de substituer l'acide chlorhydrique gazeux et sec qu'il est, aujourd'hui, plus facile et plus économique de produire que H^2S ou CyHS.

L'acide chlorhydrique donne, en effet, de très bons résultats, mais, à la condition, d'être employé en quantité juste suffisante, pour décomposer CO^2HNa ; si on l'emploie en excès, on le retrouve dans CO^2H^2, où il constitue une impureté gênante.

La réaction se fait, selon l'équation :

$$NaCO^2H + HCl = CO^2H^2 + NaCl.$$

CO^2H^2 et HCl, étant supposés gazeux et CO^2HNa et NaCl solides, l'équation thermique sera :

138 calories plus petit que 160^{cal},7.

La réaction, si la masse est agitée, de façon à renouveler les surfaces de contact, se fait à froid, complètement et rapidement.

A l'état de dilution, l'acide chlorhydrique réagit, de la même façon, sur les dissolutions des divers formiates : l'étude de ces réactions a été faite par Berthelot dans son *Traité de Mécanique chimique*, et il a examiné, en même temps, les actions de l'acide formique, sur les chlorures de même base que l'acide formique. Voici, d'ailleurs, le résumé de son étude.

HCl et CO^2HK-HCl + CO^2H^2 — tous corps étant dissous.
CO^2HK (1 éq. 6 l. H^2O) + HCl (1 éq. 2 l. H^2O) + $0^c,79$
CO^2H^2 » + HCl » + $0^c,08$

HCl déplace, CO^2H^2, des solutions étendues de CO^2HK, les sels étant supposés anhydres et les acides gazeux, la différence de l'équation thermique est de + $15^{cal},7$ et les acides étant supposés étendus, de + 4 calories.

L'acide formique est susceptible, cependant, de déplacer faiblement HCl de ses combinaisons.

HCl + CO^2HNa-$NaCl$ + CO^2H^2 tous corps étant dissous.
CO^2HNa (1 éq. 3 l. H^2O) + HCl (1 éq. 2 l. H^2O) + $0^c,70$
CO^2H^2 » + $NaCl$ » + $0^c,00$

La réaction est la même qu'avec le sel de potasse; les sels étant supposés anhydres, et les acides gazeux, la différence de l'équation thermique est de + 13 calories, et, les acides, étant supposés étendus, de + $1^{cal},3$.

HCl + CO^2HBa-$BaCl$ + CO^2H^2 — tous sels étant dissous.
CO^2HBa (1 éq. 4 l. H^2O) + HCl (1 éq. 2 l. H^2O) + $0^c,9$
CH^2O^2 » + $BaCl$ » + $0^c,06$

La réaction se présente comme exothermique et doit se réaliser : si on la chiffre, HCl et CO^2H^2 étant considérés comme gazeux, les sels étant considérés comme solides, elle dégage + 10 calories : si on prend HCl et CO^2H^2, étendus, elle ne donne plus que + $1^{cal},7$. Le réaction, dans le cas HCl + CO^2HBa, est favorisée par la formation de chlorure de baryum cristallisé, la chaleur provenant de l'hydratation, s'ajoutant à la différence de l'équation thermique.

Cet hydrate, d'après les travaux de Ruddorf et de Cappet, ne se dissocie pas à la dissolution et reste stable.

La formation d'hydrates explique, assez facilement, dans le cas de CO^2H^2 réagissant sur $NaCl$: il y ait, comme l'a constaté Cazeneuve, déplacement de la base sodique, la réaction est, d'ailleurs, réversible et doit s'écrire :

$$NaCO^2H + HCl \rightleftarrows NaCl + CO^2H^2.$$

A première vue, cela semble contraire à la loi du travail maximum, il n'en est rien, car, il faut faire entrer en ligne de compte :

1° la formation de sels acides ; 2° la formation de sels hydratés, réactions qui dégagent, toutes deux, une certaine quantité de chaleur.

La transformation doit, en réalité, s'écrire :

$$(NaCO^2H)^2 + HCl = NaCl + NaCO^2H,CO^2H^2,$$
$$NaCl + NaCO^2H + 3H^2O = NaCO^2H^2,3H^2O + HCl.$$

La seconde équation, chiffrée thermiquement, tous les corps étant considérés comme dissous, s'écrit

395 calories plus petit que $421^{cal},4$;

on s'explique donc que, dans ces conditions, CO^2H^2 réagisse sur NaCl, mais aussi, que la réaction n'ait lieu, qu'en présence d'eau : à l'état gazeux CO^2H^2 est sans action sur NaCl ; l'équation n'est donc réversible que, dans le cas où, les corps entrent en jeu, à l'état de dissolution.

Avec les sels de zinc, la réaction est encore plus nette : Gainzmann en a déduit toute une méthode de formation des formiates de zinc, par action de l'acide formique, sur le chlorure de zinc ; méthode qu'il a utilisée, d'ailleurs, dans la préparation des éthers formicobornyliques.

La réaction est, d'ailleurs, limitée, et la quantité de sel formé est donnée par la formule :

$$y = a \log_{10} x + b ;$$

a et b, étant des constantes dépendant du sel et de l'acide mis en œuvre et variant avec la solubilité des sels obtenus.

Suivant le formiate mis en jeu, il faut, dans la première phase de l'équation considérée comme réversible, une fois 1/2 le poids moléculaire de HCl avec le sel sodique, 2,0 fois avec le sel potassique et 12 fois avec le sel de strontiane.

Dans la seconde phase de l'équation — décomposition de chlorure par CO^2H^2 — ; avec NaCl, pour décomposer une partie du sel en jeu ; il faut 1,6 poids moléculaire de CO^2H^2 : il en faudra 1,4, avec KCl et, 1,05, avec StCl.

En agissant, avec de l'acide chlorhydrique gazeux sur du formiate de sodium desséché, la réversion de l'équation de décomposition n'est pas à craindre, et, la seule précaution qu'il y ait à prendre est de ne pas employer HCl, en excès.

La teneur exacte en soude du formiate brut, ayant été déterminée par un essai préalable, on calcule la quantité d'HCl gazeux nécessaire pour déplacer CO^2H^2 : pour 68 kilogrammes de formiate de sodium sec, il faut 36 kilogrammes de HCl qui, à la pression de 760 millimètres de mercure et à 15°, le litre pesant 1,63, représentent 22 mètres cubes.

On peut procéder au traitement de deux façons différentes :

1° En faisant réagir HCl, comprimé à l'aide d'une pompe d'Oggersheim, sur le formiate placé dans un appareil rotatif, un peu semblable à l'absorbeur Boulouvard. La réaction est presque immédiate ; les résultats en sont de l'acide formique à haute concentration et du chlorure de sodium ; une petite partie de ce corps, 6 0/0 environ, se dissout dans l'acide formique, mais on l'en sépare, assez facilement, par cryolise.

HCl sec, étant sans action sur les métaux, l'absorbeur peut être construit en tôle plombée, que CO^2H^2 n'attaque que très faiblement.

L'acide brut, pouvant contenir des traces d'acide chlorhydrique, est rectifié sur du formiate de soude sec ; on peut, aussi, faire passer les vapeurs de CO^2H^2, à travers une colonne chargée d'un formiate anhydre.

2° En faisant passer les vapeurs de HCl à travers une série de chambres d'absorption, semblables à celles utilisées pour la fabrication du chlorure de chaux et, sur les chicanes desquelles on place du formiate desséché, et l'acide formique dégagé se rassemble dans le fond des chambres et s'écoule par un col de cygne. Ce procédé évite l'emploi de la pression, mais l'acide formique y est toujours souillé de traces de HCl ; on le rectifie sur du formiate de plomb qui donne avec HCl, du chlorure de plomb insoluble.

Avec HCl bien desséché et du formiate anhydre, en marchant à pression réduite et à basse température, on peut obtenir, le condenseur des vapeurs étant à 0°, un acide formique titrant, de 96 à 97 0/0 de CO^2H^2.

En substitution des acides sulfurique et chlorhydrique, on a également proposé l'emploi, dans la décomposition du formiate, des acides fluorhydrique et phosphorique vitreux ; les essais de laboratoire donnent de bons résultats, mais le prix de ces matières en rend l'emploi, pratiquement, impossible.

Sommer, de Vienne (mai 1903), a proposé de faire réagir, sur les formiates anhydres, le tétrafluorure de silicium, les résidus de distillation étant utilisés à la préparation de fluorure de silicium : Sommer prétend obtenir ainsi de l'anhydride formique (?)

Aux acides minéraux, on a également cherché à substituer, dans le traitement du formiate, des acides organiques, soit monobasiques et homologues de CO^2H^2, soit bibasiques, comme l'acide oxalique.

Les acides organiques sont-ils susceptibles de déplacer l'acide formique de ses combinaisons ?

La question a été étudiée à fond, par Berthelot, dans son *Traité de mécanique chimique*.

Les chaleurs de formation des différents sels des divers acides gras ne diffèrent pas beaucoup : prenons, par exemple, les chaleurs de formation des formiates et des acétates, en supposant les acides et l'eau liquides, nous aurons :

CO^2HK	$25^c,5$	$C^2H^4O^2K$	$21^c,0$
CO^2HNa	$23^c,2$	$C^2H^4O^2Na$	18^c
CO^2HBa	$18^c,5$	$C^2H^4O^2Ba$	$15^c,2$

Il résulte de ces chiffres que, CO^2H^2 paraît susceptible de déplacer $C^2O^2H^4$, de ses combinaisons.

Toutefois la différence thermique, favorable à l'acide formique, est souvent compensée par la formation de sels acides, comme le triacétate de soude, qui dégage $5^{cal},2$.

Berthelot a examiné l'action réciproque de ces divers acides à l'état de dilution sur leurs sels réciproques : il a trouvé que :

CO^2HNa (1 éq. 4 l. H^2O) + $C^2H^4O^2$ (1 éq. 2 l. H^2O) = + $0^c,08$
$C^2O^2H^3Na$ » CO^2H^2 » = + $0^c,12$

Il y a, dans ces deux cas, dégagement de chaleur, ce qui est d'autant plus remarquable que, l'action de l'eau sur chacun des deux couples, calculée dans l'hypothèse de la dissolution de chaque corps dissolvant son antagoniste, donne $+0^c,03 + 0^{cal},01$, soit $0^{cal},04$, au lieu de $0^{cal},08$ et $0^{cal},12$.

Les deux acides, ayant la même chaleur de neutralisation par la soude, le dégagement n'est pas dû à leur déplacement, mais bien à la formation de sels acides, résultant du déplacement partiel de chaque acide par son antagoniste.

Des résultats identiques ont été obtenus avec l'acide butyrique, avec l'acide propionique, avec l'acide valérique : il s'en suit que les acides gras se déplacent, réciproquement, dans leurs sels, en donnant naissance à des sels acides; ces derniers, peu stables, sont susceptibles de se dissocier, sous l'influence de la chaleur.

Au point de vue pratique, l'emploi des acides gras. pour dégager CO^2H^2 des formiates, n'est pas à conseiller : d'abord, parce qu'ils ne donnent que la moitié de CO^2H^2 contenu dans le sel; ensuite, parce que cet acide est, toujours, souillé d'une forte quantité de l'autre acide gras, provenant de la dissociation des sels acides.

On a obtenu de meilleurs résultats avec l'acide oxalique, acide bivalent, qui, en formant des sels acides, déplace totalement CO^2H^2 de ses combinaisons et, en l'employant déshydraté, on arrive à des acides à haut titre : cette méthode est, d'ailleurs, une variante des procédés employés pour obtenir les acides concentrés, procédés que nous étudierons plus loin.

Très séduisante, en principe, cette méthode dans la pratique, a surtout donné des déboires : à la pression ordinaire, elle marche fort mal, étant donné l'obligation où l'on se trouve de chauffer, assez fortement, un mélange de deux corps solides pour les faire réagir l'un sur l'autre : la température de réaction, environ 170°, se règle mal, l'agitation nécessite l'emploi d'un four rotatif ou d'un dispositif à palettes; enfin une certaine quantité d'acide oxalique est décomposée en acide carbonique, en oxyde de carbone et en hydrogène.

Sous pression réduite, la réaction se conduit mieux; mais, il y a toujours décomposition d'une certaine quantité $C^2O^4H^2$.

Le procédé à l'acide oxalique n'est, d'ailleurs, jamais entré dans la pratique.

Pour obtenir, de premier jet, de l'acide formique, au titre le plus haut possible, la Nitritfabrik (brevet allemand n° 169.730, 6 mars 1903), puis la Chemische Fabrik Grussau et Landschoft (brevet allemand 367.116, 26 octobre 1906) ont proposé de remplacer l'acide sulfurique et les autres acides, par du bisulfate de Na ou tout autre sel acide, comme un bioxalate (Gruyenn, brevet allemand 193.509), avec lesquels, on distille le formiate de soude fondu; on obtient ainsi, d'un côté, un sel neutre; de l'autre de l'acide formique sensiblement anhydre.

Le seul inconvénient de ce procédé est d'être obligé d'employer une haute température qui favorise les décompositions : si on l'applique, sous pression réduite, il donne des résultats à peu près parfaits.

Le sulfate de nitrate, produit résiduaire de la fabrication de l'acide nitrique, dont le point de fusion est assez bas, semble, tout particulièrement, désigné pour la décomposition du formiate de soude. Grunau et Landschoff indiquent, pour son emploi, les proportions suivantes :

Formiate de soude fondu...........	10 parties en poids
Bisulfate de soude 90 0/0...........	20 —

Comme, dans le procédé Euler Meyer, pour la préparation de HCl, par NaCl et les bisulfates; les deux corps doivent être broyés ensemble, de façon à obtenir un mélange intime que l'on soumet ensuite à la fusion : la réaction se fait, à + 150°, à la pression ordinaire, à + 75° à pression réduite. On agit dans une chaudière émaillée, chauffée, soit par double enveloppe, soit au bain d'huile; on obtient ainsi de l'acide formique à 97 0/0.

Le procédé Meyer, (brevet allemand 307.310), est semblable aux précédents, et, la seule différence s'en trouve dans une modification de proportions.

Ellis et M. Elleroy (brevet américain 915.946), déplacent CO^2H^2, par la chaleur, en dissociant les formiates et en entraînant, CO^2H^2 libéré, par un courant de gaz inerte : il est probable qu'une grosse partie du sel se décompose.

A coté du procédé de déplacement par les acides ou par les sels acides, Landolt (*Ann. de Poggiale*, Sp. 70, 11, p. 156) donne un procédé d'isolation de CO^2H^2, des formiates, assez original : il consiste à faire réagir, entre + 100° et + 120°, du chlorure de soufre sur du formiate de baryum, en présence d'eau; la réaction se passe selon l'équation :

$$4(CO^2HBa) + (H^2O)^4 + (SCl)^3 = (CO^2H^2)^4 + (BaCl)^3 + BaSO^4 + (H^2S)^2.$$

Ce procédé ne paraît pas avoir été utilisé dans la pratique; mais, malgré sa complication, il semble assez propre à donner des acides à haute concentration, d'autant plus que l'on n'a pas de décomposition à y craindre.

De tous ces procédés, les seuls réellement employés sont le procédé à l'acide sulfurique et le procédé aux sels acides, surtout au bisulfate : bien conduits, ils ne présentent pas un très grand danger de décomposition : d'ailleurs, si on craint la formation d'un mélange détonant d'oxyde de carbone et d'air, on peut employer l'artifice, conseillé en semblable cas par Berthelot, celui d'ajouter, à la masse, un catalyseur comme l'amiante platiné.

Si la décomposition de CO^2H^2 se produit, l'oxyde de carbone, en résultant, est, alors, immédiatement transformé en acide carbonique, selon l'équation :

$$CO^2H^2 = CO + H^2O = CO^2 + 2H.$$

On a ainsi toute sécurité.

A la méthode de déplacement par l'acide sulfurique, la Nitritfabrik (brevets allemands 169.730, 182.691, 182.730) a apporté divers perfectionnements : elle fait réagir SO^4H^2, non sur le formiate, mais bien sur sa dissolution dans l'acide formique ou acétique; on obtient ainsi, au premier jet, un acide beaucoup plus fort, et on évite un certain nombre de rectifications.

L'usine de Moulins (brevet français 382.339) a proposé un procédé analogue, en faisant réagir, sur les formiates, un mélange d'acide sulfurique et formique.

Une méthode semblable a été présentée par Fribourg : ce chimiste y joint l'emploi du vide.

D'après ce long exposé, on a pu se rendre compte des difficultés que présente encore la préparation de l'acide formique, par les procédés utilisant l'oxyde de carbone sous pression ; bien que ce soit la méthode la plus répandue, en dépit de toute l'ingéniosité que Goldsmith y a déployée, elle n'en demeure pas moins, après des années d'expériences, un procédé dangereux où l'on court le double risque d'explosion et d'asphyxie, risque qui se réalise, malheureusement trop souvent et qui a beaucoup retardé, le developpement d'une industrie, excessivement intéressante.

La méthode Goldsmith est aussi fort coûteuse, puisque, de l'aveu même des fabricants français, le prix de revient de l'acide formique y monte à 78 francs les 100 kilogrammes.

Méthodes catalytiques

Si, on se reporte aux principes généraux qui découlent des expériences initiales de Berthelot, la réaction de formation des formiates, par action concomitante de l'oxyde de carbone, de l'eau et d'une base, se produit avec tous les oxydes, mais sa vitesse est fonction du temps : elle se produit toujours, mais sa durée est souvent excessive.

On peut, comme nous l'avons dit à propos du procédé Golsdmith, en accélérer la vitesse, en augmentant de façon convenable la température, et en maintenant celle-ci, dans les limites inférieures au point de décomposition des formiates obtenus.

A côté de ce procédé dont nous avons exposé les dangers, les inconvénients et aussi les avantages; il existe un autre moyen d'augmenter, d'une façon générale, la vitesse d'une réaction : c'est l'emploi de la catalyse.

C'est à Ostwald et à son école que l'on doit attribuer le principal mérite d'avoir fait de l'étude des phénomènes de catalyse qui, tout récemment encore, n'étaient invoqués qu'en peu de cas, et, pour interpréter des réactions peu claires, peu compréhensibles, un beau chapitre de chimie générale.

Les phénomènes de catalyse ont été soumis à de sérieuses études expérimentales, les catalyseurs ont été classés et étudiés systématiquement et, de tous ses travaux, est sorti un ensemble harmonieux de théories et de faits qui a apporté une vive lumière, dans un champ très obscur, et qui a ouvert une large voie à de nouvelles recherches.

Toutes réactions, tous procédés chimiques, dans lesquels interviennent les actions catalytiques, méritent aujourd'hui d'être étudiés soigneusement, car, on peut, ainsi, apporter une contribution nouvelle, ne fût-elle que très modeste, à une branche intéressante de la chimie.

Dans une réaction lente, comme est celle de l'oxyde de carbone et de l'eau sur les bases, l'emploi de la catalyse semble donc tout indiqué : de vitesse infiniment faible, cette réaction peut, par un choix convenable de catalyseurs, passer à une allure infiniment rapide, surtout si on fait intervenir, comme adjuvant, l'élévation de température et si, on présente les corps qui doivent réagir, les uns sur les autres, dans l'état le plus favorable au contact, c'est-à-dire à l'état de gaz.

Cette dernière condition limite, forcément, le nombre des bases dont on peut pratiquement se servir : ni la soude, ni la potasse, ni la chaux, ni la strontiane, ni la magnésie ne peuvent être utilisées ; il faut, donc, recourir, soit à l'ammoniaque, soit aux amines volatilisables.

Berthelot, dans ses études sur les actions de l'oxyde de carbone et des bases alcalines, a indiqué que l'ammoniaque, portée à température convenable, au minimum + 60°, se combinait facilement, mais lentement, à CO : si on fait intervenir une masse de contact, la réaction, qui, avec le temps, est intégrale, conserve ce dernier caractère, mais elle devient beaucoup plus rapide.

L'application d'une telle méthode à la préparation de l'acide formique présente donc un grand intérêt, au point de vue industriel : pour arriver à une fabrication intensive de CO^2H^2, il devient alors inutile de courir les risques que présente l'usage, sous pression et à température relativement élevée, d'un gaz aussi dangereux que l'oxyde de carbone ; l'outillage se trouve simplifié, et, comme la réaction s'opère, gaz sur gaz, elle est beaucoup plus facile à conduire que celle d'un gaz sur un solide.

Comme nous venons de l'exposer, la principale base employable, dans le cas qui nous occupe, est l'ammoniaque NH^3.

Le principe de la fabrication pratique des formiates et, par suite, de l'acide formique, par l'action simultanée de l'oxyde de carbone et de la vapeur d'eau sur de l'alcali volatil, a été, pour la première fois brevetée, le 5 septembre 1893, par le vicomte de Lambilly (brevet français n° 232.697).

A vrai dire, de Lambilly, dans le procédé très intéressant qu'il a isolé, avait moins en vue la préparation du formiate d'ammoniaque ou de la formiamide, que l'obtention des cyanures : dans la fabrication de ce dernier produit, qui était le but de ses efforts, la production du formiate n'était qu'une réaction accessoire, une phase, permettant de s'acheminer vers la synthèse plus complexe des cyanures et des ferrocyanures.

Le formiate d'ammoniaque qui prenait naissance, dans la première partie de la réaction, vers + 60-70°, devait se transformer, vers + 110°, en formiamide, puis, par une déshydratation plus complète, donner de l'acide cyanhydrique, selon les équations :

$$CO^2HNH^4 = COHNH^2 + H^2O,$$
$$COHNH^2 = CNH + H^2O.$$

Dans la seconde phase, pour être rapide, la déshydratation devait s'effectuer vers + 300° ; cela n'a rien qui puisse surprendre : suivant Lance, d'ailleurs, par action directe du carbone sur l'ammoniaque, la formation de CNH ne se produit que vers + 1.000° à + 1.100°.

Bien que mis en pratique, pendant plusieurs années, à l'usine de Châtenay, à côté de Nantes, et quoiqu'ayant donné des résultats industriels intéressants, au point de vue de la préparation des cyanures, le procédé de Lambilly, qui, d'ailleurs, n'a jamais servi à isoler des formiates, semble être tombé dans l'oubli.

Injustement, à notre avis, car là se trouvait, si on en faisait une application judicieuse, un principe de fabrication permettant d'obtenir l'acide formique, dans des conditions très avantageuses de prix, et cela, sans courir de grands risques, comme dans le procédé Goldsmith.

Le procédé de préparation, tel que de Lambilly le décrit, dans son brevet 232.697, consiste à faire passer, dans un tube ou dans un faisceau de tubes, chargés de corps poreux, condensateurs des gaz, tels que, la pierre ponce, le charbon d'os, l'amiante, la brique poreuse, platinisés ou non, et chauffés à une température variant entre + 100° et + 110°, un courant d'oxyde de carbone, saturé de vapeurs d'ammoniaque aqueuse.

« On produit, ainsi, à l'état de vapeurs, du formiate d'ammoniaque, que l'on envoie, alors, dans un nouveau faisceau de tubes, porté à haute température, où, par déshydratations successives, il se transforme en formiamide, d'abord, puis ensuite, en acide cyanhydrique. »

Si on arrête la réaction à sa première partie, et que, l'on envoie les vapeurs de formiate produites, dans un condenseur convenablement refroidi ; on s'explique facilement que l'on puisse, sans pression, sans l'usage de hautes températures, passer de l'oxyde de carbone à l'acide formique.

Le gaz CO, provenant d'une des sources que nous avons déjà indiquées et convenablement purifié, était chargé d'ammoniaque et d'eau, par un passage à travers une série de flacons de Wolf, contenant une dissolution aqueuse de NH^3, préalablement chauffée.

A ce point de vue, il est bon de rappeler, que, comme l'a isolé Peermann, il n'y a pas de relation simple, entre la tension de vapeur de NH^3 et la concentration de sa dissolution aqueuse, entre sa tension de vapeur et la température.

Comme on le voit, par cet exposé, la méthode était très simple et la réalisation pratique en était aisée.

La réaction s'y passait, selon l'équation :

$$CO + H^2O + NH^3 = CO^2HNH^4.$$

L'équation thermique, pour les différents corps réagissant à l'état gazeux, se présentant avec un dégagement de $+ 31^{cal},6$; la formation du formiate d'ammoniaque y était beaucoup plus facile que celle du formiate de sodium, qui ne dégage que + 18 calories, dans les mêmes conditions.

D'autre part, l'activité d'une réaction, dépendant, non de la masse des matières en contact, mais bien, de la mise en liberté des principes actifs dans chaque matière ; comme les corps se trouvaient, dans la réaction exposée, presqu'à l'état ionisé, on s'explique que cette dernière fut fort rapide.

On n'avait, guère, à craindre qu'une réaction de réversion ; celle que voici :

$$CO^2HNH^4 \rightleftarrows CO + NH^3 + H^2O.$$

or, une telle réaction ne peut se produire qu'à haute température et, en ne dépassant pas + 110°, on était donc certain de l'éviter.

La composition centésimale du produit obtenu, le formiate d'ammoniaque, était la suivante :

Acide formique	76,5 0/0
Ammoniaque	23,5

Son point de fusion se trouvait entre + 114 et + 116° (Wurtz), ce qui explique qu'à + 150°, température extrême indiquée pour sa formation par de Lambilly, il fut à l'état de vapeurs.

Dans son brevet allemand 48.471, du 14 novembre 1893, ce chimiste indique, d'ailleurs, que la réaction commence, dès + 40°, et qu'elle se continue, sans décomposition ni dissociation, jusqu'à + 150°.

La décomposition du formiate d'ammoniaque ne se produit, d'ailleurs, à + 175°, et, selon Riban, il ne s'en dissocie, que 5 0/0, vers + 200°.

Il y avait donc, dans ce procédé, contrairement à ce qui se passe avec le formiate de sodium qui, à la pression ordinaire, se forme à + 200° et se décompose à + 270°, une très grande marge entre la température de formation et la température de décomposition, ce qui permettait un travail facile et relativement sans danger.

Comme nous l'avons exposé, de Lambilly, bien qu'ayant indiqué le principe de la préparation de formiate d'ammoniaque, par l'action de l'oxyde de carbone et de l'ammoniaque, en présence de masses catalytiques, n'a point poussé plus loin son étude, en vue de l'obtention de l'acide formique.

Cet acide organique, il est vrai, à l'époque où il poursuivait ses travaux, n'était point entré, dans la pratique industrielle, et, de Lambilly ne soupçonnait guère, alors, l'avenir qu'il pouvait présenter.

Le formiate d'ammoniaque n'était, pour lui, qu'un produit de transition destiné, finalement, à donner de l'acide cyanhydrique; dans de telles conditions, la question de température de formation, bien qu'elle ait été indiquée, était assez secondaire, car, si elle s'élevait, et si le formiate, dès sa naissance, était transformé en formiamide, puis, en cyanure, c'était tout bénéfice, puisque, c'était vers la préparation de CNH que l'on tendait.

La formation de l'acide cyanhydrique se faisant bien, vers 300°, avec n'importe quelle matière de contact, on s'explique que de Lambilly ne se soit, guère, soucié des conditions, dans lesquelles, s'effectuait la catalyse et qu'il se soit contenté d'indiquer, vaguement, divers catalyseurs.

Dans la préparation particulière du formiate d'ammoniaque, où l'action calorifique doit être forcément limitée, en raison des décompositions possibles, l'action catalytique devient, au contraire, le principal déterminant de la vitesse de réaction : on doit donc l'étudier avec beaucoup de soin, si on veut chercher à industrialiser, au point de vue spécial de la préparation de l'acide formique, les idées du chimiste nantais.

En Allemagne, un certain nombre de travaux ont été publiés, à ce sujet; en vue, surtout, de préciser le choix des masses catalytiques, que de Lambilly n'avait point précisé.

Denselben (brevets allemands 78.573, 170.300) a étudié, plus particulièrement, la combinaison de l'oxyde de carbone à l'ammoniaque aqueux, sous la double influence des matières poreuses imprégnées de sels de cuivre ou de platine, *et de l'effluve électrique.*

La West Deutsch Thomas Phosphat Werke, s'inspirant de la composition des masses de contact utilisées, dans la préparation de l'acide sulfurique, a fait breveter l'usage (brevet allemand 157.287) de l'amiante platinée, des oxydes de fer et de cuivre : il est à faire observer, que d'ailleurs, l'amiante platinée avait, déjà, été proposée par Kuhlmann (*Ann. de Ph.*, t. XXIX, p. 286).

Harry Pauling, de Brandau (brevet américain 706.543) et Schlatias, de Harow (E.P. 2.200) ont également breveté divers procédés, permettant la préparation de l'acide formique, en partant de l'ammoniaque et de l'oxyde de carbone.

Enfin Losanitsch et Jovotschitsch, en Russie; Hemptine et Baur, en Allemagne; Jackson et Northall Laurie, en Angleterre, se sont particulièrement occupés (*C. R.*, t. LXXXIX, p. 433) de l'action de la mousse de platine, sur l'oxyde de carbone et l'ammoniaque.

Malgré ces travaux, l'étude de la préparation catalytique de l'acide formique n'est point très avancée.

Ce n'est guère que, dans les recherches faites, en vue de la synthèse des cyanures qui, avant leur formation définitive, passent par une phase « formiate », où l'on rencontre quelques renseignements relatifs à la question qui nous intéresse. Aussi est-ce, avec fruit, que l'on peut consulter, à ce sujet, les mémoires de Zinckau et Bromais, de Conroy, de Redtenbacher, d'Erdmann et Marchand, de Debruck, de Bunzen et Playfair et de Riecken.

Nous avons, déjà, vu que l'équation de formation du formiate, à partir de l'oxyde de carbone, de l'ammoniaque et de l'eau, est réversible :

$$CO + NH^3 + H^2O \rightleftarrows CO^2HNH^4 :$$

l'équilibre, entre les quatre corps en présence existe à une température donnée et, en principe, la catalyse n'y change rien ; à moins toutefois, que la masse de contact ne soit susceptible de modifier la concentration de l'un des composants; ainsi que, d'ailleurs, c'est le cas, pour le charbon de bois, avec NH^3, et pour le chlorure cuivreux, avec CO.

A cet équilibre correspond une constante K, que l'on peut calculer de la façon suivante,

Supposons qu'un mélange gazeux, en équilibre, contienne :

a 0/0 d'oxyde de carbone;

b 0/0 de formiate d'ammoniaque;

c 0/0 d'ammoniaque;

d 0/0 d'eau;

La constante K sera donnée par l'équation :

$$K = \frac{a^2 \times c \times d}{b^2 \times 100}.$$

Sous 760 millimètres de mercure, à une température T, calculée à partir du zéro absolu, la valeur réelle de K à cette température est reliée à l'équation précédente par la formule :

$$K' = 0{,}0821\, T \times K.$$

Pour que x parties d'oxyde de carbone aient été transformées en acide formique, il faudra que x parties d'eau aient disparu : si le mélange gazeux renferme m 0/0 d'oxyde de carbone et n 0/0 d'eau, l'équation qui représentera l'équilibre sera :

$$\frac{(m - x)^2 \times (n - x)}{x^2 (100 - x)} = K,$$

où x constitue la seule inconnue ; il est donc facile d'en connaître la valeur.

D'après ces données, on peut, étant donné la composition du mélange gazeux entrant en réaction et la température, connaître la quantité d'acide formique produit; ces formules montrent de plus, que, si la transformation n'est pas complète, plus, on agit avec des gaz purs, plus la limite tend à devenir extrême et, la réaction intégrale.

Cette question d'équilibre étant examinée, voyons, maintenant, de quelle façon les catalyseurs peuvent intervenir, dans la réaction.

Il y a catalyse, dit Otswald, lorsqu'un corps étranger rend plus rapide, par sa présence, une réaction qui se fait lentement.

De quelle façon agit le catalyseur?

Bien des hypothèses ont été présentées à ce sujet, depuis celle des vibrations atomiques de Berzélius, jusqu'à celle de l'ionisation, en passant, par celle des réactions intermédiaires entre les corps en jeu et la masse de contact.

On admet aujourd'hui généralement, la théorie d'Ostwald, qui considère que la catalyse peut se produire de trois façons différentes :

Par occlusion des gaz ;

Par réaction intermédiaire ;

Et enfin par élévation de température.

Dans le cas qui nous intéresse, on peut supposer, tout d'abord, que l'oxyde de carbone et la vapeur d'eau, arrivant à une certaine température, 100° par exemple, sur la masse de contact, subissent deux actions différentes; CO est occlus, tandis que H^2O est décomposé, en oxygène, qui se porte sur l'oxyde de carbone pour donner de l'acide carbonique, et en hydrogène qui forme un hydrure, avec le catalyseur.

Si on se reporte aux travaux de Moissan, que nous exposerons, d'ailleurs, plus loin, les hydrures ont la propriété de transformer l'acide carbonique en acide formique, et celui-ci, dès sa naissance, se trouvant en présence d'ammoniaque, s'y combine pour donner CO^2HNH^4.

Pour reprendre la classification d'Ostwald, on se trouverait, donc, à la fois, en présence : 1° d'une catalyse par occlusion, qui déterminerait, également comme l'expérience l'a prouvé, une élévation thermique; 2° d'une catalyse, par réaction secondaire.

La vitesse de passage des gaz sur la masse de contact, la dilution plus ou moins grande de l'oxyde de carbone, si on emploie les gaz bruts de générateurs ou de haut fourneau, dans des gaz inertes, sont des facteurs susceptibles, en tel cas, de modifier les conditions de la catalyse.

On est également obligé de tenir compte, dans la marche, des considérations que voici; si, plus la température est haute, plus la réaction est facilitée, par contre, plus on tend, aussi, vers la dissociation: il existe donc un point de température critique.

Il en résulte qu'il peut, par suite, y avoir avantage à marcher, en deux phases, sur deux masses catalytiques différentes en agissant, également, à des températures variées.

On arrive, ainsi; à une utilisation beaucoup plus complète de la masse des gaz en présence, et, tout en employant le maximum de température, on évite toutes chances de dissociation.

Pour arriver à de tels résultats, le choix judicieux des masses de contact s'impose, et il est intéressant, tout d'abord, d'examiner de quelles matières on peut, couramment, disposer.

Philips, en 1831, Piria, Dobereiner, Kuhlmann père, en 1858, Squire et Messel, en 1875, Winckler, Neale, Math, Hœmisch et Schrœder Karke, ont successivement proposé le platine, comme masse de contact; soit à l'état métallique, en fils ou en limaille; soit, à l'état de mousse, de noir ou d'éponge; soit sous forme de sels imprégnant un support, comme l'amiante, les produits réfractaires, la pierre ponce ou le charbon.

Le sel, le plus généralement employé, est le chlorure dont la réduction s'obtient, sur le support, soit par un formiate, soit encore par la potasse (Liebig), par l'alcool (Davy), par le zinc (Wollaston et Dobereiner), par le carbonate de soude et le sucre, par l'hydrogène, par le gaz d'éclairage ou par les hydrocarbures.

On peut, aussi, utiliser le chloroplatinate, que l'on réduit par calcination.

Les deux masses de contact, à base de platine, les plus employées sont, ou l'amiante platiné, ou les sels platinés.

L'amiante platiné a une richesse de 5 0/0 en métal, et on l'obtient, en imprégnant l'absceste, d'un sel de platine que l'on réduit, de préférence, par un formiate; cette matière présente l'inconvénient de se tasser dans les appareils où on la dépose, et il est nécessaire, lors de sa mise en service, d'employer certains artifices que nous décrirons, plus loin, pour éviter les surpressions.

Les sels platinés ont été introduits, dans l'industrie, par Grillo: ils sont constitués par un sulfate ou un phosphate, soluble ou insoluble, sel de soude, de chaux, de magnésie, de baryte ou de strontiane, auquel on ajoute un sel de platine: on évapore ou on sèche ensuite, jusqu'à décomposition du chlorure; le corps est ensuite granulé.

Pour la préparation de CO^2H^2, par voie catalytique, comme on agit en présence de vapeur d'eau, il est évident que, comme sel platiné, on ne pourra utiliser qu'un sel insoluble.

Les masses de contact platinées présentent l'inconvénient, au bout d'un certain temps de service, de devenir inactives: on dit qu'elles sont empoisonnées.

Si, on se reporte aux travaux de La Rive, de Von Meyer (*S.C.*, 1877, t. II, p. 155), de Faraday, de Mond, de Knietsch, ce fait, qui se constate souvent dans la préparation de l'acide sulfurique, se présente, aussi, dans la réaction de CO sur NH^3.

Il tient à la cause suivante : la masse catalytique, à base de platine, perd toute action, dès qu'elle se trouve souillée par la présence d'un peu d'acide cyanhydrique gaz, à la teneur de 1 0/0 ; ce corps rend le platine totalement inactif, d'après les essais de Lovenhardt et de Kartle (*D. Ch. G. A.*, t. XXXIX, p. 130-133).

L'amiante semble s'empoisonner, plus rapidement, que les sels platinés.

Lorsque la masse est devenue ainsi inactive, on la régénère, en l'arrosant d'acides chlorhydrique ou nitrique dilués, additionnés de sucre ; après un contact de deux ou trois jours, on chauffe la matière pour chasser l'eau, l'acide et déterminer la réduction du chlorure de platine qui est reformé ; puis on la granule et on la remet en service.

Après une ou deux régénérations, le catalyseur est souvent plus actif qu'à l'état frais.

Le platine, comme catalyseur, donne de bons résultats dans la préparation de CO^2H^2 ; il ne présente, comme inconvénients, que sa facilité à devenir inactif sous l'influence de CNH qui se produit souvent dans la réaction et le risque d'enflammer CO, s'il y a une rentrée d'air dans l'appareil, et que, NH^3, ne soit pas en quantité suffisante.

L'emploi des matières portées au rouge, comme le verre (Magnus), la pierre ponce (Schneider), le quartz (Petri), la brique réfractaire (Augustin), l'argile et le sable (Blondeau) n'est pas possible, car, à une telle température de réaction, la décomposition du formiate aurait lieu, presque en même temps, que sa formation, et on tendrait à ne produire, que de l'acide cyanhydrique et des cyanures.

Avec l'oxyde de fer, qui semble tout indiqué, étant donné les phénomènes qui se passent dans les hauts fourneaux, les résultats sont très inférieurs à ce que l'on semblait pouvoir espérer.

Le rendement dépend, beaucoup, de la composition du mélange de gaz employé, et si on utilise, au lieu du gaz pur, un gaz contenant des produits de haut fourneau ou de générateur, il faut s'attendre à des surprises.

L'observation a montré que, pour une composition donnée, le rendement augmente jusqu'à une température fixe, après quoi, il décroît, et fait curieux, cette température est d'autant plus basse et le rendement d'autant plus élevé que la concentration en oxyde de carbone est plus faible ; ce fait est, d'ailleurs, analogue à celui que l'on observe, dans la préparation, par voie catalytique, de l'acide sulfurique.

La réaction, avec le fer, est donc fort lente, mais, comme matière de contact, il y a l'avantage de ne pas s'empoisonner.

L'oxyde de chrome, dont l'emploi a été breveté, en catalyse sulfurique, par la Verein Chemischer Fabrik, de Manheim et par Clem (Brevet allemand, 8 août 1898) se conduit de la même façon que l'oxyde de fer ; mais, si on recherche un moyen de production rapide, il est aussi peu recommandable.

Les actions des sels de cuivre sont plus intéressantes et, selon le sel que l'on cherche à utiliser, les résultats obtenus se présentent avec des différences très tranchées.

A l'état d'oxyde, le cuivre n'a point une action beaucoup plus énergique que le fer ou le chrome, mais à l'état de sel, surtout de chlorure cuivreux, son rôle prend, tout comme dans le procédé catalytique de Deacon, une importance majeure.

On connaît, d'ailleurs, la propriété que possède le chlorure cuivreux de dissoudre *vingt fois son volume d'oxyde de carbone* et, on sait, quel usage Gathermann en a su faire, en obtenant, grâce à sa présence, la formation d'aldéhydes, précisément, par action de l'oxyde de carbone sur les hydrocarbures.

Si on se reporte aux études de Delachanal (*S. C.*, février 1900), il y a une relation étroite, entre le pouvoir catalytique et la puissance d'occlusion, ainsi qu'Ostwald l'avait, d'ailleurs, posé en principe : on comprend, alors, avec quelle énergie une masse de contact, préparée, en imprégnant de chlorure cuivreux, un support inerte, facilite la combinaison entre CO, NH^3 et H^2O ; ce pouvoir semble s'exalter encore, par l'addition d'une petite quantité de chlorure ou de bromure d'aluminium, bien que les sels d'alumine, pris isolément, soient sans action.

Les autres sels de cuivre, sulfate, nitrate, sels organiques, réagissent comme le chlorure, mais avec une rapidité moindre.

Les sels de nickel et les oxydes se conduisent, sensiblement, comme les sels de cuivre, mais ils exigent une température plus élevée.

Les sels de titane ; si on se reporte au brevet anglais 13.053 de l'United Alkali Works, semblent posséder une puissance égale, si-non supérieure, aux sels de cuivre, mais leur rareté en rend peu pratique l'emploi industriel.

De Haen a proposé l'emploi, comme catalyseurs, de l'acide et des sels vanadiques ; ces corps, souvent employés, dans la préparation de SO^4H^2, ne sont pas utilisables, dans la fabrication de CO^2H^2, en raison de leur action oxydante.

D'après Lovenhardt et Kartle, l'acide cyanhydrique dont l'action annihile le pouvoir catalytique du platine, à faible dose, semble ne pas réagir sur les sels de fer, de chrome, de cuivre et, de titane.

A côté de ces composés métalliques, il est un corps organique qui a été souvent employé en catalyse et qui, en raison de ses propriétés d'occlusion particulières, présente pour la préparation du formiate d'ammoniaque un très grand intérêt : c'est le charbon de bois.

Cette matière a été souvent employée dans la fabrication des cyanures, corps en relation étroite avec le formiate d'ammoniaque et, dans les travaux de Kuhlmann, de Buëbb, de Bergmann (*J. fur, gaz*, 39, n° 8), on trouve d'intéressants renseignements sur son utilisation.

Le charbon de bois est susceptible d'occlure, de 0 à 21 fois, son volume d'oxyde de carbone, en dégageant 27^{cal},5 par molécule occluse et, 178 fois son volume d'ammoniaque, en dégageant 474 calories par gramme de NH^3 condensé (Moissan, *Ch. minerale*, t. II, p. 251, 253).

Si, on se reporte aux théories d'Olswald et de Delachanal, on voit, dans le cas qui nous occupe, quelle excellente masse de contact le charbon de bois est susceptible de fournir.

D'après Bergmann, quand on l'emploie, comme catalyseur, dans les réactions de CO sur NH^3, le rendement est, en raison inverse, de la vitesse de passage des gaz sur le charbon de bois.

Si on suppose que, les 2/3 du tube de contact, sont occupés par le catalyseur, le 1/3 restant représentera l'espace libre où pourront se mouvoir les gaz : si on appelle :

a, la section en centimètres carrés du tube de contact ;

x, la vitesse du courant ;

t, la durée de l'essai ;

V, le volume de gaz employé,

on aura :

$$\frac{a}{3} \times x \times t = V,$$

d'où l'on déduit :

$$x = \frac{3V}{at}.$$

Cette formule, assez commode, permet de calculer, facilement, la vitesse à donner au courant gazeux, pour arriver au maximum de rendement, lorsque l'on emploie le charbon de bois, comme catalyseur.

En résumé, comme matière de contact intéressante, dans la préparation de l'acide formique, par réaction de l'oxyde de carbone sur l'ammoniaque aqueuse, trois corps seulement sont à recommander : les sels de platine, le chlorure cuivreux et le charbon de bois.

A côté du choix de la masse catalytique, il est d'autres conditions importantes à remplir, si on veut voir la réaction de formation s'accomplir avec une parfaite régularité.

L'oxyde de carbone doit être employé, dans l'état de pureté le plus grand possible, et, si certains gaz, comme l'azote et l'hydrogène, ne sont point gênants, d'autres, au contraire, comme le méthane, comme l'acide cyanhydrique, ont une influence désastreuse, sur l'activité des catalyseurs platinisés.

Si, on emploie les gaz de haut fourneau, ou les gaz, de générateurs, il est nécessaire, avant leur emploi, de les soumettre à une purification très complète, et il est prudent de les faire passer par les épurateurs à chlorure de cuivre ; on évitera ainsi toutes chances d'empoisonnement de la masse de contact.

L'ammoniaque doit être exempt de bases pyridiques et provenir, autant que possible, de l'alcali blanc du commerce, d'où on le dégage, par chauffage : extrait directement des eaux ammoniacales, il risque d'entraîner avec lui des sulfures, des sulfocyanures et des cyanures, dont l'action est nocive pour les catalyseurs.

Le brassage et le mélange intime des gaz est aussi de grosse importance ; car, si on se reporte aux travaux déjà cités de Berthelot, de Maquenne, de Boudard, de Dixon, de Neumann, l'action de l'oxyde de carbone, sur la vapeur d'eau, ne pouvant donner que de l'acide carbonique et de l'hydrogène, il est nécessaire, pour que la formation de CO^2HNH^4 soit régulière, que CO et H^2O se trouvent toujours, en présence d'un excès d'ammoniaque ou d'amines.

Dans certains cas, on peut faciliter la réaction, en ajoutant à la vapeur d'eau, quelques traces de vapeurs d'alcool.

En collaboration avec MM. Denis et Luttringer, nous avons repris l'étude du procédé de préparation de l'acide formique, par action catalytique, sur un mélange de vapeur d'eau, d'ammoniaque et d'oxyde de carbone, et nous sommes arrivés à isoler le procédé suivant.

Notre marche comprend deux phases, avec deux masses catalytiques différentes, et appliquant les principes que nous avons exposés plus haut, nous agissons à des températures variables.

Comme matières de contact nous employons, d'abord, le charbon de bois imprégné de chlorure cuivreux, puis l'amiante platiné.

La première matière se prépare comme suit : du charbon de bois de peuplier ou de tout autre bois léger, séparé par criblage des menues braisettes et formé de morceaux de volume à peu près égal, est mis à tremper, pendant quelques jours, dans une dissolution ammoniacale de chlorure cuivreux, contenant un peu de chlorure d'aluminium ; lorsque ce charbon est absolument imprégné de cette solution, après égouttage, on le fait sécher à une douce chaleur : il constitue la première *masse de contact cuivreuse*.

La seconde masse *platinée* est préparée, avec l'amiante et le chlororure de platine, à la façon ordinaire.

L'oxyde de carbone, obtenu par l'une des diverses méthodes que nous avons présentées, est purifié au chlorure de cuivre : on le recueille ensuite dans un gazomètre, d'où, à l'aide d'un ventilateur ou d'une pompe, on le force à traverser une série de laveurs hermétiquement clos et remplis d'une dissolution d'ammoniaque 22° Baumé, chauffée à 15°, soit à l'aide d'un serpentin, soit par tout autre dispositif.

L'oxyde de carbone se charge ainsi, d'eau et d'ammoniaque.

On vérifie, en prenant un échantillon du mélange, si les relations entre CO, H^2O et NH^3 sont celles qu'indique l'équation, soit en poids :

Oxyde de carbone..........................	28 parties
Ammoniaque..........................	17 —
Eau..........................	18 —

Si, on agit en présence d'alcool, ce dernier corps est ajouté, alors, à raison de 1 partie en poids.

Les conditions de proportion ainsi définies, sont, souvent, fort difficiles à obtenir, par un simple passage du gaz CO, dans la dissolution aqueuse d'ammoniaque.

Nous sommes arrivés à assurer, facilement, le mélange, en quantité proportionnelle, de CO, de NH^3 et de H^2O, à l'aide d'un compresseur à trois cylindres dont les volumes sont, rigoureusement, proportionnels aux volumes des différents gaz entrant en réaction : les tubes d'aspiration sont reliés, soit à des gazomètres contenant CO et NH^3, soit à un tuyautage de vapeur; les tubes de refoulement aboutissent à une chambre de mélange où, automatiquement, les trois fluides se brassent et se mélangent de façon parfaite.

On peut, aussi, faire le mélange de CO et de NH^3 à l'état de gaz secs, et purs, puis, ajouter l'eau nécessaire à la réaction, l'aide d'un atomiseur de Kestner.

La masse gazeuse, se trouvant dans la chambre de mélange, est portée à la température de 100°, soit à l'aide d'un serpentin, soit à l'aide d'une double enveloppe ; puis, elle est envoyée sur les masses de contact.

La réaction catalytique peut se réaliser dans divers appareils.

On peut employer une caisse de contact semblable à celle utilisée dans la fabrication de l'acide sulfurique; on peut utiliser un dispositif pareil à l'appareil Deacon, avec un surchauffeur et un décomposeur; on peut, enfin, faire la réaction dans un appareil à double tuyautage, identique aux tubes de fabrication de SO^3 de la Badische; les calories provenant de la réaction servent alors à échauffer le mélange gazeux, avant son contact avec le catalyseur.

D'ordinaire, nous employons, de préférence pour la préparation de CO^2H^2, un appareil assez semblable à un condenseur tubulaire, où la vapeur, à 3 atmosphères (+133°) et la vapeur détendue à +110° circulent à l'extérieur de chaque groupe de tubes.

Ceux-ci, d'un diamètre de 70 à 80 millimètres, sont reliés, entre eux, par une série de coudes démontables, de telle façon que le mélange gazeux puisse successivement parcourir chacun d'eux.

Cet appareil est, d'ordinaire, placé verticalement.

On peut, à l'aide d'un ventilateur ou de la pompe de compression, y régler la vitesse de parcours du gaz, de telle façon que l'on puisse remplir les conditions indiquées par l'équation de Bergmann :

$$x = \frac{3V}{at}.$$

Les premiers tubes de l'appareil de contact, ceux chauffés à + 110°, sont garnis de charbon de bois imprégné de chlorure de cuivre : les derniers autour desquels circule la vapeur à + 133°, sont garnis d'amiante platiné.

Ces diverses masses ont une tendance à se tasser et elles offrent par suite une certaine résistance au passage des gaz ; de façon à l'éviter, on les distribue, dans les tubes, en couches minces, à l'aide du dispositif suivant.

Une tige s'appuie sur un croisillon placé dans le tube, ou, sur le fond du tube, et, sert de guide à des plateaux de tôle perforée qui vont supporter les masses de catalyse ; sur cette tige, on fait glisser, à frottement doux, une section de tuyau de longueur donnée, qui vient toucher le fond du tube ; on fait tomber sur ce tuyau, qui lui sert de soutien, une plaque perforée que l'on charge, alors de masse de contact. On place ensuite un second tronçon de tube, puis une nouvelle plaque que l'on garnit aussi de catalyseur, et ainsi de suite, jusqu'à ce que le tube soit complètement rempli.

Avec ce dispositif, les divers éléments, en réaction, sont séparés, les uns des autres, par une sorte de chambre, où les gaz peuvent se mélanger à nouveau.

On peut employer des tubes de 3 à 4 mètres de longueur ; on donne aux couches de catalyseurs une épaisseur de 10 centimètres, pour le charbon cuivreux, les plaques étant placées à 20 centimètres l'une de l'autre ; et une épaisseur de 3 centimètres pour l'amiante platiné, les plaques étant placées à 15 centimètres l'une de l'autre.

La résistance au passage des gaz, avec un dispositif de cet ordre est, d'environ, 70 grammes par centimètre carré.

Les variations de chauffe sont obtenues de la façon suivante : pour les tubes initiaux chargés au charbon cuivreux, la température devant être de + 110/115°, la pression de vapeur correspondant à cette température, est réglée par un détendeur, branché sur la conduite générale qui est à 3 atmosphères : les tubes à amiante platiné où s'achève la réaction, sont chauffés à + 130°, par prise directe sur la conduite générale de vapeur.

Le dernier tube de l'appareil de réaction est relié à une chambre de condensation, convenablement refroidie, soit par circulation d'eau, soit par tout autre moyen.

Le formiate d'ammoniaque, en vapeurs, vient s'y condenser; suivant les conditions de la marche et, surtout la teneur en vapeur d'eau, on obtient dans ce condenseur, soit du formiate d'ammoniaque sec, soit une dissolution de formiate d'ammoniaque.

L'excès de gaz non transformé est évacué et passe, par un ou plusieurs scrubbers à l'eau, où l'ammoniaque non utilisée est recueillie à l'état de dissolution, tandis que l'oxyde de carbone, dont il est ainsi séparé, est envoyé aux gazomètres pour rentrer dans le cycle de fabrication.

Si on obtient CO^2HNH^4, à l'état de solution, celle-ci est concentrée jusqu'à cristallisation, le sel est séché, puis, décomposé pour régénérer l'ammoniaque et mettre en liberté l'acide formique.

Si le formiate d'ammoniaque prenant naissance au condenseur est, à l'état anhydre, on obtient avec lui, en premier jet, de l'acide formique à un titre variant entre 96 et 98 0/0 de CO^2H^2.

Pour décomposer le formiate d'ammoniaque, on peut procéder, soit par voie acide, soit par voie alcaline : selon que, l'on veut transformer NH^3 en sel ammoniacal courant, ou bien que l'on tienne à le faire rentrer dans le cycle de fabrication.

Si on procède par voie acide, on peut utiliser l'un des procédés qui ont été décrits, à propos de la méthode Goldsmith : il est, souvent, intéressant au point de vue de vitesse de réaction, d'employer pour cette décomposition, l'acide chlorhydrique gazeux, avec lequel la réaction est presque instantanée; mais on doit la conduire avec beaucoup de précautions, de façon à éviter le mélange de HCl et de CO^2H^2.

Si on procède par voie alcaline, on traite CO^2HNH^4, par une base, soude ou chaux, qui met en liberté NH^3, et donne le formiate correspondant, sel sodique ou calcique, que l'on décompose, à son tour, par un acide.

On peut, aussi, utiliser une réaction assez curieuse isolée par Knab, en 1877 (brevet 116.361) et qui est basée sur l'observation suivante : si on traite du formiate d'ammonium, par du chlorure de sodium ou de calcium, il y a double décomposition, formation de chlorure d'ammonium et de formiate de sodium ou de calcium, qui, moins solubles, se précipitent.

Ces sels isolés, par filtration, sont décomposés ensuite par un acide, pour donner CO^2H^2 ; tandis que NH^4Cl est, ou concentré jusqu'à cristallisation, ou décomposé par la chaux ; le chlorure de calcium produit rentre, ensuite, dans le cycle de précipitation.

Le prix de revient de cent kilogrammes d'acide formique 98 0/0 préparé par le procédé catalytique que nous venons d'exposer, est assez bas ; il se décompose comme suit :

Coke : 200 kilogrammes à 2fr,50 les 100 kilogrammes,	5fr
Ammoniaque : Perte de 10 0/0 sur 40 kilogrammes, à la récupération ; soit 4 kilogrammes à 1fr,50.....	6
Acide sulfurique 53° : 125 kilogrammes à 5 francs les 100 kilogrammes,............................	6 ,25
Chaux : 75 kilogrammes à 3 francs les 100 kilogrammes,......................................	2 ,50
Acide sulfurique 66° pour la concentration : 150 kilogrammes à 6 francs les 100 kilogrammes..........	9
Charbon : 500 kilogrammes à 20 francs la tonne.....	10
Main-d'œuvre..	5
Frais généraux, intérêt et amortissement...........	8
	51fr,75

Le prix de revient, par le procédé Goldsmith, arrive à près de 65 francs, amortissement non compris.

Le procédé catalytique, lui semble donc supérieur, aussi bien, au point de vue économique, qu'au point de vue de la sécurité.

Méthode par réduction

Dans la préparation du formiate de sodium, divers chimistes et, entre autres, Rudolf Kopp (brevet allemand, 6 avril 1904), ont proposé de substituer aux bases alcalines hydratées, employées dans le procédé Goldsmith, les carbonates alcalins.

A côté du brevet de Kopp, on peut citer aussi celui de Meister Lucius (brevet allemand 389.085), encore bien que l'emploi concomitant du carbonate de soude et de l'hydrate de chaux semble se rapprocher beaucoup plutôt, le second procédé Goldsmith se servant des lessives alcalines.

Ellisot Elboy (brevet américain 875.055, 31 décembre 1907) en proposant l'usage des carbonates métalliques, en suspension dans l'eau, ressemble plus à la méthode appliquée à Oestrich.

Dans le même ordre d'idées, on doit encore citer le brevet allemand de Grumann et Landshoff (n° 192. 881), qui vise l'utilisation des phénates et des naphtolates alcalins.

De tous ces brevets, le seul qui semble être entré dans la pratique, est celui de Kopp : l'application semble en avoir été heureuse, puisque, le prix de revient du formiate de soude y a été tel, qu'il a permis l'emploi de ce corps pour la fabrication des oxalates et de l'acide oxalique ; ce que l'on ne peut faire, avec le procédé Goldsmith.

Si on se reporte aux indications très brèves données par la patente de Kopp, l'action de l'oxyde de carbone, sur le carbonate de sodium, vers + 200-220° — température bien voisine de celle de décomposition des formiates — permet la formation de CO^2HNa, sans pression et, avec une vitesse de réaction supérieure à celles jusqu'alors obtenues, puisque la transformation complète a lieu en deux heures.

Le courant de CO réagit sur une dissolution de Na^2CO^3 à 30° B., c'est-à-dire presque saturée : le mélange intime est obtenu de différentes façons ; soit par pulvérisation ; en tel cas, l'atomiseur de Kestner semble être l'appareil indiqué ; soit par barbotage et par agitation mécanique ; soit, par circulation de la liqueur, sur les lames d'un appareil à chicane ; le cheminement de CO ayant lieu, en sens inverse, de l'écoulement de la dissolution de Na^2CO^3 ; soit, enfin, par passage du gaz, à travers une tour à coke, largement arrosée, avec une solution saturée de Na^2CO^3.

Quel que soit l'appareil employé, il est muni des dispositifs nécessaires pour porter les deux corps, entrant en réaction, à la température convenable de + 200-220°.

Dans de telles conditions, il nous paraît qu'il doit être très avantageux d'employer, comme source d'oxyde de carbone, les gaz de haut fourneau qui sortent du gueulard, entre + 800° et + 1.000° : on peut utiliser, à l'aide d'un dispositif analogue à celui employé dans la fabrication de l'acide sulfurique catalytique, par la méthode de contact, une partie de leurs calories, à porter la dissolution de carbonate à un degré convenable, tout en leur conservant, un échauffement suffisant, pour permettre à la réaction de s'accomplir.

Dans cette dernière, l'action de l'oxyde de carbone sur les carbonates est, totalement, différente de celle qu'il exerce sur les hydrates alcalins.

Dans la méthode Goldsmith, il y a — comme nous l'avons exposé plus haut — union directe du gaz, à l'hydrate basique, pour donner naissance à un formiate : on a :

$$NaOH + CO = CO^2HNa.$$

Dans la méthode Kopp, l'oxyde de carbone voit utiliser une de ses propriétés caractéristiques, qui le rendent si précieux en métallurgie : il agit comme réducteur, en désoxygénant le carbonate et en donnant naissance, d'un côté, à de l'acide carbonique, de l'autre, à du formiate de sodium.

C'est, en somme, une réaction comparable à celle que l'on obtient, en hydrogénant les carbonates, soit par les amalgames, soit par le palladium hydrogéné.

Si on reporte aux renseignements que fournit la thermochimie, l'action de CO doit être sensiblement plus énergique que celle de H ; car, CO se combinant à O, pour donner CO^2, dégage +64 calories, tandis que $\frac{H}{2}$ se combinant à O, pour donner de l'eau, ne fournit que + $20^{cal},1$.

Il ne semble pas que, Rudolf Kopp, bien qu'ayant fait une application industrielle très heureuse du pouvoir réducteur de l'oxyde de carbone, ait cherché à établir la théorie de la réaction qu'il appliquait.

Peut-être, l'a-t-il jugé inutile, en raison de l'analogie qu'elle présentait avec la réduction des carbonates, par hydrogénation, laquelle a été étudiée, dans de nombreux mémoires, par Liebig, par Bæyer, et par Erlenmeyer; peut-être, aussi, s'en est-il trouvé très empêché, parce que, théoriquement, l'oxyde de carbone est incapable de réagir sur les carbonates et n'a d'action *que sur les bicarbonates, qu'il semble n'avoir point visés dans son brevet.*

Comment s'expliquer cette anomalie.

Une étude approfondie de la question conduit aux conclusions suivantes.

Dès 1860, Bekelow, en électrolysant une *dissolution d'acide carbonique dans l'eau,* a obtenu une production relativement abondante d'acide formique : il y avait évidemment hydrogénation de l'acide carbonique ou, beaucoup plus tôt, réduction de l'acide carbonique hydraté.

Ce corps CO^3H^2, bien qu'il n'ait point été complètement isolé, existe, comme le prouvent les expériences de Wrobleski (¹) sur la compression de l'acide carbonique humide.

Si, on considère sa formule développée :

$$OH - CO^2H ;$$

il se présente, comme l'acide oxyformique, acide-alcool, qui, en perdant de l'eau, donnerait l'anhydride CO^2.

Il paraît exister, entre l'anhydride et l'hydrate carbonique, les mêmes relations, qu'entre le gaz et l'acide sulfureux hydraté, entre SO^2 et SO^3H^2.

Si, on soumet, à l'hydrogénation électrolytique, un tel corps, on détermine d'une part, la formation d'eau, et, de l'autre, celle de l'acide formique, selon l'équation :

$$OH\text{-}CO^2H + H^2 = H^2O + CO^2H^2 ;$$

c'est à ce résultat, que, Bekelow est arrivé.

Si, maintenant, on se reporte aux travaux de Kolbe, de Schmidt, de Maly et surtout de Lieben, sur la réduction des divers carbonates ; encore qu'ils n'aient porté que, sur les réductions par hydrogénation, à l'aide des amalgames ; le problème s'éclaire d'un jour singulier.

L'acide carbonique hydraté

$$OC\begin{matrix} \diagup OH \\ \diagdown OH \end{matrix}$$

est un acide carboxylé et, à ce titre, et, il doit fournir un aldéhyde, par la substitution d'un atome de H, au groupe OH ; mais, comme il diffère des autres acides carboxylés, en ce qu'il contient, non pas un, mais deux groupes OH, il doit donc être susceptible de donner deux aldéhydes.

Si on substitue H à un groupe OH, on obtient un premier aldéhyde

$$O{=}C\begin{matrix} \diagup OH \\ \diagdown H \end{matrix}$$

(¹) Sous 13 atmosphères, CO^2 en présence d'eau, s'y combine à 0° et forme un hydrate : la pression y augmente, avec la température ; à 10°, elle est de 26 atmosphères.

qui n'est autre que l'acide formique ; or, nous avons montré, en examinant la structure de ce corps, qu'en raison de ses propriétés d'acide et de réducteur énergiques, il possède le double caractère d'acide et d'aldéhyde.

Par substitution d'un nouvel atome de H à l'autre groupe HO, on isole un second aldéhyde, qui n'est autre que le formol :

$$O{=}C\begin{matrix}\diagup H\\ \diagdown H\end{matrix}.$$

Il est à remarquer que si, à l'hydrogène, on substitue l'oxyde de carbone, on arrivera à des résultats comparables :

$$O{=}C\begin{matrix}\diagup OH\\ \diagdown OH\end{matrix} + CO = CO^2 + O{=}C\begin{matrix}\diagup H\\ \diagdown OH\end{matrix},$$

$$O{=}C\begin{matrix}\diagup H\\ \diagdown OH\end{matrix} + CO = CO^2 + O{=}C\begin{matrix}\diagup H\\ \diagdown H\end{matrix}.$$

Pour que l'acide carbonique hydraté soit réduit, il est nécessaire que les deux groupes OH soient libres : or, si on agit sur lui, à l'aide d'un amalgame ; pour chaque molécule de H dégagée, il y aura deux molécules d'alcali qui se formeront, selon l'équation :

$$Na^2 + (H^2O)^2 = H^2 + 2NaOH.$$

Cet alcali sera neutralisé, dès sa naissance, partie par l'acide formique formé, partie par l'acide carbonique.

Il est évident que le formiate sodique, par exemple,

$$O{=}C\begin{matrix}\diagup H\\ \diagdown NaO\end{matrix},$$

ne contenant pas d'oxhydride libre, ne peut être réduit.

Si l'action de l'alcali a donné naissance à un carbonate neutre,

$$O{=}C\begin{matrix}\diagup NaO\\ \diagdown NaO\end{matrix},$$

ce corps se trouvera, dans le même cas, et ne pourra être réduit et, par suite, il ne pourra donner naissance à une nouvelle quantité d'acide aldéhyde, dans l'espèce, d'acide formique.

Il paraît donc difficile, théoriquement, malgré les affirmations du brevet de Kopp, qu'avec du carbonate neutre de soude chimiquement pur et exempt de toutes traces de bicarbonate, on puisse obtenir, sous l'influence de CO, la génération de formiate sodique.

Cœhn et Jahn ont démontré, d'ailleurs, l'impossibilité de cette réaction.

La question devient tout autre si, au lieu de carbonate neutre, on admet qu'il se forme un bicarbonate :

$$O{=}C\begin{matrix}\diagup OH \\ \diagdown NaO\end{matrix};$$

celui-ci, contenant une molécule d'oxhydrile, sera réductible et transformable en formiate, soit par l'hydrogène, comme l'ont constaté successivement Lieben (*Wiener Monatsheppe fur Chemie*, 1895, p. 217) et Bach (*M. S.*, avril 1898, p. 242), soit, par l'oxyde de carbone, comme nous l'avons constaté nous-même.

La réaction se passe, selon les équations :

$$O{=}C\begin{matrix}\diagup OH \\ \diagdown NaO\end{matrix} + H^2 = O{=}C\begin{matrix}\diagup H \\ \diagdown NaO\end{matrix} + H^2O,$$

ou

$$O{=}C\begin{matrix}\diagup OH \\ \diagdown NaO\end{matrix} + CO = O{=}C\begin{matrix}\diagup H \\ \diagdown NaO\end{matrix} + CO^2.$$

On comprend, alors, que la réaction, signalée par Kopp, puisse se faire avec du monocarbonate, mais, sous la condition expresse, qu'elle soit amorcée, avec une petite quantité de bicarbonate : l'oxyde de carbone réagit sur ce dernier, en donnant naissance, d'un côté, à du formiate, de l'autre à de l'acide carbonique, ainsi que le montrent les équations précédentes : cet acide se porte, ensuite, sur une partie de carbonate neutre libre, et la transforme en bicarbonate, apte, alors, à subir l'action de l'oxyde de carbone : la réaction se continue, et ainsi, tant qu'il reste du monocarbonate libre.

La série des réactions se présente, comme suit :

$$\underset{\text{Bicarbonate.}}{O{=}C\begin{matrix}\diagup OH \\ \diagdown NaO\end{matrix}} + H^2O + CO = CO^3H^2 + \underset{\text{Formiate.}}{O{=}C\begin{matrix}\diagup H \\ \diagdown NaO\end{matrix}},$$

$$\underset{\text{Monocarbonate.}}{O{=}C\begin{matrix}\diagup NaO \\ \diagdown NaO\end{matrix}} + CO^3H^2 = \underset{\text{Bicarbonate.}}{\left[O{=}C\begin{matrix}\diagup OH \\ \diagdown NaO\end{matrix}\right]^2},$$

$$\underset{\text{Bicarbonate.}}{\left[O{=}C\begin{matrix}\diagup OH \\ \diagdown NaO\end{matrix}\right]^2} + 2H^2O + (CO)^2 = \underset{\text{Formiate.}}{\left[O{=}C\begin{matrix}\diagup H \\ \diagdown NaO\end{matrix}\right]^2} + \underset{\text{Acide carbonique.}}{2CO^3H^2}.$$

Les résultats que l'on obtient, dans les réactions dont nous venons d'exposer la marche, concordent de façon absolue, avec les observations de Lieben, qui a constaté, comme nous, que, soumis à une action réductrice, les bicarbonates alcalins et alcalino-terreux — celui de magnésie excepté, — se transformaient, facilement, en formiates, surtout si l'on agit sur eux, avec l'oxyde de carbone, *pendant la période de leur formation.*

Il semble donc démontré, maintenant, que CO n'engendre de formiates que, s'il agit sur des bicarbonates et surtout sur des bicarbonates, en voie de formation ; il est donc sans action sur le monocarbonate ou carbonate neutre, comment se fait-il que Kopp, ait obtenu d'indéniables résultats, en employant ces derniers corps ?

Le motif en est simple ; il est à peu près certain, qu'à Œstrich, le monocarbonate de soude employé n'est autre que le sel de soude Solway ; or, en raison même de sa formation, ce sel contient toujours une certaine quantité de bicarbonate de soude, de 4 à 5 0/0, quantité plus que suffisante, pour amorcer la réaction, dans les conditions que nous avons exposées plus haut.

C'est donc la présence de cette impureté, dans le carbonate neutre, qui en rend possible, la transformation en formiate, par une réaction qui est une réaction à phases ; or, cette présence nécessaire du bicarbonate, Kopp ne semble, nullement, en avoir indiqué l'obligation dans ses brevets et il ne parait point en avoir saisi l'importance.

Le formiate alcalin, obtenu, dans le procédé par réduction, donne naissance à de l'acide formique, lorsqu'on le traite, selon l'une des méthodes qui ont été exposées, à propos du procédé Golsdmith ; la purification, la rectification et la concentration de CO^2H^2 s'y font de la même manière.

Dans la pratique, le procédé de préparation de l'acide formique, par réduction des bicarbonates alcalins ou alcalino-terreux, semblerait être l'un de ceux qui présentent le plus d'avenir.

Il permet, en effet, l'utilisation, sans purification préalable, des gaz peu coûteux de haut fourneau ou de générateur ; il n'exige pas de pression, et l'oxyde de carbone résiduaire, qui entre en jeu, apporte, sans dépense particulière, les calories nécessaires à sa réaction ; les bicarbonates, sur lesquels on réagit, sont des produits abondants et peu coûteux ; enfin, l'agencement mécanique de l'outillage est simple, et son dispositif est, depuis longtemps, utilisé dans la fabrication des produits chimiques. Son seul inconvénient est dans l'emploi de températures trop élevées, qui avoisinent le point de décomposition du formiate.

A notre avis, le procédé par réduction est avec le procédé catalytique celui qui, à brève échéance, devra se substituer à toutes les autres méthodes.

Ces procédés permettront, enfin, la fabrication de l'acide formique à un prix contre lequel ne pourront plus lutter les autres acides gras : cela est d'autant plus probable que les brevets Kopp, laissent dans le domaine public l'emploi des bicarbonates.

MÉTHODES BASÉES SUR L'EMPLOI DU NICKEL-CARBONYLE

Le corps singulier, découvert par Mond, en 1890, et, résultant de l'action de l'oxyde de carbone sur le nickel divisé, a pour formule $Ni(CO)^4$: c'est un liquide incolore, très réfringent, dont le point d'ébullition est à $+43°$ et, qui cristallise, à $+25°$, en cristaux incolores.

Étant donné sa haute teneur en oxyde de carbone, sa formation exothermique, qui, d'après Richter, est de $+59^{cal},5$; il était permis de croire, qu'il serait possible de l'utiliser, pour la préparation de l'acide formique en passant, par exemple, par un formiate de nickel. $Ni(HCO^2)^2$, obtenu par hydratation, selon l'équation :

$$Ni(CO)^4 + 4H^2O = Ni(HCO^2)^2 + 2CO^2 + 6H.$$

Malheureusement, la réaction, à quelque température que l'on tente de faire réagir la vapeur d'eau sur le nickel-carbonyle, quelle que soit la pression employée, ne se produit point.

Tout au plus, si on agit en présence d'une base alcaline ou d'un bicarbonate alcalin, vers $+180°$, en vase fermé, obtient-on la formation d'un formiate correspondant à la base ou au bicarbonate employé.

Cela tient à ce que, vers $+180°$, le nickel-carbonyle se décompose et met en liberté, d'un côté du nickel métallique, de l'autre de l'oxyde de carbone absolument pur, qui, à l'état naissant, sous pression et, à la température très convenable de + 180°, réagit sur l'hydrate alcalin ou sur le bicarbonate, comme, à l'état de liberté, il réagirait sur ces corps, dans le procédé, sous pression, de Goldsmith, ou, dans le procédé, par réduction, de Kopp.

Le nickel semble, donc, n'intervenir, en rien, dans la réaction, et son action est un peu semblable à celle du chlorure cuivreux : il joue le rôle d'un simple purificateur.

A ce point de vue particulier, il est intéressant et mérite d'être étudié.

Le nickel-carbonyle $Ni(CO)^4$, qui se forme, à température modérée, par l'union du nickel à l'oxyde de carbone, vers + 100°, se détruit dans les mêmes conditions, à + 180°, en donnant Ni et CO, sans production de carbone ni d'acide carbonique.

On se trouve, donc, avec lui, en présence d'un système bivariant, d'après la loi de Gibbs, composé de nickel-carbonyl, d'oxyde de carbone et de nickel.

Pour des valeurs déterminées de température et de pression, on aboutit, au même état d'équilibre ; soit, que l'on décompose le nickel-carbonyle ; soit, que l'on combine Ni à CO.

Un accroissement de pression favorise la combinaison, et cette variation est régie par une équation de la forme :

$$K = \frac{c(CO)^4}{c[Ni(CO^4)]}.$$

La valeur de la constante K dépend de l'état, où se trouve le nickel mis en expérience, feuille, amalgame, ou poudre ; l'énergie libre du système, étant fonction des variations de l'énergie superficielle.

On doit y prendre, selon Mettasch (*S. C.*, t. XXVIII, p. 683), pour la masse active une valeur dépendant de l'état du métal, c'est avec Ni en poudre qu'il se produit le moins de décomposition.

Le nickel-carbonyle étant très exothermique, — sa chaleur de formation est, d'après Reicher, de $+ 59^{cal},5$; — ses états d'équilibre dépendent de la température et sa formation est, d'autant plus facile, que celle-ci est basse.

Il est probable, d'ailleurs, qu'il se forme un produit intermédiaire, un nickel-carbonyle $NiCO^2$.

Le coefficient de vitesse de décomposition, rapporté à la température, est supérieur à celui de la formation; l'air et le soufre ralentissent cette dernière; le mercure la facilite ainsi que la décomposition.

Au point de vue de la préparation de l'acide formique, on n'a point pu, jusqu'à ce jour, utiliser d'une façon directe, ainsi que nous l'exposions, le nickel-carbonyle; pas plus d'ailleurs, que son homologue, le ferro-carbonyle $Fe^2(CO)^5$, que l'on rencontre, en quantité, dans les masses d'épuration du gaz, où il constitue la partie principale des violets de Prusse.

Il est probable, qu'avec les progrès de la science, on arrivera à employer pratiquement la haute teneur en oxyde de carbone de ces corps; mais actuellement, dans la fabrication de CO^2H^2, on ne peut encore les considérer que, comme des matières d'épuration, susceptibles de fournir, débarrassé de toute impureté, l'oxyde de carbone que l'on emploie, pour la préparation de l'acide formique, en suivant l'une des méthodes, pression, catalyse ou réduction, que nous avons précédemment décrites.

MÉTHODES DE PRÉPARATION DE L'ACIDE FORMIQUE BASÉES SUR L'EMPLOI DES HYDRURES

L'acide carbonique, hydrogéné dans des conditions convenables, est susceptible, lui aussi, de donner naissance, à de l'acide formique : d'une façon générale, la réaction se passe, selon l'équation :

$$CO^2 + H^2 = CO^2H^2.$$

Les hydrures métalliques sont, particulièrement, susceptibles de réagir sur l'acide carbonique, en le transformant en méthanoïque, selon l'équation :

$$CO^2 + (MH)^2 = CO^2H^2 + 2M.$$

Moissan, dont nous relatons plus loin les travaux, s'est beaucoup occupé de la formation des hydrures et il est arrivé à des résultats presque pratiques; toutefois, la question avait déjà été étudiée avant lui, et il est bon de résumer les recherches de ses précurseurs.

Gay-Lussac et Thénard (*Recherches physico-chimiques*, p. 71, 74, 126, 175) ont indiqué la possibilité de préparer les hydrures alcalins et alcalino-terreux.

Dans son *Traité de chimie* (éd. 1846, p. 208), Thénard écrit, à propos de l'hydrure de potassium : « Il est solide, gris et sans apparence métallique; exposé, à la chaleur, que l'on peut produire avec une lampe à esprit-de-vin, il se décompose promptement, l'hydrogène se dégage et le potassium est mis à nu. Mis en contact, à chaud, avec le mercure, il éprouve une décomposition, plus prompte encore, que par la chaleur seule, l'hydrogène s'en dégage également et il se forme un amalgame de potassium. Cette décomposition par le mercure peut même être produite, à froid, dans l'espace de quelques jours.

« L'hydrure de potassium est un produit de l'art : pour l'obtenir, on remplit de mercure une petite cloche de verre courbe, ensuite; on y fait passer du gaz hydrogène, puis on dépose, à l'aide d'une tige, un fragment de potassium, au-dessus du mercure; alors, on chauffe, peu à peu, et on agite le métal avec une tige recourbée. Il ne faut pas trop élever la température, car la réaction n'aurait point lieu; d'autre part, il faut l'élever assez, pour qu'elle puisse se faire : l'expérience doit être continuée jusqu'au refus d'absorption du gaz.

« Toutefois on n'est jamais certain que le potassium soit complètement hydruré.

« Indépendamment de l'hydrure que nous venons de décrire, il existerait, dit toujours Thénard, d'après M. Sementini, un hydrure gazeux de potassium qui contiendrait beaucoup plus d'hydrogène que l'autre; récemment fait, il s'enflammerait, au contact de l'air, mais, au bout de quelque temps, il ne serait plus doué de cette propriété, parce qu'il aurait laissé déposer une certaine quantité de potassium.

« Ce gaz se produirait, surtout, dans la préparation du potassium par l'hydrate de potasse et la tournure de fer.

« Il se dégage, en effet, un gaz qui s'enflamme spontanément, mais nous sommes portés à croire que, ce gaz n'est autre que de l'hydrogène, tenant en suspension du potassium. »

Rousseau, d'autre part, dans son volume sur *le Potassium* (*Enc. Fremy*, t. I[I]) dit : « L'absorption de l'hydrogène par le potassium a été consatée, pour la première fois, par Gay-Lussac et Thénard : ils ont pu faire absorber, au métal, 57 fois son volume d'hydrogène, et ils ont émis l'opinion que, si on parvenait à le saturer de ce gaz, il en absorberait 62 volumes ; nombre, qui correspond à un composé K^4H. »

Troost et Hautefeuille ont aussi étudié l'hydrure de potassium : ils ont constaté que, l'action de l'hydrogène ne se produisait que si le gaz était sec et pur et que l'absorption, qui commençait vers + 200°, ne devenait rapide que, vers + 350-400°.

Ces savants ont, aussi, remarqué que, l'hydrure de potassium ressemble beaucoup à l'amalgame d'argent; qu'il est sec et cassant et qu'il s'enflamme au contact de l'air.

Chauffé à + 250°, dans le vide, disent-ils, il commence à se dissocier : les tensions de dissociation croissent, d'abord, lentement avec la température, puis augmentent rapidement, à partir de + 370°.

Cette tension est de 45 millimètres de mercure, à + 330°, et de 1.100 millimètres, à + 430°.

A + 411°, elle atteint 760 millimètres ; d'où, il résulte que l'hydrure de potassium ne se forme, à cette température, que sous une pression supérieure à la pression atmosphérique.

La température la plus favorable à la formation, selon Troost, est de + 300° environ ; parce que l'excès de préssion du gaz hydrogène, sur la tension de dissociation, est considérable et que le potassium n'est pas volatil à cette température.

Le potassium hydrogéné se comporte comme l'hydrure de palladium : il peut, comme celui-ci, dissoudre de l'hydrogène, mais en quantité moins considérable : à + 300° et sous 760 millimètres, il n'absorbe que 40 volumes d'hydrogène.

Le produit, ainsi saturé, donne des tensions supérieures à celles qu'indiquaient Troost et Hautefeuille et, variables avec l'état de saturation de l'alliage : si, on extrait le gaz à la trompe, on arrive à un état d'hydrure, nettement défini, correspondant, à la combinaison de 1 volume de potassium avec 128 volumes d'hydrogène, ce qui répond, sensiblement, à la formule K^2H.

Troost et Hautefeuille ont, également, étudié la formation de l'hydrure de sodium.

Le sodium, disent-ils, peut être fondu dans une atmosphère d'hydrogène sans l'absorber; la combinaison ne se fait que vers +300°, et elle cesse de se produire à +421°, si, la pression de l'hydrogène utilisé, n'est pas supérieure à la pression atmosphérique.

Les limites, où l'on peut produire l'hydrure de sodium, sont, donc, plus réservées que pour l'hydrure de potassium.

Ce corps est mou, comme le sodium; à la température ordinaire, il devient très cassant, facile à pulvériser, et cristallise avant sa fusion; il est blanc d'argent, un peu plus fusible que le sodium et doué de plus d'éclat que ce métal; il peut être fondu, sans décomposition dans le vide sec ou dans une atmosphère d'hydrogène; il est moins altérable, à l'air que l'hydrure de potassium.

On peut prendre la densité de l'hydrure de sodium dans l'huile de naphte; ce que l'on ne peut faire, pour l'hydrure de potassium : elle est de 0,959, par rapport à l'eau, la densité du sodium employé étant de 0,970.

Ce corps éprouve une dissociation régulière qui a été mesurée, entre +330° et +430°, et, qui suit les mêmes lois que celles de l'hydrure de potassium; les tensions étant toutefois un peu plus faibles.

Il ne dissout que peu d'hydrogène, 3 à 4 fois son volume à + 400° et sous 760 millimètres.

Débarrassé de cet excès, à la trompe, le composé défini contient 237 volumes d'hydrogène, pour 1 volume de sodium et correspond, par suite, à la formule Na^2H.

L'absence de contraction, dans les éléments combinés, apporte, notons-le en passant, un argument très sérieux, en faveur de la théorie de Graham sur l'*Hydrogenium;* la densité de ce corps, en parlant des hydrures de sodium et de potassium, serait de 0,63 et celle trouvée, en partant du palladium hydrogéné, est de 0,62.

Comme on le voit, la formation des hydrures, indiquée par Gay-Lussac et Thénard, a vu sa recherche poussée, très loin, par Troost et Hautefeuille qui ont déterminé, par l'étude des tensions de vapeur, le caractère de composé défini que possèdent ces corps.

On sait, en effet, que les gaz dissous mécaniquement dans les solides, occlus, se dégagent, sous l'action de la chaleur à des températures variables, selon l'état de saturation de la matière.

Les gaz, combinés aux corps solides, voient leur décomposition limitée par une tension constante, pour une même température.

Moissan a repris ces expériences, il y a quelques années, et ses recherches ont porté, non seulement, sur les hydrures alcalins, mais, aussi, sur divers hydrures métalliques; il a également tenté l'application des hydrures à la préparation de différents corps, obtenables par hydrogénation, comme l'acide formique.

Le potassium, maintenu pendant plusieurs heures, dans une atmosphère d'hydrogène, à + 350°, ne tarde pas, dit Moissan (*S. C.*, XXVII, p. 1140), à se recouvrir d'une couche transparente et cristalline d'un hydrure, à travers lequel, on aperçoit la couche brillante du métal non attaqué.

Cet hydrure peut être séparé de l'excès de métal, par un épuisement au moyen du gaz ammoniac liquéfié, exempt d'eau; le potassium étant enlevé à l'état de potassium-ammonium, l'hydrure reste sous forme de poudre blanche et légère.

La durée de l'opération est, d'environ, dix heures.

L'hydrure de potassium est très altérable : il fixe l'humidité de l'air, en donnant de la potasse, et décompose l'eau froide, avec un dégagement tumultueux d'hydrogène.

Il est insoluble dans l'essence de térébenthine, la benzine, l'éther, le sulfure de carbone, mais il se dissout dans le potassium en fusion.

Sa densité est de 0,80.

Chauffé dans le vide, au rouge sombre, il se décompose en potassium et en hydrogène : au contact du fluor, il prend feu; projeté dans le chlore, il devient incandescent et donne de l'acide chlorhydrique et du chlorure de potassium; dans l'oxygène sec, il prend feu en donnant de la potasse hydratée; avec le soufre, il donne de l'acide sulfhydrique et du sulfure de potassium; enfin il réduit les oxydes de plomb et de cuivre.

A la pression ordinaire, il est sans action sur l'ammoniaque liquéfiée; placé, à + 400°, dans un courant de gaz NH^3, il donne de l'amidure de potassium.

Les hydrures de sodium et des métaux alcalino-terreux se préparent, de la même façon, et jouissent de propriétés semblables.

Tous ces hydrures sont susceptibles de dissociation, par élévation de température.

Les hydrures alcalins, légèrement chauffés, ont la propriété de réagir sur l'acide carbonique, et le résultat de cette action est un formiate alcalin : l'énergie dégagée est telle que, la chaleur produite est suffisante, pour porter la masse, à l'incandescence.

Voici comment Moissan (*S. C.*, XXVII, p. 1149), agit dans cette préparation.

L'hydrure, cristallisé et froid, est placé dans un tube où, l'on fait passer un courant rapide d'acide carbonique pur et sec ; l'hydrure change, aussitôt, de couleur, en même temps que sa température s'élève.

Dans les parties les plus épaisses, il devient noir, tandis que le restant du composé prend une teinte marron plus ou moins foncée.

Si, la température de la réaction dépasse + 350°, il faut avoir soin de refroidir, soit en augmentant la vitesse du courant d'acide carbonique, soit à l'aide d'une circulation d'eau ; ce grand dégagement de chaleur ne se produit guère que dans la première phas- de l'opération.

Peu à peu, on voit, la température s'abaisser, et il devient, alors, nécessaire de chauffer, pour déterminer la transformation totale de l'hydrure, en formiate.

Il faut éviter, avec soin, toute rentrée d'air dans l'appareil, car aussitôt que la réaction est commencée, si l'oxygène intervient, il brûle le produit qui vient de prendre naissance, et la chaleur dégagée détruit, immédiatement, l'excès d'hydrure, avec mise en liberté d'hydrogène et de potassium, qui s'enflamment.

L'action de l'acide carbonique ne se produit pas sur les hydrures à — 88° : elle ne commence, d'ailleurs, qu'à + 15° et, si on chauffe brusquement la masse à + 450°, elle fournit des produits de polymérisation qui indiquent, ce que l'on sait déjà par des essais antérieurs, que, le premier composé formé, le formiate, ne peut subsister à cette température.

En autoclave, à la température de + 225°, l'absorption de l'acide carbonique, par les hydrures, est complète, en cinq heures.

Le composé obtenu est soluble dans l'eau : il précipite les sels d'argent et les réduit, même, dans l'obscurité ; il décompose le chlorure d'or, en précipitant le métal ; il réduit le permanganate de potasse et, traité par un excès d'acide sulfurique, il dégage de l'oxyde de carbone.

Avec le carbonate de plomb, il fournit du formiate de plomb qui, à l'analyse, a donné les résultats suivants :

	Trouvé.	Théorique.
	—	—
C....................	7,69	8,10
H....................	0,77	0,7
Pb..................	69,4	69,5

On peut donc conclure que l'acide carbonique réagit, dès la température ordinaire, sur les hydrures alcalins, pour donner des formiates, selon l'équation :

$$CO^2 + HK = HCO^2K.$$

La réaction est d'autant plus intéressante que, l'acide formique, chauffé à + 160°, se dédouble en acide carbonique et en hydrogène: on se trouve, donc, en présence d'une synthèse identique à celle de Berthelot.

Dans un mémoire paru en 1903 (*S. C.*, t. XXVIII, p. 449), Moissan a donné divers renseignements complémentaires, sur la transformation de l'acide carbonique, en formiate, sous l'influence de l'hydrure de potassium.

« Dans nos premières expériences, dit-il, nous avons remarqué que, tantôt l'hydrure de potassium se combinait à l'acide carbonique avec incandescence, et que tantôt, au contraire, la combinaison se produisait lentement et avec un dégagement de chaleur modéré. De plus, si on fait passer un courant d'acide carbonique, simplement desséché sur du chlorure de calcium, dans deux tubes à hydrure, disposés à la suite l'un de l'autre, la production de formiate ne se fait que dans le premier tube.

« L'état physique de l'hydrure que l'on peut obtenir, en cristaux plus ou moins purs, ou en masse plus ou moins poreuse, peut intervenir, en modifiant le dégagement de chaleur dû à la réaction : mais, si on prépare cet hydrure dans des conditions identiques, on reconnait, bientôt, que des traces d'humidité peuvent exercer une influence très grande, dans la marche de la réaction. »

Moissan, s'inspirant des expériences de Breton-Baker, a pris de minutieuses précautions, pour dessécher, non seulement l'hydrure et l'acide carbonique mis en contact, mais également, pour assurer la dessiccation complète des appareils dans lesquels il opérait.

Dans certaines experiences, après un dégagement continu de gaz sec, il a été, jusqu'à faire le vide, dans l'appareil porté à + 130°, de façon à enlever les dernières traces d'humidité dont sont imprégnées les couches profondes du verre d'Iéna qu'il employait.

Dans ces conditions, il a pu constater, qu'en l'absence totale de vapeur d'eau, même après un contact de plusieurs jours, il n'y a pas combinaison, à la température ordinaire, entre l'acide carbonique et l'hydrure de potassium.

Si on élève alors lentement, à l'aide d'un bain-marie, la température du tube à hydrure rempli d'acide carbonique, on voit se produire un changement brusque vers + 54°.

La surface de l'hydrure, qui était complètement blanche, fonce aussitôt, devient jaune, et les pointements de quelques cristaux prennent, même, une teinte foncée.

En même temps, si on opère avec un faible éclairage, on voit une petite flamme courir, à la surface de l'hydrure.

La réaction que nous venons d'exposer se produit toujours, d'une façon constante, à + 54°, qui est la température critique.

Ce point fixé, Moissan a cherché à déterminer la quantité d'eau, strictement nécessaire, pour obtenir cette même réaction à la température ordinaire.

Dans ce but, il a tout d'abord fait passer l'acide carbonique, utilisé dans l'expérience, à travers un tube contenant une petite quantité d'eau, maintenue à une température déterminée, mais inférieure à 0°.

Dans ces conditions, l'acide carbonique se mélangeait, à la quantité de vapeur d'eau, correspondant à la tension de la glace, pour la température choisie.

A — 20°, il a reconnu que, la glace fournissait une quantité d'eau, plus que suffisante, pour déterminer la formation du formiate; mais cette température était loin d'être un minimum, car, l'appareil préalablement desséché, contenait, malgré cela, encore, des traces d'eau.

Moissan a reconnu, après une série d'essais fort délicats, que la vapeur d'eau, émise par de la glace à — 85°, était suffisante, pour déterminer la réaction.

Il a cherché à substituer, à l'eau, des traces d'acide chlorhydrique et des traces d'azote; mais ces impuretés n'ont pu déterminer la combinaison entre l'acide carbonique et l'hydrure de potassium.

En résumé, de cette longue étude, il résulte que, de — 85° à + 54°, l'acide carbonique, absolument sec, ne réagit pas sur l'hydrure de potassium.

D'autre part, dans cet intervalle de température, la trace d'eau, correspondant à la tension de vapeur de la glace à — 85°, suffit pour déterminer la réaction, grâce, à la chaleur qu'elle dégage par la décomposition violente d'une très petite quantité d'hydrure alcalin : c'est là, d'ailleurs, une des applications fort intéressantes des principes posés, en mécanique chimique, par Berthelot.

Dès que la réaction est commencée en un point, elle dégage, assez de chaleur, pour se continuer, et rapidement, elle devient totale.

Dans la combinaison brusque de l'acide carbonique et de l'hydrure de potassium, l'influence de cette trace d'eau est seule importante, et l'influence de la variation de température entre — 85° et + 54° est nulle.

L'influence calorifique n'intervient, dans la détermination de la réaction, qu'à + 54°.

Les hydrures de sodium, de rubidium, de cæsium, de calcium, tous corps isolés par Moissan, l'hydrure de lithium et l'hydrure de strontium S^2H^2, isolés par Guntz (1893), se conduisent, exactement comme l'hydrure de potassium, et ne donnent de formiates, avec l'acide carbonique, qu'en présence d'une trace de vapeur d'eau ; cette quantité, d'après Moissan, est inférieure à 1/4 de milligramme.

L'hydrure de fer de Wanklyn et Carius se conduit de même, mais avec beaucoup plus de lenteur.

Ces différents hydrures sont totalement diélectriques.

L'hydrure d'antimoine SbH^3, de Stock et Guttmann, qui est gazeux, donne, mélangé avec de l'acide carbonique humide, une réaction analogue ; mais l'essai est très difficile à conduire, étant donné l'instabilité de ce corps.

L'hydrure de calcium a été isolé par Jaubert (*C. R.*, CXLII, p. 788). On le prépare :

1° Par électrolyse du chlorure de calcium fondu, sous 20 volts, avec 7,5 ampères : 150 kilowatts sont susceptibles de donner 100 kilogrammes par vingt-quatre heures;

2° En chauffant le calcium dans des cornues horizontales où circule un courant d'hydrogène.

Il se présente, en morceaux irréguliers, très durs, blancs ou gris : il est décomposable, instantanément, par l'eau froide; il titre environ 90 0/0, d'hydrure pur et ses seules impuretés sont des azotures et des oxydes.

1^{kr},5 d'hydrure de calcium dégage environ 1 mètre cube d'hydrogène : mis en présence d'acide carbonique, il se transforme en formiate de calcium.

L'hydrure de platine a été isolé par Berthelot (*S. C.*, t. XXXIX, p. 109) : il est oxydé à froid par l'oxygène libre, en dégageant + 0^{cal},5: il absorbe l'hydrogène, en dégageant + 14^{cal},2.

Il semble qu'il se forme deux hydrures; l'un oxydable à froid par l'oxygène, et dissociable; l'autre plus stable: sous ces deux formes, le platine absorberait 120 fois son volume d'hydrogène.

Mis en présence d'acide carbonique, l'hydrure de platine, donne du formiate de platine: cette réaction semble être l'un des modes les plus pratiques de préparation de corps.

L'hydrure de palladium a été étudié par Bekeboff (*S. C.*, t. XXXI, p. 197).

On le prépare en chauffant le palladium, en présence d'hydrogène: on fait, ensuite, passer un courant d'acide carbonique, de façon, à chasser le gaz occlus.

C'est un corps poreux, qui, plongé dans l'eau, ne perd pas d'hydrogène, bien qu'il en ait absorbé 710 fois son volume.

En présence de l'acide carbonique, il donne, selon la réaction générale, du formiate de palladium, et, en présence des bicarbonates alcalins, les formiates correspondants.

Il a été souvent utilisé par Bach.

L'hydrure de niobium, signalé par Blousstrand, antérieurement aux travaux de Roscoe, a été isolé par Merignac.

Il provient de la réduction du fluoniobate de potassium; c'est une poudre noire, foncée, de densité 6,6 ; en présence d'acide carbonique, elle donne du formiate de niobium.

Si on se reporte aux travaux de Henneton (*Ét. sur les accumulateurs électriques*, Lille, 1905), l'hydrure de plomb semble, beaucoup plus facilement, obtenable que les autres hydrures métalliques, surtout, par voie électrolytique.

La préparation de l'hydrure de plomb, selon Henneton, peut se faire de la façon suivante : dans une cuvette en plomb perforé, permettant la circulation de l'électrolyte, cuvette suspendue horizontalement, on place une couche de peroxyde de plomb de 1 à 2 centimètres d'épaisseur.

Au-dessus, on place une électrode constituée par une plaque de plomb, également percée, et qu'on relie au pôle positif d'une dynamo; la cuvette chargée de peroxyde est reliée au pôle négatif.

On conçoit facilement, que dans un bac de forme convenable, on puisse superposer un certain nombre de ces dispositifs.

Selon le régime de la dynamo, l'appareil sera monté, soit en tension, soit en surface : le premier montage est plus pratique, étant donné le régime habituel des dynamos courantes.

La densité de courant devra être de un ampère, par décimètre carré d'électrode.

L'électrolyte est constitué soit, par de l'acide sulfurique pur à à 15° Baumé, soit par une dissolution d'azotate de potasse, alcalinisée, par du carbonate de soude.

La réaction est conduite, en maintenant le courant, jusqu'à ce que le peroxyde devienne gris perle.

A ce moment, on le brasse énergiquement dans chaque cuvette et on électrolyse, à nouveau, pendant deux heures : on arrête alors, on court-circuite l'élément, puis on le recharge.

Ces opérations doivent être répétées à diverses reprises ; on obtient, alors, un plomb réduit extrêmement divisé, surtout, si on a pris soin de choisir un peroxyde de plomb, en petits grains de la grosseur d'une tête d'épingle.

Après la préparation, l'hydrure obtenu est rincé plusieurs fois, à l'eau distillée de façon à éliminer l'acide sulfurique; ce dernier ne peut être enlevé totalement que si, après arrêt, on fait une petite charge, à très faible intensité, jusqu'à ce que le dégagement gazeux, à la cathode, soit au maximum, c'est-à-dire que il remplisse toutes les pores de l'hydrure et qu'il en ait chassé l'électrolyte.

Il ne faut pas exposer l'hydrure formé à l'air, car il s'y oxyde en s'échauffant, très rapidement : on doit le garder en vases fermées.

Mis en présence d'acide carbonique humide, l'hydrure de plomb électrolytique se transforme en formiate de plomb, d'où il est facile, par l'acide sulfhydrique, d'extraire un acide formique sensiblement anhydre.

Bien que la préparation des hydrures soit connue, déjà, depuis un certain temps et qu'on puisse obtenir industriellement certains d'entre eux, comme l'hydrure de calcium et l'hydrure de plomb, le procédé très élégant de Moissan permettant, grâce à leur intervention, la préparation facile des formiates, sans courir les risques que présentent les méthodes à l'oxyde de carbone, n'est pas encore entré dans la pratique industrielle.

Si on excepte, l'hydrure de plomb, et l'hydrure de calcium dont la fabrication est seulement commencée ; tous les autres hydrures présentent, des difficultés de préparation qui rendent le prix de revient de ces corps beaucoup trop élevé, pour en permettre l'utilisation économique, dans la préparation de l'acide formique et des formiates.

Cela seul explique la non-industrialisation du procédé Moissan.

MÉTHODES DE PRÉPARATION DE L'ACIDE FORMIQUE BASÉES SUR L'ÉLECTROLYSE

L'intervention heureuse de l'électrolyse, dans la préparation d'un grand nombre de produits, comme les chlorates, les chlorures décolorants, la soude, a poussé un certain nombre de chimistes à en chercher, aussi, l'application à la fabrication de l'acide formique.

Il ne semble pas, jusqu'à présent, que leurs efforts aient été couronnés, par l'obtention de résultats pratiques, et la préparation électrolytique de l'acide formique n'est point, encore, entrée dans le domaine industriel.

Morris en 1908 (brevet américain n° 875.048) a bien fait breveter la préparation de CO^2H^2, par l'électrolyse du formiate d'ammoniaque, mais ce n'est là qu'un procédé de dérivation et non une méthode de création.

Si on se reporte au travail de Walther Löb (*Zeitschrift für Electrochemie*, II, p. 203) sur l'électrosynthèse des composés organiques, on y voit, qu'un certain nombre de corps, soumis à l'action du courant, sont susceptibles de donner de l'acide formique, des formiates ou des éthers formiques.

D'après Schonbein, Becquerel et Renard, l'alcool éthylique électrolysé donne un peu de formiate d'éthyle ; le glycol, la glycérine, selon Bartholi, Papa   li et Renard, les sucres, selon Bruster, et surtout la mannite, soumis au courant, fournissent bien de l'acide formique, mais en quantité trop faible, pour que l'on puisse envisager l'industrialisation de la réaction.

L'électrolyse des acides donnerait probablement des résultats plus intéressants : Roger (*C. R.*, t. LXX, p. 73), Welde (*S. C.*, V, p.237) ont obtenu CO^2H^2, en quantité notable, en électrolysant l'acide oxalique ; mais, comme dans les procédés de Lorin, le prix de cette matière première est trop élevé pour concurrencer les méthodes à l'oxyde de carbone.

Selon Muller et Hoffer, enfin (*Ch. Ber.*, t. XXVII, p. 461), l'acide glycolique, les acides lactique, tartrique, hydracrylique, β. oxybutyrique, glycérique, se conduisent comme l'acide oxalique.

Notons encore que, ni Brown et Walker, auxquels on doit la synthèse électrolytique d'un certain nombre d'acides gras, comme l'acide succinique ; ni Shields, ni Mulliken, ni Weems ne sont parvenus à la préparation synthétique de CO^2H^2.

En réalité, pour obtenir des résultats par action du courant, il faut agir par des moyens détournés : produire par électrolyse, de l'hydrogène que l'on fait, à l'état naissant, réagir sur un corps susceptible de donner de l'acide formique ou des formiates.

La formation du méthanoïque est due à une réaction secondaire ; c'est ainsi que Bekelow, dès 1860, comme nous l'avons exposé plus haut, a obtenu CO^2H^2, par électrolyse de l'eau chargée d'acide carbonique.

On se trouve donc, en face d'un procédé analogue à celui des hydrures ou des amalgames, avec cette seule différence que, l'H agissant est produit, électrolytiquement, au lieu de l'être chimiquement.

L'acide carbonique et les bicarbonates se prêtent, tout particulièrement, à une semblable réaction : cette question très intéressante de l'hydrogénation de cet acide et de ces sels a été étudiée, successivement par Liebig, par Bæyer, par Maly, par Kolbe, par Schmidt, par Bekelow et, surtout, par Lieben et par Bach.

A propos de la réduction des bicarbonates, par l'oxyde de carbone et, de leur transformation en formiates, nous avons exposé les travaux de Lieben, et. à propos de la transformation de l'acide carbonique, par la plante, en composés formiques, nous avons relaté les études de Bach : nous n'avons donc point à y revenir bien longuement.

Qu'il nous suffise de rappeler que l'acide carbonique hydraté, contenant deux groupes d'oxhydrile, doit fournir sous l'influence de l'hydrogène, deux aldéhydes, dont l'une est précisément l'acide formique, et que, le bicarbonate se trouvant, en présence d'hydrogène, se transforme en formiate, selon l'équation :

$$O{=}C\left\langle\begin{matrix}OH\\NaO\end{matrix}\right. + H^2 = O{=}C\left\langle\begin{matrix}H\\NaO\end{matrix}\right. + H^2O.$$

Les phases dominantes de l'électrolyse de l'acide carbonique sont les suivantes, pour des solutions très étendues, que l'on peut considérer comme ionisées ; on a :

$$H^2CO^3 = H^2 + CO^3$$

et

$$CO^3 + H^2O = H^2CO^3 + O\,;$$

comme réaction accessoire, on a :

$$H^2CO^3 + H^2 = CO^2H^2 + H^2O.$$

Des expériences de Lieben et de Bach, il résulte, qu'en hydrogénant une dissolution de bicarbonate de soude, on peut facilement obtenir du formiate de sodium : depuis longtemps, d'ailleurs, on sait que l'amalgame de sodium réalise, fort bien, cette réaction.

Dans ces conditions, nous avons isolé un procédé de fabrication, qui peut être, aussi pratique et aussi peu coûteux, que ceux de Goldsmith et de Kopp : il est basé, sur l'hydrogénation du bicarbonate de soude, en présence d'un courant d'acide carbonique, à l'aide de l'amalgame de sodium obtenu électrolytiquement, dans l'appareil que nous avons créé en collaboration, avec M. Eugène Hermite.

L'amalgame est produit, en électrolysant une dissolution de chlorure de sodium, à l'aide d'une cathode constituée par une mince lame de mercure coulant sur une plaque de cuivre ; au bas de la cathode, se trouve une rigole à demi remplie de sulfure de carbone, qui permet d'isoler complètement l'amalgame formé de tout contact avec la dissolution aqueuse de NaCl et, par suite, d'éviter toute formation de soude.

A l'aide d'un col de cygne, la rigole de la cathode communique avec un vase rempli de bicarbonate de soude en solution; au contact de cette liqueur, l'amalgame s'y décompose en donnant naissance:

1° A du mercure que l'on renvoie à l'électrolyseur ;

2° A de l'hydrogène naissant qui, se porte sur le bicarbonate et le transforme en formiate, selon l'équation :

$$O{=}C\begin{smallmatrix}\diagup OH\\ \diagdown NaO\end{smallmatrix} + H^2 = H^2O + O{=}C\begin{smallmatrix}\diagup H\\ \diagdown NaO\end{smallmatrix},$$

3° A de la soude caustique qui est transformée en bicarbonate par le courant d'acide carbonique qui traverse constamment l'appareil : ce bicarbonate rentre, aussitôt formé, dans le cycle de réaction et est transformé, dans une seconde phase, en formiate de soude.

Quand la liqueur est saturée, on l'évapore à sec et on décompose le formiate obtenu, par de l'acide chlorhydrique, qui, tout en mettant en liberté CO^2H^2, reconstitue NaCl, que l'on renvoie à l'électrolyseur.

Aux composés sodiques, Fenton propose de substituer les composés magnésiens ; l'électrolyse en est évidemment plus facile, mais, d'après Lieben, le bicarbonate de magnésie est un des rares carbonates qui, par hydrogénation, ne se transforme pas en formiate ; la substitution serait alors fort peu heureuse.

Coehn et Jahn (*D. C. G.*, t. XXXVII, p. 2836), après avoir repris l'expérience de Bekelow, sur les dissolutions d'acide carbonique, et constaté la justesse des observations du savant russe, ont cherché à substituer, à l'action de l'amalgame, sur les bicarbonates, l'électrolyse directe.

Ils agissent, en vase cloisonné, avec une anode en platine et une cathode en métal quelconque : l'électrolyte est constituée par une solution de carbonate de soude traversée par un courant continu d'acide carbonique : comme nous, ces chimistes ont constaté, qu'en l'absence de CO^2 ou de bicarbonate, la transformation ne se produisait pas.

Au carbonate, Coehn et Jahn ont substitué avec avantage le sulfate de soude, mais, en maintenant, dans la cellule cathodique, un courant constant de CO^2 : le sulfate de soude, décomposé en ses ions, donne, de l'acide sulfurique à l'anode, de la soude et de l'hydrogène à la cathode ; cette soude, en présence de CO^2, se transforme en bicarbonate; lequel est réduit par H en formiate.

La cellule cathodique voit, donc, trois réactions secondaires, se produire :

1° Décomposition de l'eau, par Na mis en liberté électrolytiquement et formation de soude ;

2° Bicarbonatation de cette soude;

3° Réduction de ce bicarbonate, par H, provenant : 1° de l'électrolyse ; 2° de la décomposition de H^2O, par Na.

Avec une densité de courant de 0,001 ampère, par centimètre carré d'électrode, on obtient, ainsi, 0gr,03 d'acide formique par 250 centimètres cubes de solution.

Que l'on agisse directement, par électrolyse du sulfate de soude, en présence de CO^2 ; ou que l'on emploie les amalgames préparés électrolytiquement, en les faisant réagir sur le bicarbonate, toujours en présence de CO^2 on obtient du formiate : ces méthodes de préparation de l'acide formique, par utilisation du courant, semblent fort intéressantes, très économiques, et il est à regretter que l'on n'en ait point encore tenté l'application industrielle.

4° PROCÉDÉS DIVERS DE PRÉPARATION DE L'ACIDE FORMIQUE

A côté des méthodes générales de fabrication de l'acide formique, qui sont entrées dans l'industrie ou qui sont susceptibles d'y entrer, divers autres procédés ont été présentés : nous les relaterons plutôt pour mémoire, car, soit en raison des difficultés d'application qu'ils présentent, soit en raison du prix élevé des matières premières proposées, il semble peu probable qu'ils soient jamais applicables : il est vrai de dire que, la plupart ont été présentés, à un moment où l'acide formique était, encore, une rareté de laboratoire et où l'on ne pouvait prévoir son application, sur une large échelle.

Pelouze a proposé de dériver l'acide formique des cyanures : chimiquement, le procédé marche fort bien, mais le prix de la matière première le rend, absolument, inapplicable, comme l'est d'ailleurs la méthode de Friedel, par l'acétone et le courant électrique.

Il en est, de même, de la méthode de Dumas, qui prend, pour matière première, le chloroforme, et les motifs qui doivent la faire écarter sont les mêmes.

On aussi proposé d'appliquer, à la fabrication de CO^2H^2, une réaction assez curieuse, instituée par Scheele, en vue de la préparation des cyanures; elle consiste à calciner un mélange de chlorhydrate d'ammoniaque, de carbonate de potasse et de graphite; si on procède, à température assez basse, vers + 350°, et en présence de vapeur d'eau, on constate qu'il y a formation de formiate de potasse et de formiate d'ammoniaque, selon l'équation :

$$NH^4Cl + C + CO^3K^2 + H^2O \quad = \quad KCL + CO^2HK + CO^2HNH^4.$$

La seule objection que l'on puisse présenter à cette méthode, c'est que, étant donné la température à laquelle on doit agir, il est certain que les formiates obtenus se décomposeront aussitôt formés : en marchant sous pression, peut-être pourrait-on arriver à un résultat : nous ne croyons pas qu'aucun essai pratique ait été fait dans ce sens.

On a proposé, tout dernièrement, d'employer les phénomènes de radioactivité à la préparation de l'acide formique [1].

Les essais faits consistent à exposer une dissolution d'acide oxalique ou de bicarbonate alcalin, à l'action concomitante des sels d'uranium ou de radium et des rayons solaires : on obtient bien de l'acide formique, mais, la durée de la transformation est excessivement longue. Ce procédé n'a donc, actuellement, aucune valeur pratique; tout au plus permet-il d'expliquer la présence de CO^2H^2, dans certaines eaux minérales, qui, comme celles de Carlsbad, sont radioactives et contiennent des bicarbonates.

1 Les résultats obtenus par Daniel Berthelot et Gaudichon (C. R. 1910, t. 150, p. 1690, grâce à l'action des rayons ultra-violets, donnent également à penser que ces derniers pourraient être utilisés pour la production CO^2H^2, en les faisant réagir sur CO, O et H.

LA CONCENTRATION DE L'ACIDE FORMIQUE

La concentration de l'acide formique et l'obtention de l'acide cristallisable présentent de très grandes difficultés; aussi, dans l'industrie, ne trouve-t-on point, actuellement, d'acides titrant plus de 89 à 90 0/0 de CO^2H^2.

Les produits, au-dessus de ce titre, sont préparés, en vue du laboratoire, par des méthodes trop coûteuses pour être employées en usine.

Deux procédés généraux se présentent pour la préparation de l'acide formique à haute concentration :

1° Action d'acides déshydratés ou anhydres sur des formiates anhydres ou desséchés ;

2° Concentration et déshydratation des acides formiques étendus, obtenus dans une opération précédente.

La première méthode est assez peu pratique; encore qu'elle soit, souvent, utilisée, au laboratoire, pour obtenir des acides à concentration dépassant 90 0/0.

On peut arriver à un résultat assez satisfaisant, en distillant du formiate de soude desséché, du formiate de calcium, de baryum ou d'ammoniaque anhydres, avec de l'acide oxalique desséché: on obtient, ainsi, sans perte, un acide formique titrant 98 0/0, qui, par cryolise, se concentre encore et donne un produit à 99,5 0/0. L'opération est excessivement délicate à conduire, car il ne faut pas dépasser beaucoup la température de + 125°, au-dessus de laquelle, il y a, à la fois, commencement de décomposition et de l'acide oxalique et du formiate, mis en jeu; la présence d'un peu de glycérine paraît régulariser l'action.

On a proposé de substituer, à l'acide oxalique, l'acide fluorhydrique, l'acide phosphorique vitreux ou un acide formique de haute concentration ; ce dernier forme, tout d'abord, avec le formiate, un sel acide, que la chaleur décompose en donnant un acide anhydre : très juste en théorie, cette méthode, dans la pratique, donne de médiocres résultats, en raison des décompositions qui s'y produisent, sous l'influence de la chaleur. Il ne faut pas oublier, non plus, que, dans le cas de mélange de l'acide formique avec ses sels, la présence du sel influe d'une façon très sensible sur le degré de dissociation de l'acide, comme, d'ailleurs, l'addition d'acide influe sur le degré de dissociation du sel.

Berthelot, l'un des premiers, a présenté une méthode permettant l'obtention d'acides à haut titre (*S. C.*, 1874, t. II, p. 410).

« Lorsque l'on veut obtenir de l'acide formique pur et monohydraté CO^2H,H^2O, dit ce savant, on procède, en général, par la décomposition du formiate de plomb à l'aide de l'hydrogène sulfuré sec, le sel étant placé dans un long tube chauffé au gaz. L'acide ainsi obtenu est, en dépit de toutes les précautions, souillé d'un produit sulfuré qui communique, à l'acide formique, une odeur très spéciale et qui en est difficilement séparable, même, par des rectifications réitérées.

« On évite la formation de ce produit sulfuré, en procédant de la façon suivante :

« On dessèche, préalablement de la façon la plus complète, le formiate de plomb ; puis, on le place dans un large tube en V, dont l'une des branches est effilée à la lampe et recourbée, en pointe inclinée, du côté où doit se produire le dégagement d'acide formique.

« Ce tube rempli est chauffé au bain d'huile, à une température qui ne doit pas dépasser + 130°. Lorsque le thermomètre arrive à ce point, on fait réagir, sur le formiate de plomb, un courant lent d'hydrogène sulfuré parfaitement desséché. L'acide formique se dégage, et le produit ainsi recueilli est ensuite rectifié et fractionné, après avoir été mis en digestion sur du formiate de plomb.

« On achève sa purification, en soumettant à la réfrigération, vers — 8°, les parties qui passent entre 104° et 108° : l'acide formique monohydraté, placé dans ces conditions, cristallise. On procède à plusieurs cristallisations successives, en ayant soin d'essorer les cristaux à la trompe, après chaque opération. »

Ces cristaux d'acide formique pur, fondent exactement, selon Berthelot, à + 8°,6.

Le rendement de ce procédé est d'environ 75 0/0.

Au formiate de plomb, Lorin a proposé de substituer d'autres formiates anhydres, comme les formiates de cuivre et de chaux : la réaction de l'acide sulfhydrique, sur le sel de cuivre, semble moins facile et moins rapide que sur le sel de plomb ; on a aussi proposé de substituer l'acide sulfocyanique à l'acide sulfhydrique.

La température indiquée par Berthelot doit être *très exactement* observée, car si elle s'élève, selon Lempricht, il y a formation d'acide thioformique.

Les divers formiates employés dans le procédé Berthelot, pour arriver à un bon résultat, doivent être précipités de leurs solutions par l'alcool et soigneusement desséchés, vers 110°.

On peut encore obtenir CO^2H^2, à haute concentration, en distillant, avec beaucoup de ménagement, une formine d'alcool polyatomique, comme la formine de l'érythérite, par exemple ; pour arriver à de l'acide formique 98 0/0, on ajoute, en deux fois, à 500 parties de formine, d'abord 530 parties, puis 595 parties d'acide oxalique desséché ; on chauffe au bain d'huile jusqu'à ce que la masse se boursoufle, comme une lave en fusion ; on obtient ainsi 563 grammes d'acide formique 98 0/0, en raison de la décomposition partielle de $C^2O^4H^2$.

On peut aussi faire réagir, comme nous l'avons indiqué, d'après le procédé de Rapp, le chlorure de soufre sur un formiate (*Ann. de Ph.*, t. CCXLIII, p. 69-73) ; on obtient, ainsi, un acide titrant 98,6 à 99,2 de CO^2H^2 et dont la densité varie entre 1,222 et 1,224 ; le produit contient toujours un peu de soufre et de chlore que l'on enlève à l'aide de la limaille de plomb.

Nous ne croyons pas que ce procédé, très intéressant et, somme toute, assez pratique, ait jamais été appliqué industriellement.

La préparation de l'acide formique à haut titre, par réactions sur les formiates anhydres, est, en général, peu employée ; on préfère arriver à l'acide cristallisable, en prenant pour point de départ les solutions étendues que l'on obtient couramment, en usine, par la décomposition des formiates alcalins, à l'aide des acides minéraux ou des bisulfates.

La concentration de ces acides formiques dilués a été l'objet de nombreux travaux motivés; soit, par le rapprochement entre le point d'ébullition de l'acide anhydre et de l'eau de dilution, dans la distillation fractionnée; soit, par la difficulté que présente l'emploi des divers déshydratants qui ont été proposés, en raison de la possibilité de décomposition, en CO et H^2O, des dilutions formiques, en réaction.

Si on se place, au point de vue de l'obtention d'acides concentrés, par rectification des acides étendus, la question des hydrates d'acides joue là un grand rôle.

D'après Berthelot, il existe des hydrates définis, formés par l'union de l'eau avec les acides : tantôt la combinaison se forme intégralement et d'une façon exclusive; tantôt elle ne se forme qu'en partie : l'ensemble constitue alors un système dissocié, où, le corps anhydre coexiste, en même temps, que l'eau et son propre hydrate.

Plusieurs hydrates définis d'un même corps dissous, les uns stables, les autres dissociés, peuvent coexister, à la fois, au sein d'une dissolution : ils constituent alors un système en équilibre où, les proportions relatives de chaque hydrate varient, avec la quantité d'eau, avec la température et avec la présence d'autres corps susceptibles de former des hydrates; le degré inégal de dissociation de ces hydrates, variable avec la température et avec d'autres conditions physiques, fait varier, à son tour, le coefficient de solubilité du corps lui-même.

Dans le cas d'un hydrate stable, la tension de vapeur est plus faible que la somme des tensions de l'eau et du corps anhydre; elle augmente, si l'hydrate se dissocie et, si elle diminue, le point d'ébullition se trouve relevé et les chaleurs spécifiques changent. Il est, d'ailleurs, bon de ne pas confondre les chaleurs de dilution avec la chaleur de formation des hydrates.

Toutes les fois qu'un corps se combine avec H^2O pour former un hydrate, ce dernier est isolable à l'état de cryohydrate, et il résiste à l'action du vide.

En cas d'excès du composant sur l'hydrate, dans le vide, l'excès du composant distille, de façon à mettre à nu l'hydrate : cette observation est de la plus haute importance et nous aurons à la mettre, en pratique, dans la rectification de l'acide formique.

Si un acide, comme l'acide formique, mis en présence d'eau,

forme un hydrate défini, non dissocié, on constate que, tant que la formation de l'hydrate n'est pas complète, la chaleur dégagée se compose de deux parties :

1° Celle résultant de la combinaison de CO^2H^2 à H^2O ;

2° Celle résultant de la dissolution de l'hydrate, qui vient de se former, dans l'acide anhydre ou dans sa dilution.

Si on ajoute de l'eau, après la formation du premier hydrate, et qu'il s'en forme d'autres, à nouveau, la courbe de formation est une droite.

Si, au contraire, l'addition de H^2O détermine des dissociations, la courbe aura la forme d'une hyperbole, représentant une série d'équilibres entre CO^2H^2, ses hydrates et H^2O.

En tel cas, il doit y avoir un ou divers points saillants qui caractérisent les hydrates définis.

Avant d'examiner la question des hydrates d'acide formique, il était bon de rappeler, d'après Berthelot (*Thermochimie*, 1er vol., p. 520), les principes généraux, relatifs à la formation et aux propriétés générales des hydrates.

Existe-t-il ou n'existe-t-il pas d'hydrates stables d'acide formique, ayant un point d'ébullition fixe et susceptibles de distiller, sans se décomposer, à une température donnée ?

On a beaucoup discuté sur ce point, et la question, malgré les nombreux travaux qu'elle a déterminés, ne paraît point tranchée d'une façon définitive.

Dès 1860, Roscoe a nié l'existence des hydrates de CO^2H^2, prétendant que les dilutions d'acide formique ne contiennent pas d'hydrates stables, bien que certaines parties aient un point d'ébullition constant et que les molécules d'eau et d'acide soient dans un rapport très simple. Le savant anglais base son opinion sur ce fait que, si on fait varier la pression que supporte la dissolution de CO^2H^2, on constate que la composition du liquide qui passe, à la distillation, à une température constante, varie avec la pression.

Calm arrive aux mêmes conclusions, à la suite de son étude sur les densités de vapeur : l'acide formique donne, avec l'eau, un hydrate $(CO^2H^2)^2 H^2O$ qui, à la pression normale, a un point d'ébullition fixe à + 105° ; si on en prend la densité de vapeur, on trouve le chiffre 1,26, qui correspond à un mélange à trois molécules.

Il est vrai que, les mêmes faits peuvent se constater, à propos des acides bromhydrique et chlorhydrique, dont, la plupart des chimistes considèrent les hydrates, comme stables.

Il est fort probable que les divergences relevées par Calm sont dues, à l'état de dissociation, où se trouvent les hydrates formiques, à la température où est prise leur densité de vapeur (*S.C.*, t. XXIII, p. 220).

Kreemann (*S. C.*, avril 1908) dit que, le point d'ébullition d'une dilution de CO^2H^2, contenant 22 0/0 d'eau et correspondant, par suite, à la composition $(CO^2H^2)^4$ $(H^2O)^3$, est constant à + 107°, sous 760 millimètres de mercure.

Cependant, si on se reporte aux variations du point de fusion de cet hydrate, après cryolise, c'est-à-dire dans l'état où il serait parfaitement caractérisé ; on est tenté de croire qu'il n'existe pas de combinaison proprement dite entre CO^2H^2 et H^2O, mais bien, un eutectique, c'est-à-dire, un composé de CO^2H^2 et de H^2O à point de fusion minimum, formé de 64 0/0 de CO^2H^2 et de 36 0/0 de H^2O et fondant à — 53°,5.

D'autre part, l'existence de combinaisons moléculaires, à l'état liquide, a été démontrée par la variation du coefficient de dilatation des mélanges en proportions variables ; or les dilutions d'acide formique n'obéissent pas à ce principe : il en découlerait qu'il n'y a pas de combinaison.

L'étude de la tension capillaire et du frottement interne conduit, également, à cette même conclusion de non existence d'un hydrate stable.

Faucon, qui a beaucoup approfondi la question des hydrates de CO^2H^2, semble, cependant, être d'un avis opposé : en étudiant les points de congélation des mélanges aqueux, il a bien isolé un point d'eutexie à — 48° pour un mélange de 69,1 de CO^2H^2 et de 31,0 de H^2O (*S. C.*, t. XXXV, p. 708) ; mais, le diagramme représentatif des points de congélation, en raison des concentrations, montre, d'après ce chimiste, l'existence d'un hydrate CO^2H^2,H^2O.

Faucon écrit, encore, en août 1909 : « Si on congèle des mélanges binaires, où l'eau reste constante, l'autre terme étant un acide gras, la miscibilité diminue avec l'accumulation et la place des radicaux méthylés ; il en découle que l'acide formique est miscible, en toutes proportions, à l'eau. La température critique influe sur la courbe de solidification et fait apparaître, dans le cas de l'acide formique, miscible en toutes proportions, les apparences qui caractérisent la solidification des mélanges non parfaitement miscibles. »

CO^2H^2 se conduirait, donc, comme un acide gras susceptible de donner des hydrates.

D'autre part, Flavisky (*S. C.*, t. XXXV, p. 482) dit, que, dans les cryohydrates, les abaissements des points de fusion des parties composantes sont, inversement proportionnels, aux masses chimiques considérées, comme dissolvant; or il trouve que l'on a, pour l'acide formique, à — 50°,0, le cryohydrate CH^2O^2, 1,846 H^2O; mais, comme, suivant ce chimiste, il y aurait, dans ces conditions polymérisation de l'acide formique, l'hydrate véritable serait $(CO^2H^2)^5H^2O$.

Selon Colles (*S. C.*, 4e série, t. II, p. 365), si on soumet à l'action de l'air liquide des dilutions d'acide formique, on obtient, à l'état cristallisé, non point un, mais bien quatre hydrates définis, qui sont les suivants :

$$CO^2H^2,\ 4H^2O,$$
$$(CO^2H^2)^2,\ 7H^2O,$$
$$(CO^2H^2)^4,\ 3H^2O,$$
$$(CO^2H^2)^3,\ 2H^2O,$$

Beaucoup de chimistes se rallient aujourd'hui à l'opinion de Colles et considèrent les hydrates d'acide formique ou, tout au moins, un hydrate, comme existants : l'hydrate, le plus généralement admis, aurait un point d'ébullition fixe vers 105°.

Le point d'ébullition de l'eau, à la pression normale, étant à + 100°, le point d'ébullition de l'hydrate d'acide formique, étant à 105° et le point d'ébullition de l'acide formique cristallisable étant à 108°, on voit combien il est difficile, par rectification, d'obtenir l'acide anhydre.

Dans de semblables conditions, la rectification de CO^2H^2 marche sous la pression normale, à l'inverse de la rectification de l'alcool ou des produits ayant un point d'ébullition inférieur à celui de l'eau et, de semblable façon, à la rectification de l'acide sulfurique ou des corps ayant un point d'ébullition supérieur à l'eau.

C'est le produit restant dans la cucurbite, si on ne fait point intervenir de déshydratants, qui constitue l'acide rectifié, tandis que la partie distillée ne se trouve formée que par des acides dilués.

Là encore la méthode à appliquer comporte deux variantes :

1° Rectification, sans l'intervention de déshydratants ;

2° Rectification, en présence de déshydratants.

Dans la pratique ordinaire, l'acide à titre assez élevé, provenant du traitement du formiate de soude par les acides minéraux ou les sels acides, est rectifié, dans une colonne distillatoire analogue à celle utilisée pour la rectification de l'acide acétique; mais la faible différence qui existe, entre les températures d'ébullition de l'eau et de l'acide formique anhydre ; la solidité de l'hydrate, rendent la rectification extrêmement difficile.

On ne sait rien d'absolument précis sur les appareils de rectification employés à Copœnick par Goldsmith ou par Kopp à Œstricht ; toutefois, étant donné l'action destructive de CO^2H^2 sur la plupart des métaux, lorsqu'il arrive à un certain degré de concentration, il est à peu près certain que ces appareils sont semblables à ceux employés, dans la fabrication de l'acide acétique cristallisable, c'est-à-dire qu'ils se composent d'une cucurbite en fonte émaillée, chauffée par double enveloppe et reliée à une colonne à plateaux, fort haute et construite en matériaux inattaquables, grès ou fonte émaillée.

L'appareil Dietriech, composé d'une chaudière à double enveloppe, émaillée, ayant 1m,250 de diamètre et 1m,250 de profondeur, semble correspondre à ce type de rectificateur : la cucurbite est reliée à une colonne, dont on peut, comme l'on veut, régler la hauteur, car elle est formée d'une série de tronçons munis de plateaux, en fonte émaillée, ayant une hauteur de 2 mètres et un diamètre de 50 à 60 centimètres ; le premier tronçon est muni d'un tube plongeur de 60 millimètres de diamètre et descendant jusqu'au fond de la cucurbite, ce qui permet l'alimentation continue. Dans d'autres fabriques, notamment en France, à Saint-Rambert à l'usine Cognat, on fait usage pour la rectification d'appareils argentés et de serpentins en argent pur. Avec ces appareils on arrive couramment à obtenir, en seconde rectification, des acides, très purs, titrant 90 0/0 de CO^2H^2.

La colonne allemande de Neumann, construite en cuivre, mais munie de plateaux en porcelaine, est susceptible aussi de rendre de bons services; mais les parties métalliques s'en attaquent plus rapidement avec l'acide formique qu'avec l'acide acétique.

L'appareil qui paraît être le plus recommandable est la nouvelle colonne à distiller, dans le vide, telle qu'elle vient d'être construite par Deroy et qui semble, avec quelques modifications de détail, susceptible de donner de bons résultats, pour la préparation des acides formiques concentrés.

Elle se compose d'une chaudière en cuivre ou, mieux, en fonte émaillée, susceptible d'être chauffée à la vapeur, soit par serpentin soit par double enveloppe : elle est munie d'un agitateur automatique qui régularise l'ébullition et empêche les mousses de passer dans la colonne de rectification.

Les vapeurs sortant de la chaudière traversent une colonne de rectification en fonte émaillée ou en cuivre argenté, garnie de chaînes ou mieux de boules de terre cuite du type Rohrmann; cette colonne est munie d'une double enveloppe où l'on peut faire circuler un liquide, soit chaud, soit froid, mais à température réglable à volonté.

Au sortir de la colonne, les vapeurs se rendent dans un triple serpentin de réfrigération, placé à l'intérieur d'une bâche où circule de la saumure à 0°.

Au sortir de ce groupe de serpentins, le liquide passe par une éprouvette, où l'on prend sa densité et, qui est reliée par un jeu de robinets à deux réservoirs indépendants; selon le degré du liquide condensé, on l'envoie à l'une ou à l'autre de ces bâches.

Ces dernières sont munies d'une double enveloppe où l'on fait, à volonté, circuler un liquide froid ou chaud; elles peuvent être mises en communication, soit avec une nouvelle colonne de rectification, soit avec un condenseur à reflux. Ces derniers appareils sont reliés avec un ballon à vide, dont la contenance est, au moins, égale à la capacité de la totalité de l'installation.

A l'aide d'une pompe Gerick ou, de toute autre pompe susceptible de donner un vide à 20 millimètres de mercure, on assure, d'une façon aussi parfaite que possible, la marche, en *vacuum*, de l'appareil.

La séparation facile de l'acide formique cristallisable et de l'eau dépend du vide et du froid obtenus dans ces divers appareils : en effet, lorsque l'on opère à pression restreinte, le problème de distillation change de face; si, à pression normale, l'eau doit distiller et l'acide formique concentré former le résidu; dans le vide, il y a un point critique où, c'est l'acide formique qui distille et l'eau qui demeure le produit résiduaire; ce qui permet de rentrer, dans les conditions habituelles de la distillation.

Sous *une pression de* 18 *millimètres de mercure*, l'acide formique anhydre distille, en effet, *à la température de* + 10°, tandis que l'eau demande, pour se vaporiser à cette même température de + 10°, *une pression de* 9 *millimètres de mercure*, seulement.

A 20°, l'acide formique anhydre distille, *sous une pression de* 31 *millimètres;* tandis que l'eau, à la même température de + 20°, distille *sous une pression de* 17 *millimètres.*

A 40°, l'eau distille *sous* 54^mm^,9 *de mercure* et l'acide formique *sous* 82 *millimètres.*

A 90°, l'eau distille sous 525 millimètres de mercure et l'acide formique sous 558 millimètres.

Plus, la température monte et le vide baisse; plus, l'accord entre les points de vaporisation des deux corps diffère.

On a donc, pour obtenir une séparation rapide et complète de CO^2H^2 et de H^2O, qu'à distiller, sous la pression la plus faible et à la température la plus basse possibles, en recueillant les vapeurs dans des condenseurs refroidis très sensiblement au-dessous de 0°, vers — 10°, de préférence.

Pour rectifier avec l'appareil Deroy, on procède de la façon suivante : on met la pompe Gerick en marche et on fait le vide dans tout l'appareil aussi complètement que possible; on introduit alors l'acide formique dans la chaudière, par aspiration, et dès que celle-ci est remplie, on fait à nouveau le vide; puis, interrompant la communication avec le ballon à vide, on distille, en chauffant peu à peu. Dans ces conditions la distillation a lieu dans le vide et en vase clos.

Il est cependant parfois nécessaire de faire quelques appels, à l'aide du ballon séparé de la pompe, en raison des rentrées d'air dues aux imperfections de tout appareil industriel.

Un tel appareil donne, environ, 100 litres à l'heure d'un acide titrant 98-99 0/0, sous 30 à 40 millimètres de mercure.

Pour achever la rectification de CO^2H^2, on le soumet, à la cryolise.

L'acide formique pur se solidifie à — 0°,5, pour ne fondre qu'à + 8° ; l'eau se solidifiant à 0° et fondant à + 1°, l'acide formique cristallisable en sera séparable, soit, par filtration dans une sucette, maintenue à — 2°, à l'aide d'une double enveloppe où circule de la saumure froide ; soit, en appliquant la méthode de Lunge, à la façon du monohydrate sulfurique, par simple turbinage.

Le cryohydrate est, ensuite, porté à + 10° : il donne alors un acide formique titrant à 99,5-99,7 0/0.

Les petites eaux sont retournées à la chaudière distillatoire, pour une nouvelle rectification.

Comme on le voit, pour passer des dilutions d'acide formique aux acides concentrés, l'emploi concomitant du vide, aussi parfait que possible, et du froid, s'imposent.

Dans un appareil Deroy fonctionnant, à la pression ordinaire et sans réfrigération au condenseur, nous avons soumis à la rectification, successivement, deux parties de 20 litres d'un acide formique à 19° Bé et titrant 75 0/0 de CO^2H^2. Les résultats ont été excessivement mauvais, et nous n'avons pas pu obtenir, en acide concentré à 90-92, plus de 15 0/0 du distillat et, seulement vers la fin de l'opération. La quantité de petites eaux variant, de la densité 15° Bé, au début, à 20° Bé 5, vers la fin, a été considérable.

Dans le vide, au contraire, et avec des condenseurs refroidis à — 7°, les résultats se sont inversés : sous 40 millimètres de mercure, nous avons obtenu 80 0/0 d'un acide titrant 94-95 0/0 CO^2H^2. Cet acide a passé au début ; l'acide plus faible est venu en queue, alors que la température montait.

En application industrielle, l'appareil Deroy, excellent en principe, doit être modifié en ce qui a trait à ses matériaux de construction. Au cuivre on doit substituer, dans la construction de la colonne, l'argent, le cuivre fortement argenté ou la fonte émaillée qui peut, également, convenir pour les bâches de réception. Les serpentins doivent être en grès cérame, du type employé dans la fabrication de l'acide nitrique, par le procédé Valentiner. Les chaînes de cuivre doivent être écartées et on doit substituer, soit des boules en terre cuite Lunge-Rohrmann, soit des chaînes formées de perles de verre enfilées sur un cordonnet en soie de verre.

On rectifie, souvent, l'acide formique provenant de la décomposition du formiate de soude, en deux distillations : la première a pour but de donner de l'acide 89-90 0/0 ; la seconde permet d'obtenir des acides à 96-97 0/0. La première se fait à la pression normale, la seconde dans le vide.

A la place de l'appareil Deroy, on peut aussi, pour la rectification de l'acide formique, utiliser l'appareil de Rohrmann.

Il comprend, comme pièces essentielles, une colonne d'analyse, en terre cuite, de 7 à 8 mètres de haut et de 0m,80 de diamètre, munie tous les 10 centimètres d'un plateau Lunge-Rohrmann; l'arrivée du liquide se fait par le haut à l'aide d'un distributeur en pomme d'arrosoir relié par un col de cygne à un bac de réserve; le chauffage de l'appareil est obtenu à l'aide d'un courant d'air chaud injecté, dans la chambre de base de la colonne.

Le condenseur est constitué par un ou plusieurs serpentins en grès, refroidis, par une circulation d'eau ou de saumure. L'appareil de Rohrmann ne donne point d'acides ayant un degré supérieur à 85 0/0.

La préparation des acides formiques à haute concentration, en partant des dilutions courantes, peut être facilitée par l'emploi des déshydratants; mais l'usage de ces derniers demande de nombreuses précautions.

Lorin a préconisé l'emploi de l'acide oxalique desséché : on l'obtient dans cet état; soit par un passage à l'étuve entre 130-140°; soit par un séjour sur une sole de frite : après dessiccation parfaite, cet acide est broyé et ajouté à l'acide formique que l'on veut déshydrater. A froid, la dissolution se fait mal et une partie de l'acide oxalique seulement s'hydrate : le filtratum distillé donne cependant de l'acide formique à 94 0/0, en partant d'acide à 89 0/0.

A + 94°, la dissolution est complète et rapide: contrairement, à ce que dit Lorin, il y a au début abaissement de température, le phénomène d'hydratation de l'acide oxalique étant endothermique : une fois le mélange liquéfié si on laisse la masse se refroidir, après un repos de vingt-quatre heures, il se forme de magnifiques cristaux de $C^2O^4H^2$, que l'on sépare par filtration et qui, après turbinage, peuvent, étant desséchés, servir à une nouvelle concentration.

Le filtrat, qui contient une certaine quantité d'acide oxalique dissous et de l'acide formique haut titre, est soumis à la distillation, de préférence dans le vide, de façon à éviter tout entraînement d'acide oxalique : les vapeurs sont recueillies dans un condenseur refroidi à — 0°,5 et les liqueurs condensées sont, ensuite, soumises à la cryolise.

On emploie, ainsi, poids pour poids d'acide oxalique et d'acide formique : il arrive, souvent, que l'on fait le traitement en deux fois ; cela permet d'obtenir un meilleur rendement et une moindre perte d'acide oxalique. On parachève, quelquefois, la concentration par un traitement à l'acide borique : celui-ci permet, affirme-t-on, de passer de l'acide 98 0/0 à de l'acide 100/100 (?).

Malgré de nombreuses tentatives, nous n'avons jamais pu arriver à un tel résultat que nous considérons comme tout à fait hypothétique.

La distillation, dans le cas de la concentration en présence d'acide oxalique anhydre, peut être faite à la pression ordinaire, mais les rendements que l'on obtient sont relativement médiocres; l'emploi du vide la facilite beaucoup et permet d'obtenir des produits plus purs et plus riches.

A l'acide oxalique, on a proposé de substituer l'acide borique desséché : la réaction donne des résultats inférieurs dont voici le motif :

L'acide borique, en effet, en s'hydratant, dégage + 3^{cal},6 ; l'acide oxalique dans la même action absorbe, au contraire, — 2^{cal},29 ; cette différence d'endo à exothermicité peut, dans une certaine limite, expliquer les variations observées dans les résultats obtenus.

Maquenne (*S. C.*, t. L, p. 662) a proposé l'emploi, comme déshydratant, dans la préparation de CO^2H^2 concentré, de l'acide sulfurique monohydraté.

On sait, cependant, que l'acide formique se décompose, au contact de l'acide sulfurique, en oxyde de carbone et en eau : mais, selon Maquenne (*S. C.*, t. I, nouvelle série, p. 662, année 1888), la réaction, qui est immédiate, quand les acides sont concentrés, n'a lieu qu'à chaud, lorsqu'ils sont étendus.

L'acide formique bouillant, sous pression réduite, à des températures inférieures à + 60°, on comprend qu'il soit possible de le concentrer, par distillation dans le vide, sur de l'acide sulfurique.

L'expérience justifie pleinement la prévision de Maquenne ; la seule précaution à prendre est *de ne pas élever la température du dessus de* + 75° et d'employer, toujours, une quantité d'acide sulfurique inférieure à celle qui, avec l'eau que contient l'acide formique, pourrait donner de l'hydrate cristallisable $SO^4H^2 + H^2O$.

Le résidu de la distillation contient un hydrate voisin de $SO^4H^2 + 2H^2O$; il retient, en outre, une certaine quantité d'acide formique qui ne distille plus, même à + 80°.

Pour extraire celui-ci, il faut étendre le résidu d'un peu d'eau et pousser plus loin la distillation.

On obtient, ainsi, d'une part, de l'acide formique concentré; de l'autre, de l'acide formique étendu qu'il est possible de faire rentrer en circulation, en le transformant en formiate de sodium.

Ce sel, grossièrement desséché puis distillé, *dans le vide*, avec un léger excès d'acide sulfurique glacial, donne, de suite, de l'acide formique 60 0/0.

En partant de l'acide formique du commerce, qui renferme 45 à 50 0/0 d'eau, une seule distillation au bain-marie, avec un poids égal d'acide sulfurique 66°, fournit, selon Maquenne, un acide titrant 84-85 0/0.

Celui-ci, distillé de nouveau, avec une quantité moitié moindre d'acide sulfurique, donne enfin de l'acide formique à 98 0/0, c'est-à-dire à un degré de concentration qui suffit à presque tous les usages de ce corps.

Cette seconde distillation doit être effectuée à une température un peu plus basse que la première, vers + 65°, en moyenne.

Les pertes dans ces opérations sont faibles : elles atteignent environ 3 0/0, dans la préparation de l'acide à 85 0/0 et, ne dépassent pas un dixième dans la préparation de l'acide à 98 0/0. Elles sont dues, surtout, à l'entraînement par la trompe d'une partie des vapeurs d'acide formique.

Il est à remarquer qu'il ne se produit aucune décomposition appréciable en CO ; surtout, si on a soin de faire le vide avant de chauffer le mélange des deux acides.

Précisant ses rendements, Maquenne indique les résultats suivants :

1° Acide formique employé : 1.000 parties en poids au titre de 53,5 0/0.

On les distille, avec 1.000 parties, en poids de SO^4H^2, et on recueille successivement :

477 parties CO^2H^2 à 83,6 0/0 renfermant.........	398,8 CO^2H^2
411 parties CO^2H^2 à 28,2 0/0 —	115,9 —
Acide formique retrouvé	514,7
Acide formique initial........................	535
Perle..............................	20, soit 3,8 0/0.

Le rendement en acide concentré est de 74,5 0/0.

2° Acide formique employé : 500 parties en poids au titre de 85,2 0/0.

On distille, avec 250 parties en poids de SO^4H^2, et on recueille :

331 parties acide formique 98 0/0 renfermant	329,3 CO^2H^2	
231 parties — 30,1 0/0 —	70,4 —	
Acide formique retrouvé	399,7	
Acide formique initial	426	
Perte..........................	26,3, soit 6,1 0/0.	

Le rendement, en acide concentré 98 0/0 est de 77, 3 0/0.

En résumé, selon Maquenne, il est facile par deux distillations successives, sur l'acide sulfurique, de transformer l'acide ordinaire du commerce en produit titrant 98 0/0 de CO^2H^2.

Le rendement brut est de 55 0/0 environ ; le reste de l'acide formique se retrouve, en majeure partie, à l'état étendu : il peut être utilisé, soit à refaire de l'acide 60 0/0, soit un formiate, soit être appliqué à tout autre usage industriel.

Cette méthode, comme on le voit, est beaucoup plus simple et beaucoup plus économique que celle préconisée par Lorin, en employant l'acide oxalique déshydraté.

Nous avons repris les essais indiqués par Maquenne, et en agissant non plus au laboratoire, mais en usine, nous avons obtenu les résultats suivants qui concordent avec les siens.

Une partie d'acide formique résiduaire, provenant d'éthérification et titrant 60 0/0 de CO^2H^2, avec quelques traces de formiate de zinc, a été traité par de l'acide sulfurique monohydraté, de densité 1,835, à la pression ordinaire, dans les conditions suivantes :

Acide formique usagé 60 0/0....................	125 kg.
Acide sulfurique monohydraté	125 —

On a chauffé à + 104°-105° ; on a recueilli le liquide qui passe à cette température, on a constaté qu'il ne contient pas d'acide sulfurique ; on obtient ainsi dans cette première phase 43 kilogrammes d'acide formique titrant 97 0/0 CO^2H^2.

Un second essai a été fait, en réduisant à 100 kilogrammes la quantité d'acide sulfurique; on a recueilli 43 kilogrammes d'acide formique, mais ne titrant plus que 94 0/0 CO^2H^2.

Dans un autre essai, fait sur de l'acide formique de densité 1,210, et titrant 84 0/0 ; nous avons agi, dans le vide sous 30 millimètres de mercure : la distillation s'effectue à + 55°. Nous employons :

Acide formique 84 0/0	125 k^{g}.
Acide sulfurique monohydraté	54 —

Nous avons recueilli 88 kilogrammes d'acide formique titrant 98 0/0 de CO^2H^2 ; la perte en acide absolu, due surtout à l'enlèvement d'acide formique par la trompe, a été de 9 kilogrammes.

Dans tous ces essais ; les résidus, neutralisés par un alcali, ont été traités ensuite par l'acide sulfurique ; ils ont restitué ce qu'ils contenaient d'acide formique, avec une perte variant entre 1 et 2 0/0 ; mais cela, sous la condition d'agir dans le vide, comme l'indique Maquenne et comme Dyc vient de le revendiquer, dans ses derniers brevets.

En prenant CO^2H^2, à la teneur 89,25 0/0, et en le traitant par des quantités variables d'acide sulfurique 66° SO^4H^2, nous avons obtenu les résultats suivants :

Cent parties d'acide formique ont été traitées par 70 parties SO^4H^2 : elles donnent à la distillation, sous un vide de 20 centimètres de mercure, un acide à 98,5 0/0 de CO^2H^2.

Il y a une légère production de CO, bien que la distillation se fasse à + 60°, au bain-marie.

Le rendement est de 80 0/0 et une certaine quantité de CO^2H^2 reste dans SO^4H^2.

Cent parties d'acide formique ont été traitées par 16 parties SO^4H^2 ; elles donnent, dans les mêmes conditions, un acide à 96-97 0/0 : la production de CO est plus considérable et le rendement n'atteint pas 80 0/0.

Cent parties d'acide formique ont été traitées par 37 parties SO^4H^2 ; elles donnent, la condensation se faisant en vase refroidi, un acide à 95 0/0, qui semble correspondre à un hydrate stable, dont les propriétés, au point de vue d'éthérification, sont différentes des acides à 97 et 98 0/0 de CO^2H^2.

La distillation, dans le vide, du mélange d'acides sulfurique et formique demande certains ménagements : pour arriver à un bon résultat, il faut prendre les précautions suivantes :

1° Faire le vide dans l'appareil à distiller ;

2° Ajouter SO^4H^2, par fractions, à CO^2H^2 refroidi ;

3° Charger l'appareil par aspiration ;

4° Avoir un condenseur aussi puissant que possible ;

5° Distiller entre + 40° et + 50°, au maximum, avec un vide de 15 à 20 centimètres de mercure ;

6° Recueillir le distillat dans un vase refroidi à 0°.

Plus le vide est complet ; plus est basse la température de distillation ; plus haut, en titre, est l'acide obtenu et plus faible est le pourcentage de décomposition.

Si on examine l'équation thermique de décomposition de l'acide formique, par SO^4H^2, *sachant que la chaleur de formation du dihydrate sulfurique* SO^4H^2,H^2O, est de + 6^{cal},2, on a :

$$\underset{225 \text{ calories.}}{CO^2H^2 + SO^4H^2} = \underset{226 \text{ calories } 5.}{CO + SO^4H^2, H^2O.}$$

Les deux membres de l'équation thermique sont, comme on le voit, sensiblement égaux.

Il en résulte que si on fait réagir SO^4H^2 sur CO^2H^2, en quantité telle que SO^4H^2,H^2O ne peut se former, il n'y aura pas de décomposition, mais seulement déshydratation de CO^2H^2.

En cherchant à obtenir un plurihydrate de SO^4H^2, dont la chaleur de formation est de + 17 calories, on aura au contraire décomposition ; encore sera-t-elle partielle, car, à un moment donné, il s'établira un état d'équilibre.

Pour arriver à une décomposition complète il faudra employer, comme l'indiquait justement Pelouze, cinq à six fois le poids de CO^2H^2, en SO^4H^2 et, cela, en présence de beaucoup de H^2O.

La réaction se fait, alors, en deux cycles :

1° Le mélange de SO^4H^2, à H^2O, dégage une quantité de chaleur Q et, lorsqu'on ajoute cette dilution à CO^2H^2, il se dégage une quantité de chaleur *q* ; on a, ainsi, un système final de deux corps mélangés, sans changement chimique ;

2° On prend des poids de CO^2H^2, de SO^4H^2, et d'H^2O, identiques aux précédents ; on ajoute SO^4H^2 à CO^2H^2, il y a un dégagement de chaleur Q^1, et formation de CO : puis, on ajoute H^2O il y a un nouveau dégagement Q^2.

La chaleur de décomposition est égale, à la différence des sommes des chaleurs produites dans les deux cycles : ce qui s'exprime par l'équation :

$$K = (Q^1 + Q^2) - (Q + q) = 1^c{,}38.$$

La chaleur Q est variable, d'après l'hydratation de SO^4H^2; de SO^4H^2,H^2O à SO^4H^2,nH^2O, elle varie de 6 à 16 calories et, pour le trihydrate $SO^4H^2,2H^2O$, elle est de $0^{cal}41$.

Avec un acide formique à 10 0/0 H^2O, la quantité de SO^4H^2 à ajouter pour 100 grammes, dans ces conditions, est de 56 grammes, pour former le dihydrate et, de $27^{gr},2$ pour former le trihydrate.

A SO^4H^2, on a cherché à substituer HCl sec et gazeux, de telle façon qu'il se forme $HCl,3H^2O$, hydrate stable, dont le point de distillation diffère de CO^2H^2.

La réaction est délicate et il se produit du CO, si on ne prend pas certaines précautions. En agissant avec le gaz chlorhydrique, rigoureusement sec et froid, sur un hydrate d'acide formique maintenu à 0°, on obtient cependant la deshydratation de CO^2H^2 et la formation d'un hydrate soluble d'acide chlorhydrique. La masse distillée, dans le vide sous 40 millimètres de mercure, donne d'abord du trihydrate chlorhydrique, puis de l'acide formique à 98 0/0 de CO^2H^2. L'expérience ne réussit que si les conditions de température et de pression sont rigoureusement observées.

Fribourg (septembre 1911) propose le procédé suivant pour l'obtention d'acide concentré, en partant des acides 90 0/0 du commerce.

Dans 200 parties d'acide formique 90 0/0, refroidi à 0°, il fait écouler lentement et en agitant constamment, 36 parties d'acide sulfurique 66°.

Le tube d'amenée de cet acide doit plonger assez profondément dans la masse formique, de telle façon que le mélange ait lieu au-dessous de la surface. Aucune décomposition ne se produit, ce qui est conforme, d'ailleurs, aux idées de Maquenne.

Le mélange parfait des acides étant effectué, on leur ajoute 50 parties de formiate de soude desséché ou d'un autre formiate anhydre : on agite constamment; la température s'élève 1° par suite de l'hydratation du formiate, 2° par suite de sa décomposition par SO^4H^2; on la laisse monter jusqu'à +40° à +50°.

Le réaction de $NaCO^2H$ et de SO^4H^2 étant terminée, on ajoute, à nouveau, 37 parties de H^2SO^4 et 50 parties de $NaCO^2H$ que l'on fait réagir dans les conditions précédemment décrites.

On renouvelle ces additions successives de formiate et d'acide jusqu'à ce que le total s'en élève à 250 parties de formiate, en espaçant les charges d'heure en heure.

Lorsque l'addition est complète, on laisse le mélange en repos, pendant 12 heures.

On distille, alors, sous un vide de 20 centimères de mercure, en appareil chauffé par double enveloppe ou au bain-marie : les liqueurs passant sont recueillies dans un réservoir refroidi à 0°.

On recueille ainsi 352 parties d'acide formique au titrede 95,4 0/0 de CO^2H^2. Ce procédé très intéressant et très pratique donne, industriellement de très bons résultats. Il ressemble beaucoup à celui, qu'appliquent actuellement les usines d'Oestrich, de Rouen et de Saint Rambert.

On a également proposé pour la concentration de l'acide formique l'emploi de sels avides d'eau.

Avec $CaCl^2$ desséché, à raison de 1 partie pour 2 parties de CO^2H^2 90 0/0, on constate, qu'à la distillation, $CaCl^2$ est décomposé partiellement par CO^2H^2, et qu'il y a production de HCl gaz.

La première fraction passe à 102°, en donnant une liqueur rougeâtre, fumante, titrant 92,5 0/0 CO^2H^2 et contenant 2 0/0 HCl ; la seconde passe à 108° et titre 88,4 0/0 CO^2H^2.

Avec le chlorure de zinc fondu, à raison de 1 partie pour 2 parties CO^2H^2 les résultats sont un peu différents : après un contact de deux jours, il y a décomposition de $ZnCl^2$ et formation de formiate de zinc peu soluble.

L'acide obtenu, par distillation dans le vide, titre 94 0/0, mais contient des traces sensibles de HCl.

Avec le sulfate de soude anhydre, agissant sur les acides haut titre, l'action est nulle: avec un acide à 74 0/0, on passe qu'à la richesse de 75,8 de CO^2H^2; ce résultat négatif s'explique aisément, la chaleur de formation de l'hydrate de CO^2H^2 étant supérieure à celle de l'hydrate de sulfate de soude.

Avec le sulfate de chaux ou le kaolin, préconisés comme déshydratants par Senderens, le résultat est plus mauvais encore et avec un acide à 90 0/0 on obtient un produit à 85 0/0 : il y a hydratation.

André (*S. C.*, t. XXI, p. 278) a proposé aussi l'usage de la pyridine; mais, d'après nos essais, les résultats ne sont pas meilleurs : il n'y à citer que la fixité du point d'ébullition du mélange.

Après rectification sur les sels déshydratants, l'acide formique est toujours soumis à la cryolise : elle donne, comme dans les autres procédés cités antérieurement, un acide cristallisable ne fondant plus qu'à + 8°, en absorbant 2^{cal},3.

Au point de vue de la concentration de l'acide formique au haut titre de 98 à 99 0/0, il y a encore beaucoup à faire.

L'ANHYDRIDE FORMIQUE

L'anhydride formique, théoriquement existant, n'a point, jusqu'à ce jour, été isolé.

Ni le procédé de Van Linlen, ni les autres procédés connus, pour la préparation des anhydrides n'en permettent l'obtention.

On ne peut, même, en appliquant le procédé de l'Ehberfeld Farbenfabriken qui consiste à traiter un sel de calcium d'acide gras anhydre, par l'acide sulfureux et le chlore, obtenir le chlorure de formyle, d'où il serait possible de dériver l'anhydride.

En appliquant cette réaction, on décompose CO^2H^4, en acide carbonique et en acide chlorhydrique, selon l'équation :

$$CO^2H^2 + Cl^2 = CO^2 + 2HCl.$$

Le procédé général de Bougault (*M. S.*, novembre 1908), qui consiste à traiter les sels sodiques, en solution, par un mélange d'acide aromatique et de bicarbonate de soude, pour obtenir l'anhydride à l'état sodique, produit que l'on soumet ensuite à l'action de l'iode ; le procédé Bougault n'est pas plus applicable à la préparation de l'anhydride formique.

Actuellement on ne connait aucune méthode permettant de préparer ce composé, même au laboratoire.

LES ANHYDRIDES FORMIQUES MIXTES

Les anhydrides mixtes de l'acide formique sont connus depuis peu. Gerhardt (*An. de Ch. et Ph.*, 3e série, t. XXXVII, p. 208) a essayé de les préparer en faisant réagir les chlorures d'acide sur le formiate de sodium; mais il constata, dit Behal (*S. C.*, t. XXXIII, p. 746) qu'avec le chlorure de benzyl, il ne se forme que du chlorure de sodium, de l'oxyde de carbone et de l'acide benzoïque; ce qui tendrait à prouver que l'anhydride benzyl formique n'existe pas.

Behal, le premier, est arrivé à obtenir, de différentes façons, l'anhydride formique mixte, et cette découverte est l'un des plus remarquables travaux de cet éminent chimiste.

Préparation de l'anhydrique formique-acétique. — Lorsque l'on mélange de l'acide formique anhydre et de l'anhydride acétique, on remarque une élévation de température, indice d'une réaction.

Qu'elle est-elle ?

A priori, on peut former trois hypothèses :

1° Ou, il s'est formé de l'anhydride formique et de l'acide acétique, ce qu'exprime l'équation.

$$2(HCO^2H) + \begin{matrix} CH^3\text{-}CO \\ CH^3\text{-}CO \end{matrix}\!\!>O = 2CH^3\text{-}CO^2H + \begin{matrix} H\text{-}C{=}O \\ \quad >O \\ H\text{-}C{=}O \end{matrix};$$

2° Ou, il s'est formé une anhydride formique-acétique mixte, ce qu'exprime l'équation :

$$HCO^2H + \begin{matrix} CH^3\text{-}CO \\ CH^3\text{-}CO \end{matrix}\!\!>O = CH^3CO^2H + \underset{\text{Anhydride mixte}}{\begin{matrix} H\text{-}C\text{-}O\text{-}C\text{-}CH^3 \\ \;\;\| \qquad \| \\ \;\;O \qquad O \end{matrix}};$$

3° Ou il s'est formé une combinaison moléculaire du genre des Carbérines :

$$H\text{-}CO^2H + \begin{matrix} CH^3\text{-}CO \\ CH^3\text{-}CO \end{matrix} \rangle O = \begin{matrix} & OH & & \\ & | & & \\ CH^3\text{-} & C & \text{-}O\text{-} & C\text{-}H \\ & & \rangle O & \| \\ & & & O \\ CH^3\text{-} & C & & \\ & \| & & \\ & O & & \end{matrix}$$

En réalité, la seconde hypothèse est la seule vraie, et il se forme un anhydride mixte.

La série d'expériences, instituées par Behal, et qui constituent de véritables moyens de dosage des acides formique et acétique mélangés, ont montré le bien fondé de cette opinion.

L'acide sulfurique, agissant à chaud sur CO^2H^2, le détruit intégralement, en donnant CO, tandis que l'acide acétique reste indemne : SO^4H^2 y détermine seulement la formation d'un peu d'acide sulfureux, pendant la réaction.

On conçoit facilement que, en mesurant le gaz CO produit, cette réaction permette de se rendre compte de la quantité de CO^2H^2, se trouvant dans un mélange d'acides acétique et formique.

On peut, aussi, doser l'acide formique, en faisant réagir sur lui, à chaud, une solution concentrée aqueuse d'acide iodique : on a la réaction suivante :

$$2(IO^3H) + 5(CO^2H^2) = 5CO^2 + 6H^2O + 2I.$$

L'iode, mis en liberté, se titrant facilement par l'hyposulfite, et 254 grammes d'iode correspondant à 230 grammes d'acide formique, on a donc toutes les données voulues pour calculer le dosage.

L'acide acétique, dans ces conditions, n'est nullement attaqué par le réactif.

D'autre part, on peut aussi titrer directement, par la baryte, l'acidité totale du mélange et en déduire la teneur en acide acétique.

Ces points étant établis, si on les applique, on trouve que le produit de la réaction de l'anhydride acétique sur l'acide formique anhydre est complexe.

Il se forme, en effet, de l'acide acétique, de l'anhydride formique acétique, et, il reste en présence un excès d'acide formique et d'anhydride acétique, n'ayant pas réagi.

L'anhydride mixte se décompose, en oxyde de carbone, sous l'influence des bases tertiaires, comme la quinoléine.

Si on admet que cette décomposition est complète à chaud, on observe que la quantité d'anhydride mixte qui se forme croît, avec le poids de l'anhydride acétique, jusqu'à égalité moléculaire : on obtient ainsi 68,9 0/0 d'anhydride mixte.

Il y a là une situation d'équilibre : les variations de proportions ne donnent alors aucune augmentation en rendement.

Si on fractionne le mélange, on obtient, agissant dans le vide, trois parties dont les richesses sont de 24 à 26 0/0, de 35 à 40 0/0 ; le résidu ne dépassant pas 2 0/0, en CO^2H^2.

Traitée par l'éther de pétrole, la fraction titrant 40 0/0 passe à 69 0/0 de richesse ; rectifiée dans le vide, sa portion moyenne arrive à 80 0/0 ; traitée à nouveau par l'éther et rectifiée, elle arrive à une teneur de 89 0/0 qui n'a pu être dépassée.

Au point de vue pratique, la présence de 11 0/0 d'acide acétique n'est point gênante et n'apporte aucun trouble dans les réactions de l'anhydride mixte.

L'anhydride mixte formico-acétique est un liquide mobile, incolore, à odeur forte qui provoque le larmoiement.

Il ne cristallise pas, même à — 27° dans le chlorure de méthyle ; il bout à + 29°, sous 17 millimètres et distille, en s'altérant, de + 105° à + 120°, à la pression ordinaire : dans cette distillation, il se produit de l'oxyde de carbone.

Il est décomposé, à froid, par l'acétate de sodium sec et par les bases tertiaires, quinoline, pyridine, diméthylaniline, avec dégagement de CO.

Avec l'éthyl diphénylamine, il donne, naissance à froid, au contact de l'air, sans dégagement de CO, à une matière colorante bleue qui semble appartenir au groupe du triphénylméthane et qui donne, avec les acides minéraux, des solutions incolores bleuissant, par affusion d'eau.

Ce produit teint la soie, mais la coloration ne résiste pas à la lumière.

L'anhydride formico-acétique réagit sur les alcools uni et plurivalents, sur l'ammoniaque, sur les amines, sur la phénylhydrazine et sur l'urée.

Il donne naissance à divers éthers.

Avec les alcools univalents, l'addition à l'anhydride ne se fait que par petites masses, de façon à éviter que la température ne s'élève à + 50° : après sa préparation, l'éther est lavé, s'il est insoluble, puis séché sur du sulfate de soude anhydre ; s'il est soluble, on l'isole par l'eau salée, puis on le lave à la solution saturée de carbonate de soude; après ces traitements, on le rectifie.

Les éthers de méthyle, d'éthyle, de propyle, d'isopropyle, de butyle, d'isoamyle sont, ainsi facilement, obtenus et nous en donnerons ailleurs la description.

L'anhydride mixte formico-acétique n'est point le seul que l'on puisse obtenir : il se forme également des anhydrides mixtes propionique, butyrique, isovalérique; mais, la réaction de formation est d'autant moins nette que le poids moléculaire de l'anhydride gras est élevé.

Aucun des anhydrides mixtes, ainsi formés, n'a été isolé à l'état de pureté : cependant, leur existence n'est pas douteuse, car tous donnent les réactions fondamentales de l'anhydride formique-acétique.

Ils se décomposent, en effet, comme lui en oxyde de carbone et en acide gras sous l'influence des bases tertiaires; ils donnent des éthers formiques, à froid, avec les alcools et, avec les composés basiques des amides formiques,

Le mélange qui les renferme est soluble dans l'éther de pétrole mais il n'est pas distillable, sans décomposition : il y a, toutefois, exception pour l'anhydrique formico-propionique, bien que celui-ci contienne, après distillation, une certaine quantité de CO^2H^2, isolable par cryolise.

Avec l'alcool caprylique, tous ces anhydrides donnent du formiate de capryle : de même, avec l'aniline, ils fournissent de la formanilide.

L'anhydride formico-benzoïque ne peut se préparer · l'échec de Gehrardt nous l'a, d'ailleurs, appris : il y a bien réaction, mais l'anhydride mixte aussitôt formé, est sans doute détruit, en donnant un dégagement abondant d'oxyde de carbone.

En résumé, dans les anhydrides mixtes, c'est le reste formique qui constitue la partie active, et qui donne avec les alcools et les bases, des éthers et des amides formiques.

Ces anhydrides sont caractérisés par le fait de leur décomposition, à froid, en CO, sous l'influence des bases tertiaires et de l'acétate de sodium sec.

Des méthodes de préparation, différentes de celle de Behal, ont été également présentées pour les anhydrides mixtes : nous devons les citer.

C'est ainsi que Pictet (*S. C.*, t. XXXII, p. 285) signale que, si on traite l'acide acétique anhydre, par l'acide chromique, il se forme un anhydride mixte formique-acétique.

Ichitchilabine a préconisé, dans la préparation des anhydrides mixtes, l'emploi d'un chlorure d'acide, comme le chlorure d'acétyle, sur l'acide formique cristallisable dissous dans la pyridine ; la réaction se passe selon l'équation :

$$RCOCl + HCOOH + C^5H^5Az = \begin{matrix} RCO \\ HCO \end{matrix} \rangle O + C^5H^5AzHCl,$$

cette réaction a été brevetée par Knoll et C°, de Ludwigshafen (*S. C.*, t. XXVIII, p. 104).

L'existence des anhydrides mixtes, malgré toutes les preuves qui viennent d'être données de leur existence, a été contestée par Rousset : cette opinion a été réfutée, victorieusement, par Behal.

LES PROPRIÉTÉS CHIMIQUES DE L'ACIDE FORMIQUE

L'acide formique, à l'état de pureté, soit concentré, soit en solution, se présente comme un liquide incolore, très limpide mais fumant à l'air : il possède une odeur particulière, piquante, irritante et qui rappelle, tout à fait, celle des fourmis rouges.

Sa saveur est aigre et elle est distinguable, même, dans des solutions très étendues.

Il agit sur la peau en y produisant de véritables brûlures vésicantes, plus cruelles et plus douloureuses que celles des acides minéraux, même que celles de l'acide nitrique concentré.

Deshydraté, le plus complètement possible, mais malheureusement toujours imparfaitement, il cristallise vers 0°, en lamelles d'un grand éclat : d'après Raoult, ces cristaux devraient fondre à la température de + 8°,52 ; l'expérience a montré que la température de fusion ne se trouve qu'à + 8°,39. Cette différence de point de fusion serait due, d'après certains chimistes, à la présence, dans l'acide cristallisable, d'une petite quantité d'eau, 0,2 0/0, qu'il est impossible de lui enlever, même par l'acide métaphosphorique.

Comme nous l'avons déjà signalé, l'acide formique forme, avec l'eau, un eutectique, vers — 58°.

L'acide formique est un acide monobasique, à fonction simple et à deux atomes d'oxygène, selon la classification de Berthelot.

Il donne naissance ou doit donner naissance :

1° A des sels monobasiques, avec les métaux et les oxydes ;

2° A des éthers, formés à poids moléculaires égaux et, occupant le même volume gazeux que, l'alcool et l'acide générateurs, ceux-ci étant pris séparement ;

3° A un chlorure d'acide, à même volume, que le générateur;

4° A un anhydride, dont le volume gazeux est deux fois plus grand, que le volume de l'acide lui-même ;

5° A des anhydrides mixtes;

6° A des amides;

7° A un nitrile.

Selon Fauçon (*M.S.*, XVIII, p. 213), vers 110°, il est susceptible de se polymériser.

Au point de vue chimique, l'acide formique est le plus énergique des acides organiques, et, d'après Scheurer-Kestner, son coefficient d'affinité est quatorze fois supérieur à celui de l'acide acétique.

Le motif de cette énergie se comprend aisément, si on examine les propriétés thermo-chimiques de l'acide formique.

Nous avons déjà vu, qu'à masse égale, il peut déplacer les acides nitrique et chlorhydrique, de leurs combinaisons.

Si on compare ses actions à celles de l'acide acétique, au point de vue thermochimique, on a :

$$CO^2HNa + CH^3CO^2H = 0^{cal},08$$
$$CH^3CO^2Na + CO^2H^2 = 0^{cal},12$$

D'autre part, si on considère les chaleurs de formation des formiates et des acétates de même base, on constate que les dégagements de calories sont les suivantes :

Formiate de potassium	$= 25^{cal},6$
— baryum	$= 18^{cal},6$
Acétate de potassium	$= 21^{cal},8$
— baryum	$= 15^{cal},2$

Si la loi du travail maximum est exacte, sauf, dans le cas de formation de sels acides ou d'hydrates, l'acide formique doit toujours déplacer l'acide acétique de ses combinaisons.

Cazeneuve va plus loin, et se basant sur les expériences de Lothar Meyer, il présente CO^2H^2 comme étant assez énergique pour déplacer l'acide nitrique, dans un nitrate.

« La chaleur de neutralisation des acides, dit Cazeneuve (*S. C.*, t. XXV, p. 428), ne peut pas fournir de conclusions décisives au sujet de leur déplacement mutuel, comme il est possible de le faire pour les métaux par exemple : tel est le cas de l'acide formique dont la chaleur de neutralisation est plus faible que celle de l'acide azotique, et qui, cependant, est susceptible de déplacer ce dernier acide, dans ses combinaisons. Pour mettre ce fait en évidence, il suffit de mélanger intimement de l'azotate de potasse et de la brucine; puis, de verser sur le mélange, de l'acide formique concentré : on obtient, instantanément, à la température ordinaire, la coloration rouge caractéristique de l'action de l'acide nitrique, sur la brucine.

Les divers azotates donnent la même réaction.

On peut, également faire l'expérience avec de l'azotate de brucine, et il est à noter qu'une trace d'eau, dans CO^2H^2, n'empêche pas la réaction de se produire, mais elle est plus lente et il est préférable d'employer l'acide cristallisable : même à 0°, l'acide formique réagit encore très nettement.

Cette réaction est si sensible que l'on peut l'employer, dans la recherche des nitrates dissous, jusqu'à la teneur de $\frac{1}{100.000}$, selon Cazeneuve et Defournel (*S. C.*, t. XXV, p. 775).

Cette action de l'acide formique sur les nitrates n'est point particulière : elle se produit aussi sur d'autres sels et notamment sur le chlorure de sodium.

Avec le chlorure de zinc, elle est encore plus énergique, et dans la réaction, il se forme de l'acide chlorhydrique et du formiate : cette dernière sert, d'ailleurs, de base à l'un des brevets de la Clayton Aniline Cie, relatif à la préparation des éthers terpéniques et elle a été isolée par le Dr Weizemann.

Elle se reproduit, encore, avec le chlorure d'aluminium, d'une façon très forte puis, de manière plus modérée, avec les chlorures de calcium, de baryum et de strontium.

Suivant Berthelot, si on fait agir une quantité x d'acide formique sur des chlorures, ou une quantité x d'acide chlorhydrique sur des formiates et, que l'on désigne par y la quantité de sel transformé dans cette expérience, on en peut déduire l'équation suivante :

$$y = a \log_{10} x + b.$$

a et b étant des constantes, dépendant de l'acide x, mis en œuvre : ces constantes varient avec la solubilité des deux sels provenant de la transformation.

Pour obtenir la moitié de la transformation du formiate sodique, il faut 1 molécule et demie d'acide chlorhydrique; 2,9 molécules sont nécessaires avec le sel potassique et, 12 molécules, avec le formiate de strontium : par contre 1,6 molécule d'acide formique décompose 1,19 molécule de chlorure de sodium et pour la même quantité de chlorure de potassium, il faut 1,4 molécule de CO^2H^2, tandis que 1 molécule de CO^2H^2 transforme 1,19 molécule de chlorure de strontium.

Si le déplacement de l'acide acétique par l'acide formique s'explique par des motifs thermo-chimiques, la réaction de CO^2H^2, sur les sels minéraux, ne semble avoir pour motif, qu'une action de masse.

D'ailleurs, dans le déplacement des acétates, l'action, au bout d'un certain temps, s'arrête : il s'établit, alors, dit Lescœur, entre les différents corps, un équilibre, semblable à celui de l'éthérification et on atteint, au bout d'un certain temps, une limite de transformation.

Pour la reculer et arriver à une réaction plus complète, il faut rompre l'équilibre, en augmentant la quantité des corps entrant en jeu, dans le sens où l'on voit que la réaction se dirige : c'est le fait qui se produit, dans la réaction les formiates sur le chlorhydrate de pinène, en présence de l'acide formique en excès.

L'acide formique répond à l'ancienne définition des acides forts, car, il agit sur le tournesol bleu et sur le sirop de violettes; mais il répond mal à la définition moderne de ces corps, car au contact du chlorure de phosphore, il ne donne pas de chlorure d'acide.

Nous avons, déjà, vu que le chlorure de formyl ou acide chloroformique n'a pu être isolé, jusqu'à ce jour.

Si on admet que la phénophtaleine caractérise une basicité forte; que l'hélianthine dénote une acidité forte, et que le bleu Poirrier, caractérise une acidité faible; selon Imbert et Astruc (*S. C.*, t. XXXIII, p. 116), l'acide formique se présenterait comme un acide nettement monobasique.

Au point de vue de l'examen de l'acidité de CO^2H^2, Forcrand (*S. C.*, t. XXXIII, p. 708) donne les renseignements suivants.

L'acidité du carbonyle étant de 52, 62; celle de l'hydrogène étant de 18, 43; l'acidité calculée de l'acide formique devrait être de 51,01, tandis que celle, qu'indique l'expérience, atteint 53,69.

Aucune explication de ce fait singulier n'a été donnée.

Sous l'influence de la chaleur, l'acide formique est susceptible, d'abord, de se dissocier et, ensuite de se décomposer.

Au point de vue de la dissociation, l'étude de l'acide formique a été faite par Riban, puis par Tessarin (*G. Ch.* T., *l.* XXVI p. 311).

Chauffé en vase clos, dit Riban, à + 260°, pendant huit heures, il se dédouble en oxyde de carbone et en eau ; il y a alors dissociation : ce n'est qu'en prolongeant la chauffe, jusqu'à l'apparition de l'acide carbonique et de l'hydrogène, que la décomposition se produit.

L'action de l'acide formique, en dissociation, est singulière, si, selon Tessarin, on l'envisage comme solvant.

On se trouve, en semblable cas, en présence de deux hypothèses :

1° Celle de Ciamician, qui prétend que, les propriétés ionisatrices d'un corps dépendent de ses propriétés chimiques;

2° Celle de Wernht, qui soutient qu'un corps est, d'autant plus apte à dissocier les matières qui y sont dissoutes, que sa constante diélectrique est plus élevée.

Or, l'acide formique est le composé qui, après l'eau, possède la constante diélectrique la plus élevée; il est donc très ionisateur.

On comprend alors, qu'il dissocie énergiquement les sels et les alcools : par contre, pour des motifs mal connus, il est sans action sur des acides dissociables par l'eau et, il semble, au contraire, les condenser.

L'étude de la décomposition de l'acide formique, sous l'influence de la chaleur, a été faite, surtout, par Berthelot.

On sait que les corps, à composition endothermique, sont à décomposition exothermique : tel est le cas de CO^2H^2.

La vitesse de décomposition de cet acide est sans limite.

Si on prend $0^{gr},1$ de CO^2H^2 et, qu'en tube scellé, on le porte à + 260° ; on constate, qu'après huit heures, 1/3 en est décomposé, en oxyde de carbone et en eau, qui absorbent $2^{cal},2$, tous les corps sont, dans cette expérience, supposés gazeux et la pression est considérée comme étant de 2 atmosphères et demie.

Dans les mêmes conditions, les corps étant supposés liquides, il n'y aurait qu'un dégagement de $1^{cal},4$.

Après vingt-cinq heures de chauffe, la décomposition est complète, et on constate qu'il s'est formé de l'acide carbonique et de l'hydrogène : le caractère thermique, tous les corps étant supposés gazeux, a encore changé de signe ; car, à la pression de 5 atmosphères, il s'est dégagé 6^{cal},4.

Sous l'action de la pression, il s'est produit une réaction secondaire renversant les conditions d'émission calorifique et, la réaction totale a passé, par deux phases, qu'expriment les équations suivantes :

$$CO^2H^2 = CO + H^2O,$$
$$CO + H^2O = CO^2 + H,$$

CO^2 et H sont les résultats d'une réaction secondaire qui dégage de la chaleur.

La destruction de l'acide formique par la chaleur n'est pas instantanée : elle exige le concours du temps : aussi, CO^2H^2 ne se décompose que très faiblement, quand on fait passer *rapidement* ses vapeurs, dans un tube chauffé, même, vers 300°.

Cela s'explique aisément : la première phase de décomposition, nous l'avons vu, donne CO et H^2O dont la naissance, les corps étant supposés gazeux, absorbe 2^{cal},2.

Or la décomposition d'un corps ne s'effectue, d'une façon immédiate, que si :

1° On le porte à la température convenable ;

2° On le laisse, suffisamment, en contact avec la source de chaleur, pour qu'il puisse reprendre le nombre de calories absorbé par la mise en liberté de ses éléments.

L'acide formique est susceptible d'être décomposé, lentement à + 120°, rapidement à + 280° ; mais s'il reste chauffé un temps suffisant pour pouvoir reprendre les calories absorbées dans sa décomposition, il peut alors être porté brusquement, même à 500°, sans se décomposer : à 1000°, il demeure, même encore, indemne pendant une fraction de minute, selon Berthelot.

La température entre, donc, comme un facteur important dans sa décomposition ; mais le temps y représente, peut-être, un facteur encore plus important, encore même bien que, chaque température ait une vitesse d'autant plus grande qu'elle est plus élevée.

Comme on pouvait s'y attendre, la décomposition de l'acide formique est facilitée par la présence des corps catalytiques : d'après Knoweloff (*S. C.*, 1884), le platine, sous ses diverses formes ; le rhodium ; l'iridium ; le rhutenium, selon Sainte-Claire Deville et Debray ; l'argent métallique, obtenu par la réduction de ses sels par le zinc la silice; la terre pilée; la ponce sulfurique ou phosphorique, selon Sabatier et Malhe; les sulfates de baryte, de chaux, de magnésie; le chlorure de sodium, à température convenable et avec une durée de contact variable; en libèrent les éléments, selon l'équation :

$$CO^2H^2 = CO^2 + H^2.$$

Avec l'argent, la dissociation commence à + 170,5.

Dans l'expérience classique de Berthelot, sur la décomposition de CO^2H^2, par la mousse de platine; l'acide est placée dans une cornue reliée à un serpentin, communiquant avec un ballon, entouré lui-même d'un autre ballon. L'appareil intérieur est muni d'un tube, se dilatant en alambic; c'est là qu'est placée la masse de platine : on plonge un thermomètre. Cet alambic possède un tube de dégagement relié à un condenseur refroidi et à une éprouvette placée sur le mercure : le double ballon est chauffé au bain d'huile.

La température étant de + 250°, la différence entre le bain et les ballons est de 2° environ; la vapeur d'acide formique, passant par le serpentin, s'échauffe à + 248°; au contact de la mousse de platine sa température monte brusquement de + 16° 1/2, arrivée à + 264° : la décomposition est à son maximum. Elle se produit déjà vers 170°, mais faiblement : à 264°, CO^2H^2, en présence de la mousse de platine, est détruit en quelques secondes, alors que par l'intervention de la chaleur seule, en tube scellé, il eût fallu près de douze heures pour arriver à ce même résultat.

D'ailleurs, dans des conditions semblables, loin de paralyser l'action de la mousse de platine, agissant sur l'hydrazine, CO^2H^2, accélère plutôt la réaction (Beadig, *S. C.*, t. XXVI, p. 1039).

A l'état hydraté, l'acide formique chauffé, en présence de ponce sulfurique ou phosphorique, donne surtout du méthylène : selon Senderens (*S. C.*, mai 1909), sa décomposition catalytique, par déshydratation sur l'alumine, donne surtout du formol : on a la réaction suivante :

$$\begin{array}{l} HCOO\boxed{H} \\ HCO\boxed{OH} \end{array} = H^2O + CO^2 + HCHO \quad (^1).$$

(1) A 175°, dilué, chauffé au tube scellé, il donne, d'après Riban (*S. C.*, 1882) : CO^2, 0,35 0/0; H, 0,39 0/0; CO, 1,18 0/0. L'H, recueilli ne correspond pas aux chiffres de CO et CO^2 produits : cela tient à ce que l'eau de la dilution est, partiellement, décomposée.

Nous avons vu, d'autre part, qu'à 204°, l'acide formique se décompose, en eau et en oxyde de carbone : l'alumine abaisse ainsi cette température de décomposition, par motif catalytique, à + 200°.

Avec la thorine, la production d'acide carbonique varie, selon la température : d'après Senderens, on a les résultats suivants :

	CO^2 0/0	CO 0/0	Résidu 0/0
200°..................	21	77,5	1,5
225°..................	42	56,5	1,5
250°..................	65,5	32	2,5
300°..................	57	40,5	2,5
350°..................	47	50,5	3

Donnant comme produits de décomposition, l'oxyde de carbone et l'hydrogène, on comprend aisément que l'acide formique soit un réducteur énergique.

Dobereiner l'a utilisé, d'ailleurs, pour la séparation des métaux précieux; Claudel et Gadinus l'emploient, à la place d'acide acétique, en photographie, où il augmente l'action photogénique ; Delafontaine le recommande pour isoler, les uns des autres, les différents métaux de la Smarkite.

Pour des motifs même ordre, il réduit les nitrates en nitrites et Goldsmith a employé industriellement cette réaction : elle s'effectue, en présence de soude caustique, selon l'équation :

$$NaAzO^3 + CO^2HNa + NaOH = NaAzO^2 + Na^2CO^3 + H^2O.$$

D'après Pechmann et Munck, l'acide formique réduit aussi les sulfites en hyposulfites et agit, de semblable façon, avec les iodates, les bromates et, même les chlorates.

Cependant, par suite d'une inexplicable anomalie, il ne réduit pas la solution ammoniacale de nitrate d'argent (3 grammes $AgOAzO^3$, 30 grammes NH^3 20°, 3 grammes NaOH, 30 grammes H^2O); pas plus que l'acide iodique, même à chaud et en présence d'acide cyanhydrique.

L'acide formique est miscible à l'alcool et à l'eau, en toutes proportions ; un excès de sel marin le sépare, imparfaitement, de ses solutions aqueuses mais il l'isole à peu près complètement de ses solutions éthérées.

Nous avons été amenés à utiliser cette propriété précieuse dans

dans la séparation des ethers formicobornyliques; de l'excès d'acide formique qu'en demande la préparation.

Son action sur les métaux est très variable : l'iridium, le ruthénium, le platine, le rhodium, le décomposent, en oxyde de carbone et en eau, soit à chaud, soit à froid.

On s'est souvent basé, sur ces réactions, pour considérer CO^2H^2, comme un hydrate d'oxyde de carbone.

Le zinc, d'après Jahn, donne avec CO^2H^2, lorsqu'il est en poudre, à 300°, CO et H : la même réaction se produit, d'ailleurs, quand on chauffe, de + 30° à + 35°, le formiate de zinc sec, en présence d'acide formique.

Ce dernier corps est décomposé et il se forme un mélange détonant, susceptible de faire exploser le vase où s'effectue la réaction : nous avons vu un tel accident se produire en fabrication.

L'argent divisé, obtenu par la précipitation de ses sels à l'aide du zinc, décompose CO^2H^2 dilué, à + 175°, selon Riban, tandis que le palladium reste sans action.

Le magnésim le réduit en aldéhyde COH^2, et la réaction est facilitée par la présence d'ammoniaque, d'anilide, de phénylhydrazine, et même, selon Fenton, d'alumine.

CO^2H^2 ne réduit pas l'iridium, dans le sel vert d'iridium de Lecoq de Boisbaudran.

Avec la plupart des métaux, CO^2H^2 donne naissance à des formiates que nous étudierons ailleurs.

Dans certaines réactions catalytiques, il se conduit parfois comme un poison, vis-à-vis des masses de contact et arrête leur action : ainsi, selon Parzotti (*S. C.*, t. XXXIV, p. 649), il empêche la catalyse du sulfate d'hydrazine par la mousse de platine ou de palladium.

L'oxygène réagit sur l'acide formique, en le décomposant en eau et acide carbonique, selon l'équation :

$$CO^2H^2 + O = CO^2 + H^2O;$$

il y a, dans cette réaction, un dégagement de + 35 calories.

L'acide formique anhydre fixe le brome dissous dans le sulfure de carbone : le produit d'addition, ainsi obtenu, se décompose à froid; en donnant selon Hell et Mulhaüser, des acides carbonique et bromhydrique; suivant Wilstoeter (*S. C.*, t. XXVIII, p. 733), CO^2H^2 permet la bromuration facile de l'acide malonique.

L'iode se conduit, vis-à-vis de l'acide formique comme, le brome.

Selon Clœz, le chlore décompose CO^2H^2 en HCl et CO^2; toutefois, on regarde l'oxychlorure de carbone, comme un dérivé chloré de CO^2H^2, en le considérant comme un chlorure de formyl chloré, que nous étudierons plus loin.

Les éthers chloroycarboniques sont donc, par suite, à considérer comme des chloroformiates.

Le soufre et ses dérivés, surtout H^2S, selon Lempricut donnent naissance, avec l'acide formique, à des acides thioformiques CO^2HS, homologues de l'acide thioacétique de Kekulé.

Si on fait réagir l'acide sulfurique sur CO^2H^2, nous avons déjà vu qu'il le décomposait, en oxyde de carbone et en eau; en présence d'alcool, la réaction se transforme et il se forme des vapeurs de formol.

D'après Bollo, l'acide nitrique donne avec CO^2H^2, d'abord, de l'acide acétique, puis de l'acide carboniqne.

Le chlorure de thyonyl, selon Mouren, décompose CO^2H^2, à l'ébullition, selon l'équation :

$$SOCl^2 + CO^2H^2 = SO^2 + CO + 2\,HCl,$$

il y a production, à la fois, d'acides sulfureux, carbonique et chlorydrique.

Les nitrates, mis en contact avec l'acide formique, sont réduits en nitrites : cette réaction a été industrialisée par Goldsmith.

En effet si l'on chauffe, à basse température, un mélange de formiates et de nitrates sodiques, avec de la soude caustique, on a la réaction que voici :

$$NaAzO^3 + CO^2HNa + NaOH = NAzO^2 + Na^2CO^3 + H^2O.$$

D'après Pechmann et Munck, CO^2H^2 réagit, de même, sur les sulfites qu'il transforme en hyposulfites.

Il est sans action sensible sur les chlorures de sodium et de calcium à froid : à chaud, vers + 130°, il les décompose, partiellement avec formation de formiate et mise en liberté de HCl, toutes fois, la réaction est beaucoup plus nette qu'avec les sels de zinc.

Le chlorure de calcium se dissout, facilement, dans CO^2H^2 à 90 0/0 : NaCl y est moins soluble et 100 parties de CO^2H^2 dissolvent, seulement, 6 parties de NaCl à froid.

Le chlorure ferreux se dissout très bien et sans action sensible, dans CO^2H^2, même concentré.

Traité par l'oxyde de cuivre ammoniacal, selon Cazeneuve (*S. C.*, t. XXII, p. 277), en tube scellé, à + 150°, l'acide formique s'oxyde et se transforme en hydrate d'acide carbonique CO^3H^2.

Dans cette expérience, Cazeneuve procède ainsi : 5 grammes d'acide formique ont été versés sur 10 grammes de cendres bleues; puis, après avoir étendu d'eau, on a chauffé jusqu'à neutralisation; on a ajouté alors, 25 grammes d'ammoniaque : l'ensemble a été, ensuite, chauffé en tube scellé à + 150°. Après cinq heures, le liquide était décoloré.

Le tube est tapissé de paillettes de cuivre : le liquide, saturé par SO^4H^2 ou AzO^3H, laisse précipiter de l'oxydule avec dégagement de CO^2. Si on ne sature pas le liquide par un acide et qu'on l'agite à l'air, il absorbe O avec avidité. Filtré et additionné d'ammoniaque alcoolique, il abandonne, par évaporation lente, des cristaux de carbonate de cuivre ammoniacal, identique au carbonate de Favre et ayant pour formule $CO^3Cu\,(NH^3)^2$.

L'acide oxalique donne, d'ailleurs, une réaction identique.

Les équations, expliquant l'action de l'acide formique sur l'ammoniure de cuivre peuvent s'écrire ainsi :

$$CH^2O^2 + 2(CuH^2O^2) + 2NH^3 = CO^3H^2(NH^3)^2 + Cu^2O + 2H^2O,$$
$$CO^3H^2(NH^3)^2 + Cu^2O + O = CO^3Cu(NH^3)^2 + CuH^2O^2.$$

Si on emploie l'acide formique, en excès considérable, par rapport à l'oxyde de cuivre; ce dernier est, complètement, réduit à l'état de cuivre métallique.

CO^2H^2 réduit, également, à l'ébullition l'azotate mercurique et l'azotate d'argent.

Avec le bichlorure de mercure, il forme du calomel et met même en liberté le métal; cette réaction est très sensible avec les formiates en liqueur neutre, mais elle est retardée par la présence d'ammoniaque.

L'azotate mercureux, traité dans les mêmes conditions, est réduit à l'état métallique.

Avec le perchlorure de fer, CO^2H^2 donne une coloration rouge foncé, qui, sous l'influence d'HCl, passe au jaune : à l'ébullition, il y a précipitation d'hydrate ferrique et décoloration de la liqueur, surtout en présence des formiates.

Tous les acides oxygénés transforment l'acide formique, en oxyde de carbone et en acide carbonique.

Les alcalis transforment ses sels, en oxalate, avec dégagement d'hydrogène.

Les oxydes d'argent et de mercure, selon Rose, détruisent CO^2H^2, mais, ils sont ramenés à l'état métallique.

L'acide formique, ajouté à une solution aqueuse d'acide chromique, donne, à l'ébullition, naissance à de l'ozone : d'autre part, en présence de platine divisé, il est oxydé par l'eau oxygénée, en donnant de l'acide carbonique et de l'eau, suivant l'équation :

$$CO^2H^2 + H^2O^2 = CO^2 + (H^2O)^2.$$

L'oxyde de zinc agit sur le méthanoïque d'une façon différente du zinc métal : si on les fait agir, concomitamment, selon Mailhe, il y a production de formiate et d'aldéhyde (*S. C.*, août 1909).

Le cadmium et le nickel donnent, en présence de vapeurs de CO^2H^2, du formol : avec le nickel, la réduction peut même aller jusqu'à la formation de carbone.

Selon Senderens (*S. C.*, mai 1909), l'alumine précipitée, portée à $+ 240°$, agit catalytiquement, comme nous l'avons déjà vu, sur CO^2H^2, en donnant du méthanal ; si un acide gras lui est mélangé, on obtient une aldéhyde mixte ; toutefois la réaction se fait mieux, avec les éthers, qu'avec l'acide isolé.

La thorine jouit des mêmes propriétés.

Si, à une solution sulfurique de fer et d'aluminium, on ajoute du formiate d'ammoniaque et de l'hydrosulfite, à l'ébullition, il se précipite de l'alumine à l'état de formiate basique et l'on obtient la séparation du fer.

Cette méthode est intéressante en vue de l'obtention d'alumine pure.

Selon Duboin, CO^2H^2 dissout très bien les iodo-mercurates de lithine (*C. R.*, t. CXLI, p. 1015).

Selon Haehn, à froid, il réagit sur le carbure de calcium, en donnant C^2H^2 : à température élevée, on obtient des cetones, qui ne semblent pas dépendre de la formation de formiate de calcium.

Il s'oxyde, selon Lœvenhard (*S. C.*, t. XXXVI, 1081), sous l'influence de l'eau, en présence du sulfate de calcium et, l'acide cyanhydrique facilite cette réaction.

Il est susceptible de se dissoudre dans l'acide chlorhydrique, en donnant une dissolution bonne conductrice du courant électrique : il ne se conduit pas de même avec l'acide bromhydrique.

Il réduit les sels d'or.

Le chlorure de soufre, en présence d'eau, agissant sur un formiate, comme CO^2HBa, dédouble la moitié de l'acide formique en eau et en oxyde de carbone :

En présence de sulfure de carbone, selon Hell et Mulhaüsen (*D. C. G.*, XI, p. 241), l'acide formique se combine au brome, en donnant un produit d'addition ; puis un produit de substitution qui, instable, se dédouble en BrH et CO^2.

Le permanganate de potasse, en solution sulfurique, n'oxyde pas CO^2H^2 ; en solution alcaline, à chaud, selon Péan de Saint-Gilles, il le décompose en eau et en oxyde de carbone : cette réaction a été étudiée par Nabal et Kress, en 1907.

Les acides iodique et periodique le transforment en CO^2 et en H^2O, avec dépôt d'iode ; la présence d'une trace d'acide cyanhydrique, selon Millon (*C. R.*, XIX, p. 271), empêche la réaction de se produire.

Le sulfate de soude, suivant Duai (*S. C.*, 1909, p. 1132) donne avec les solutions aqueuses de CO^2H^2 une coloration jaune pâle, passant à l'ébullition, au jaune orangé, puis disparaissant : cette réaction est sensible par des dilutions à 0,5 0/0 CO^2H^2.

Nous avons signalé déjà l'action du chlorure de cuivre et de l'oxyde de carbone, agissant comme un chlorure de formyle dans la préparation de certains aldéhydes : cette réaction, utilisée par Gathermann, a été isolée par Leblanc. Selon Berthelot, il se forme, entre les deux corps, une combinaison cristallisée, un chloroformiate de cuivre, qui se dissocie vers + 100°.

L'acide formique, en contact avec $CaCl^2$, empêche celui-ci d'absorber l'acide nitreux, à ce que prétend Katscherhoff (*S. C.*, t. XXXIV, p. 375).]

Agissant sur l'acide azotique fumant, à froid, CO^2H^2, selon

Picte (*S. C.*, t. XXVII, p. 806), le réduit, en donnant des vapeurs rouges d'acide hypoazotique.

Le chlorure de thionyle, $SOCl^2$, réagit sur CO^2H^2, en donnant CO, HCl et SO^2

$$CO^2H^2 + SOCl^2 = SO^2 + CO + 2\,HCl;$$

la réaction se fait, plus vite, avec les formiates qu'avec l'acide formique, selon Mouren.

Selon Walden (*C. S.*, t. XXIV, p. 577), l'acide formique, en solution méthylique, n'attaque pas le carbonate de chaux : il jouit de la propriété de dévier, à gauche, le pouvoir rotatoire de l'acide malique.

Certains ferments sont susceptibles de décomposer l'acide formique et ses sels : tels sont, d'après Pakes et Jollymann (t. XXVI, p. 565), le Baccillus coli, le Baccillus enteridis, le Pneumo bacille de Friedlander, le Baccillus lactisacrogenis, le Baccillus cholera gallinarum, le Baccillus proteus vulgaris, le Baccillus prodigiosus, le Baccillus rouge de Kiel.

Leur réaction donne soit

$$HCO^2Na + H^2O = NaHCO^3 + H^2,$$

ou

$$CO^2H^2 = H^2 + CO^2.$$

Selon Frangen et Braun (*S. C.*, octobre 1908, p. 1374), l'influence de la température, de la durée de l'opération et de la concentration de l'acide ou de ses sels joue un grand rôle, dans la fermentation de CO^2H^2 : la présence de corps, comme le rhodium, la facilite et la rend plus rapide.

Les réactions de l'acide formique, avec les diverses matières organiques, sont très nombreuses et très variées.

Certaines ont été susceptibles d'applications pratiques : dans tous les cas, il agit, soit directement, soit par l'intermédiaire de ses sels ou de ses éthers.

La plupart des corps gras sont susceptibles de se dissoudre dans l'acide formique, mais ils ne s'y dissocient pas; les dérivés nitro-aromatiques, au contraire, s'y dissolvent et s'y dissocient :

Bruni (*S. C.*, t. XXVI, p. 528) suppose qu'il se forme des composés d'addition, de la forme suivante :

$$R\text{-}Az\begin{matrix} \diagup\!\!\diagup O \\ - OH \\ \diagdown OCHO \end{matrix} \quad \text{ou} \quad R\text{-}Az\begin{matrix} \diagup\!\!\diagup O \\ - OH \\ \diagdown COOH \end{matrix}$$

La plupart des composés organiques, ainsi dissous, sont précipitables par addition d'alcool.

Lorsque nous étudierons les formiates et les éthers formiques, nous reviendrons, d'une façon très étendue, sur les produits résultant de l'action de l'acide formique sur les différentes matières organiques : nous ne ferons, donc, ici qu'en signaler les réactions.

Parmi les divers hydrocarbures, il est un groupe sur lequel l'acide formique réagit d'une façon toute particulière, c'est le groupe terpénique et, l'étude de cette action a été l'objet de nombreuses observations que nous tenterons de résumer.

Les terpènes possèdent la propriété de fixer les éléments de l'eau sur deux atomes de carbone de leur squelette ; ces atomes sont réunis par une double liaison.

H se fixe sur l'un des C et, HO sur l'autre C.

Un terpène, ayant dans sa chaîne $\underset{\| \atop CH^2}{\text{-C=}}$ ou mieux $\underset{| \atop CH^3}{\text{-C=}}$, a une aptitude particulière pour cette réaction.

L'acide formique, d'après Bouchardat et Lafon, réalise facilement ce phénomène d'hydratation : la réaction s'opère à froid et donne un éther formique, selon l'équation :

$$C^{10}H^{16} + CO^2H^2 = C^{10}H^{17},CO^2H,$$

par saponification, on obtient un alcool terpénique :

$$C^{10}H^{17}CO^2H + NaOH = NaCO^2H + C^{10}H^{16},H^2O.$$

A côté de cette action d'hydratation, l'acide formique, selon les conditions de température, de masse, de durée, a souvent, sur les terpènes, une action complémentaire de polymérisation.

Bouchardat et Olivero ont abandonné, en réaction, pendant des temps très variables, un mélange d'acide formique et d'essence de térébenthine (pinène), dans une atmosphère d'acide carbonique.

Le pouvoir rotat... qu' est de — 39°,5, disparaît et il se forme du formiate de te... ..., ... terpinéol, quelques traces de formiate de bornyle, du diterp... ... t de la terpine.

L'action est particulièrement violente, beaucoup plus même qu'avec l'acide acétique et, la formation de terpine la caractérise : plus la masse de CO^2H^2 est considérable, plus est grande la proportion de terpine obtenue.

Si, on fait varier la durée de contact, les résultats changent encore : en faisant réagir, partie pour partie, CO^2H^2 sur $C^{10}H^{16}$, au bout de trois ans, on trouve du terpilène bouillant à + 350° et du formiate de bornyle. Il y a, au début, formation de formiate de terpinéol, qui est détruit par l'excès d'acide, puis polymérisé ; le formiate de bornyle qui prend naissance, en même temps, semble résister à cette polymérisation.

Si, on fait varier la proportion d'eau, on obtient encore d'autres résultats.

Avec une partie d'eau, il se forme, d'abord 20 0/0, de terpine, puis, une masse huileuse composée de 33 0/0 de terpilène et, enfin, 63 0/0 de formiate de terpinéol : la polymérisation est atténuée.

Avec 3 parties de H^2O, on a 26 0/0 de terpine cristallisée et le reste est formé de formiate de terpinéol.

Avec 5 parties de H^2O, la réaction est la même.

On peut conclure de ces essais que, la présence d'eau arrête la polymérisation.

Si on réagit, sur la pinène (pouvoir rotatoire — 39°,5), avec de l'acide formique cristallisable; on obtient un formiate de terpényle gauche, donnant un terpinéol gauche (pouvoir rotatoire — 80°).

Avec la pinène droite (pouvoir rotatoire + 14°), on arrive à un terpinéol droit (pouvoir rotatoire + 10°).

En résumé, l'acide formique, se combinant directement au pinène, donne, presque exclusivement, l'éther formique du terpinéol et seulement, des traces d'éthers formiques des autres alcools terpéniques.

D'après Boulez, d'après Bouchardat et, Grignard, l'éthérification directe du pinène, par CO^2H^2, est rendu beaucoup plus facile, par la présence de l'acide benzène monosulfonique.

Après saponification de l'éther, on obtient des terpinéols, du fenchol, du bornéol et de l'iso-bornéol ; dans cet ensemble l'α-terpinéol prédomine.

Il semble que le passage du pinène au camphène, par action de l'acide formique directement, sur le premier terpène ne soit point, pratiquement, possible.

Semmler a fait réagir CO^2H^2 sur un autre terpène, le sabinène.

A basse température, il a obtenu la formation de deux éthers : l'un bouillant à + 50°/54°, sous 10 millimètres ; l'autre bouillant à + 102°/108°, sous 10 millimètres : saponifiés, ces deux corps donnent un alcool, l'origanol, qui existe, à l'état naturel, dans l'essence de marjolaine.

Klager (*S. C.*, t. XXIV, p. 18) a fait réagir, à chaud, l'acide formique, sur le Carvone : après une chauffe de huit heures, il a obtenu, quantitativement, du carvacrol.

Wallach (*S. C.*, t. XXXIII, p. 146) traitant le Pouléone (dérivé de la menthe pouliot), par l'acide formique cristallisable, l'a dédoublé, en méthylhexanone et en acétone, selon l'équation :

$$C^{10}H^{12}O + H^2O = C^7H^{12}O + C^3H^6O.$$

L'acide formique, selon Donnard (*M. S.*, t. IV, 1909) dissout la maïsine.

Agissant sur l'élemicine et l'isœlémicine, il résinifie, par polymérisation, les composés α et β non saturés, et laisse inaltérés les composés saturés δ, γ : Semmler (*S. C.*, 5, 4, 1909) a utilisé cette réaction, en vue de fixer la position des doubles liaisons, dans les corps non saturés.

L'acide formique, avec la tolyglycine anhydre, au bain de sel, donne du formyltolyglycine, qui, selon Vorlaender (*S. C.*, t. XXVI, p. 901), fondue avec la soude ou la potasse, permet de réaliser une synthèse de l'indigo.

Chauffé en excès avec la métatoluidine, CO^2H^2 donne de la formométatoluide, produit incristallisable, bouillant à + 278°, à la pression normale.

Avec la leucine, dans les mêmes conditions, il donne la formylleucine.

Il ne réagit pas sur les bases tertiaires, comme la quinoléine, sur lesquelles, seul l'anhydride mixte a un pouvoir : en revanche, selon Goldberg (*D. C. G.*, t. XXXIX, p. 1691), il facilite la phénylation; aussi, l'emploie-t-on, souvent, dans la préparation de la purine.

La pyrridine, en contact avec CO^2H^2, a donné lieu, de la part d'André (*S. C.*, t. XXI, p. 278), à d'intéressantes observations, surtout au point de vue de distillation.

On sait que, deux liquides miscibles, à points d'ébullition différents, fournissent à la distillation une série de mélanges : des fractionnements successifs peuvent seuls les séparer, finalement, en espèces définies.

Il y a formation, dans l'action de CO^2H^2, sur la base tertiaire faible qui est la pyrridine, d'un formiate de pyrridine avec dégagement de 15cal,25 : cependant, le titre acidimétrique, pris à la baryte, en présence de tournesol ou de phtaléine, reste sensiblement le même, après ou avant contact.

Le fait intéressant à relever se trouve, dans la constance, à un moment donné, du point d'ébullition de ce mélange; mais, plus on fractionne, plus ce point d'ébullition s'élève et plus est élevée la teneur en CO^2H^2.

L'acide oxalique déplace CO^2H^2 de ses sels; ce qui se comprend facilement.

$C^2O^4H^2 + NaOH$, en effet, dégagent 20 calories, tandis que $CO^2H^2 + NaOH$ n'en dégagent que 13,4.

Un mélange de chlorure de sodium et de formiate peut être déplacé par l'acide oxalique : ce dernier, traité par la chaux, est séparable de NaCl, à l'état d'oxalate calcique insoluble; qui est transformable en $C^2O^4H^2$, par l'acide sulfurique.

Cette méthode a été souvent employée pour séparer l'acide formique de certains résidus d'éthérification, notamment dans la préparation du formiate de bornyl, par voie synthétique.

L'acide oxalique *desséché*, à chaud, vers 150/155°, dédouble l'acide formique en CO et en H^2O, surtout en présence de formiates : il y a formation d'oxalates, selon l'équation.

$$CO^2HK + CO^2H^2 = C^2HKO^4 + H^2O + CO.$$

L'acide formique agit sur l'éthyl mercaptan, pour donner un éther de trithioformique

$$CH \begin{cases} 3C^2H^5S \\ 3C^2H^5S \\ 3C^2H^5S \end{cases}$$

Il a la même action sur le phénylmercaptan.

En présence d'acide nitreux, réagissant sur l'acide hydrasino pyridine carbonique, il donne des acides benzotriazol et benzo trétrazol carboniques.

Nencki, en faisant réagir CO^2H^2 sur le phénol, a obtenu une matière colorante, l'*aurine*, et avec la résorcine, il a isolé un produit jaune la *résaurine*.

Dans les mêmes conditions, Lefèbvre et Poirrier (*S. I.* de Rouen, pli cacheté 441, 13 août 1895), en faisant réagir CO^2H^2, à 75 0/0, sur le diméthylméta aminophénol, à + 130/140°, ont obtenu une matière colorante rouge, voisine de la rhodamine, teignant la soie et la laine, en rouge violacé, d'un ton voisin de la fuschine.

Avec l'acide crésylcylique, avec l'acide salicylique, avec le para crésol pur, contrairement à ce qu'avait annoncé Nencki, il n'y a pas, au contraire, toujours formation de matière colorante.

D'une façon générale, l'acide formique agit sur les alcools, en donnant des éthers que nous étudierons ailleurs. Sur les alcools polyatomiques, selon Henninger, son action est particulière, car il commence par réduire ces corps, en les faisant descendre, de deux en deux rangs, dans leur atomicité, et en les transformant en corps non saturés.

Il y a toujours formation d'un éther formique, comme terme intermédiaire.

Avec l'érythérite, par exemple, on obtient du crotonylène, du glycol crotonylénique, de l'érythrane, du dihydrofurfurane et de l'aldéhyde crotonique : il a, à la fois, sur ce corps, une action de déshydratation et de réduction.

Avec des alcools hexatomiques, comme la mannite, Fauconnier a observé des faits semblables.

Berthelot et Recoura (*S. C.*, t. XLVIII, p. 703) ont remarqué que, CO^2H^2, réagissant sur l'inosite, donne de l'acide quinique et de l'eau, selon l'équation :

$$C^6H^{12}O^6 + CO^2H^2 = C^7H^{12}O^6 + H^2O.$$

La réaction se fait avec un dégagement de $+ 58^{cal},0$: elle est un des termes de passage de la série aromatique, car l'acide quinique extrait de l'inosite, *série grasse*, est transformable en quinone, $C^6H^4O^2$, et en hydroquinone, produits de la *série aromatique*.

L'acide formique, réagissant sur le phénol, donne de l'acide benzoïque, en dégageant + 36 calories; on a l'équation suivante :

$$C^6H^6O + CO^2H^2 = C^7H^6O^2 + H^2O.$$

L'alcool benzylique n'est attaqué que, très lentement, à froid, par CO^2H^2.

L'ortho-amidophénol, traité par CO^2H^2, donne du formo-ortho-amidophénol : ce sont de très beaux cristaux, fondant à + 62° et distillant sans décomposition, dans l'hydrogène, à + 292°, selon Groll (*S. C.*, t. XXVI, p. 211).

Les divers alcools terpéniques, soumis à l'action de l'acide formique, ont donné des résultats intéressants.

Selon Stephan (*I. für P. C.*, XXXII, p. 244), le linalol gauche, alcool tertiaire, à chaine ouverte, traité par CO^2H^2, se transforme en terpinéol droit, fusible à + 35°.

Selon Bertram et Walbaüm, on n'obtiendrait, au contraire, que du terpilène inactif et du terpinène : cela est vrai, mais ces carbures ne se forment qu'à + 70° : à froid, vers 20°, on obtient l'éther formique du terpinéol droit : avec le linalol droit, on obtient le terpinéol gauche.

Il y a évidemment, dans cette réaction, une migration d'atomes, car, les squelettes de linalol et du terpinéol ne sont pas du tout semblables.

La même réaction se produit sur le géraniol, alcool primaire à chaine ouverte et à deux liaisons éthyléniques.

A la densité de 1,22, CO^2H^2, à chaud, agit violemment sur le géraniol, en élimine une molécule d'eau et donne un terpène, le terpinène.

Si on règle la marche, de façon à ne pas dépasser + 5°, on obtient du formiate de géranyle : vers + 20°, il y a formation de formiate de terpényle.

Ainsi donc, suivant la température, il y a, ou éthérification, ou modification moléculaire et éthérification de l'alcool modifié.

En traitant parties égales des deux corps, pendant onze heures, de 0° à + 4°, on obtient 91, 5 0/0 de formiate de géranyle, à la densité de 0,928.

Si, on laisse la même fraction, à 20°, pendant onze jours, le liquide clair se trouble bientôt par élimination d'eau et il se forme du formiate de terpényl, la densité augmentant.

Selon Schimmel (*B.*, 1901, p. 47), CO^2H^2 peut servir à séparer le rhodinol du géraniol : le mélange, traité au bain-marie, donne d'abord un terpène, provenant du géraniol deshydraté, puis comme le rhodinol est éthérifié, un éther formique de cet alcool.

Le cédrol, ou camphre de cèdre, sous l'influence de CO^2H^2, donne, par déshydratation, un sesquiterpène.

Réagissant sur le benzyl ou le phénylbornéol d'Haller, à chaud, l'acide formique cristallisable donne de l'eau et du benzyl ou du phénylcamphène : selon Haller (*S. C.*, 1906), une partie du benzylbornéol reste inattaquée.

L'acide formique cristallisable réagit sur l'amidon; en une demi-heure, il donne une solution épaisse et claire qui précipite, par l'eau, en donnant une masse granuleuse constituant le formiate d'amidon : en agissant à + 120° et, en précipitant par l'alcool, on obtient un triformiate, qui est sans action sur la liqueur de Fehling.

Agissant sur les éthers-oxydes des glycols, CO^2H^2 les transforme en aldéhydes saturées : on obtient, ainsi, le méthylhexylacétaldéhyde, le méthylhexyéthoxyméthylcarbinol, le méthylnonylacétaldéhyde.

L'action est la même sur les éthers-oxydes de la glycérine qui sont transformés en aldéhydes non saturés, α-alcolyacroléines, selon Sommelet.

Selon Zieyler (*D.C.G.*, t. XX, p. 1557), CO^2H^2, en contact avec la roshydrazine, donne une matière colorante rouge soluble dans l'alcool et peu soluble dans l'eau.

Au titre de 75 0/0, selon Schuze (*J.F.P.C.*, t. XXVII, p. 512), réagissant sur le sulfocyanate d'ammoniaque, CO^2H^2 donne de la formiamide; avec la diphénylamine on obtient le corps ($C^{13}H^9H^2$) et de l'acide acétique; avec le chlorure d'hydroxylamine, d'après Miolati (*D.C.G.*, t. XXV, p. 699), on arrive à de l'acide formo-hydroxamique

$$CH\begin{matrix} \nearrow NOH; \\ \searrow OH \end{matrix}$$

avec l'ortho-amido-benzamide, on a du formyl-*o*-amido-benzamide, cristaux incolores, fusibles à + 123°, se décomposant à + 170°, solubles dans l'eau, l'alcool, l'éther, dans les alcalis à froid et dans les acides à chaud.

On obtient par la même méthode le formyldiamidobenzamide et le formylamidobenzométhylbenzamide ; avec l'αβ-naphtylènediamine on a de l'αβ-naphtimidazol ; avec le azidiméthyltoluylènediamine, d'après Fischer (*S. C.*, t. XXVIII, p. 805), on a, par réduction, du carbinol ; avec la triméthylamine, on a du formiate de triméthylamine, distillant à + 185, sous 756 millimètres, produit plus stable que la plupart des composés pyrridiques.

Sur les amines aromatiques tertiaires, en présence d'agents de condensation, CO^2H^2 donne des leucanilines alkylées : avec la diméthylanilide, par exemple, il fournit l'hexaméthylleucaniline, d'où l'on peut extraire un très beau violet.

Avec l'acétamide, selon Beringher, il fait réaction réversible ; mais, il se combine avec la diphénylcarbodiazine, pour donner un corps comparable à celui dérivé du diphénylcarbazide, par l'action de CO^2H^2 chaud.

Ce dernier corps est insoluble dans l'alcool froid et soluble dans l'alcool chaud ; il fond à + 164° ; il ne se dissocie pas à + 130°, et il précipite l'acétate de cuivre en vert noir.

L'acide formique, agissant à raison de 2 molécules, à la richesse de 90 0/0, sur l'α-benzylhydroxylamine, donne naissance à de l'acide benzylformylhydroxamique, fusible à + 80°, transformable, selon Biddle (*S. C.*, t. XXXIV, p. 283), en acide fulminique ; d'après Fenton et Jones (*S. C.*, t. XXXIV, p. 292), ce corps est susceptible de s'oxyder, par l'action de l'eau oxygénée, en présence de fer.

L'amino-ortho-oxylène, traité par CO^2H^2, à chaud, au bain-marie, donne des dérivés formiques.

Anhydre, CO^2H^2 réagit à chaud sur l'aminodiphénylguanidine, en donnant, selon Busch et Bauer (*S. C.*, t. XXXIV, p. 790), du phénylanilidotriazol : d'après Traube (*S. C.*, t. XXXIV, p. 843), dans les mêmes conditions il donne, avec la triamino-oxypyrimidine, de la xanthine.

Agissant sur la chlorophénylènediamine, à + 100°, il donne du chlorobenzimidazol : avec la cyanhydrasine, on a du bitriazol.

En présence de chlorure de zinc, avec la diphénylamine, on obtient de l'acridine :

$$C^6H^5AzH\text{-}C^6H^5 + CO^2H^2 = C^6H^4 \langle \begin{smallmatrix} CH \\ | \\ Az \end{smallmatrix} \rangle C^6H^4 + (H^2O)^2.$$

Acridine

D'une façon générale, CO^2H^2, agissant sur un corps organique, en présence de $ZnCl^2$, le condense, en le déshydratant.

Cristallisable, l'acide formique agissant sur la paranitro-amido-diphénylamine, donne un formyl $C^{13}H^{11}N^3O^3$, cristallisant en aiguilles jaunes : avec le phénylmétanitrobenzimidazol, on obtient un corps cristallisant en aiguilles blanches.

L'orthoformiate d'éthyle donne les mêmes réactions.

Avec la triphénylaminoguanidine, selon Brusch (*S. C.*, t. XXXIV, p. 1.045), on obtient tout d'abord du diphénylphénylènediaminotriazol qui, en présence d'un excès de méthanoïque, donne deux formiates neutre et acide.

Selon Kinckler, l'aldéhyde benzoïque, sous l'influence de CO^2H^2, donne de l'acide phénylgcolique, sans élimination d'eau :

$$C^6H^5\text{-}COH + CO^2H^2 = C^6H^5\text{-}CH(OH)CO^2H.$$

En présence de l'aldéhyde acétique, avec du noir de rhodium, selon Schade, l'acide formique donne de l'acide carbonique et de l'alcool.

Sur les cétones, l'acide formique agit, surtout, comme dissolvant ; il forme, avec eux, des formiates peu stables et dissociables, presque tous, par addition d'eau.

Son action la plus caractéristique s'exerce sur le camphre : le corps s'y dissout à froid, avec une coloration brune ou vineuse.

A l'ébullition, la solution en est très rapide, il semble qu'il y ait, à la fois, dissolution du camphre dans l'acide formique et absorption de CO^2H^2 par le camphre, tout d'abord.

A froid, la solution devient d'un rouge violet, tirant ensuite au brun sale ; traitée par l'eau, elle se dissocie en abandonnant du camphre pur.

CO^2H^2 agit, de même, sur le bornéol, mais, le formiate obtenu est beaucoup moins stable que l'éther provenant de l'action de CO^2H^2 et des formiates, sur le chlorhydrate de pinène : un simple traitement à l'eau suffit, en effet, pour donner du bornéol, sans l'intervention, ni de soude, ni de potasse, ni d'alcoolates.

Si les corps traités ne sont pas purs, la coloration s'accentue en raison de leur pureté; le mélange de camphre et de bornéol affecte une coloration rouge particulière.

En présence d'un quinon, sous l'influence de la lumière, CO^2H^2, selon Ciamician (*S.C.*, t. XXVII, p. 1.025), donne de l'hydroquinone et du CO^2 : exposé seul à la lumière, il ne donne, suivant le même savant, que de la résine.

L'acide formique décompose, à chaud, tous les sels d'acides gras, et en particulier des acétates : nous avons déjà exposé les raisons thermiques de cette réaction ; à froid, il y a seulement formation de sels acides et mise en liberté d'une partie de l'acide gras.

D'après Mentschukine : (*S.C.*, t. XXVI, 2, 1908), CO^2H^2 ne forme pas de combinaisons cristallisées, avec les organo-magnésiens, comme l'acide acétique.

Chauffé avec le chlorhydrate de paratoluidine, selon Sadler, (*S. C.*, t. XXXII, p. 222), il donne de l'oxalylparatoluidine.

Selon Buschboeck (*S. C.*, t. XXVI, p. 802), il facilite l'hydrolyse du sulfure de carbonyle.

En présence des formiates, réagissant en excès sur le chlorhydrate de pinène, il donne naissance, comme nous l'avons isolé, à un éther de bornyl et au chlorure correspondant de la base du formiate. La réaction est sensiblement complète ; sa rapidité de formation comme son intégrité dépendent de la richesse, en CO^2H^2, de l'acide employé et des formiates choisis. Avec de l'acide à 90 0/0, on n'obtient pas de rendement supérieur à 70 0/0 ; mais, avec de l'acide anhydre, le pourcentage peut arriver à 85 0/0.

Ces réactions sont la base d'une des fabrications synthétiques du camphre.

Avec le chlorhydrate d'essence d'aspic, et par analogie avec les chlorhydrates des autres terpènes, on obtient des éthers de terpilène.

D'après Jodin, en présence d'ammoniaque, d'acide phosphorique, et de potasse, CO^2H^2 ne donne pas de milieu mycogénique, où puissent se développer, aux dépens de composés ternaires, des productions organisées : en présence de sucre, il devient, au contraire, très mycogénique, et une partie en disparaît, comme absorbée, par la végétation ; ce phénomène ne se produit que si on ajoute CO^2H^2, libre, dans la proportion de 1 pour 1.000.

Sous forme de sel, injecté dans le sang ou dans les voies digestives, les sels formiques, formiates de soude ou de potasse, passent, selon Gréhant et Quinqaux, en majeure partie, dans les urines, sans éprouver de décomposition.

L'aminoorthoxylène, chauffé avec CO^2H^2, au bain-marie, donne des dérivés formiques.

En présence du nitrate, le Bacille coli réduit les formiates, en carbonate, avec formation de nitrites, selon Pakes et Jollymann (*S.C.*, t. XXVI, p. 653) ; on a l'équation :

$$HCO^2Na + AzO^3Na = CO^3NaH + AzO^2Na.$$

A l'état cristallisable, l'acide formique dissout, en présence de nitrosyle, les oxymes, en donnant des éthers acétoniques.

L'anhydride formique-acétique, agissant sur l'orthoaminophénol donne de l'orthoformamidophénol.

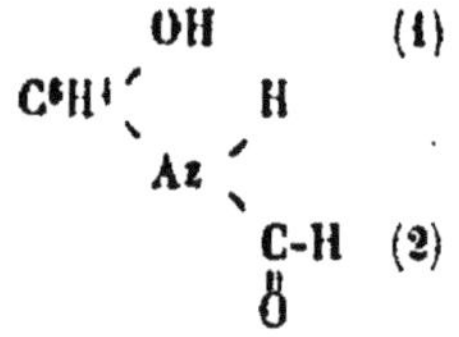

$$C^6H^4 \begin{cases} OH & (1) \\ Az \begin{cases} H \\ C\text{-}H \ (2) \\ \ \ \| \\ \ \ O \end{cases} \end{cases}$$

Cet amide est soluble dans l'eau bouillante et cristallise par refroidissement ; son point de fusion est à + 125° ; il est peu soluble dans le benzène et très soluble dans l'alcool.

Avec la paraéthoxyaniline, on obtient la paraéthoxyformanilide :

$$C^2H^5\text{-}O\text{-}C^6H^4\text{-}AzH\text{-}\underset{\underset{O}{\|}}{C}\text{-}H,$$

produit cristallisé, soluble à l'eau bouillante et dans l'alcool : il fond à + 68°5.

Avec l'orthophényldiamine, on obtient seulement une amidine la méthénylphényldiamine

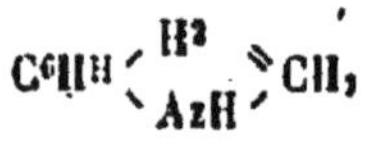

$$C^6H^8 \begin{cases} H^2 \\ AzH \end{cases} CH,$$

fusible à + 167°.

Avec la phénylhydrazine, on obtient la formylphénylhydrazine cristallisée, fondant à + 145° et soluble dans l'alcool.

Selon Freer et Schermann, à froid, l'acide formique réagit sur la phénylhydrazine pour donner l'hydrazide correspondant.

L'anhydride mixte réagit sur l'urée pour donner du monoformylurée ; quelle que soit la quantité mise en jeu, la réaction ne va pas plus loin.

Ce corps cristallise dans l'alcool et fond à + 159°, ainsi que l'ont trouvé Gunther, Marsch et Schatz.

A côté de l'anhydride formique acétique, on sait que l'on peut former des anhydrides formiques mixtes propionique, butyrique et isovalérique.

Les corps réagissent de façon sensiblement pareille à l'anhydride formique-acétique.

Mais, la réaction est d'autant moins nette que le poids moléculaire de l'acide gras entrent dans la composition de l'anhydride mixte est plus élevé.

LES PROPRIÉTÉS THERMOCHIMIQUES DE L'ACIDE FORMIQUE

A propos de l'étude des chaleurs de formation de l'acide formique, il est bon de rappeler que ces dernières sont égales à la différence qui existe, entre la chaleur de combustion du composé et, les chaleurs de combustion des composants.

Selon Berthelot et Matignon (*S. C.*, 35, t. VII, p. 428), les chaleurs de combustion de l'acide formique, provenant de la réaction :

$$CH^2O^2 + O = CO^2 + H^2O$$

sont

A volume constant	$+ 62^{cal},8$
A pression constante	$+ 62^{cal},5$

Vers 100°, la chaleur de combustion serait de $+ 67^{cal},3$; mais, ce chiffre correspond à une densité de vapeur anormale et il doit être trop fort.

Avant d'entrer dans l'étude des chaleurs de formation de CO^2H^2, il est encore bon de rappeler qu'un composé est d'autant plus stable, qu'il dégage ou qu'il absorbe, lors de sa formation, un plus grand nombre de calories.

On peut comparer les corps endothermiques, comme CO^2H^2, à un ressort qui, pour être bandé, demande du travail : lorsqu'on le détend, il le restitue.

Le travail mécanique, résultant de la formation d'un corps, correspond au nombre de calories dégagées ou absorbées, multipliées par la constante 425, équivalent mécanique de la chaleur.

L'étude thermochimique de l'acide formique a été faite, surtout par Berthelot; ses déterminations ont été reprises par d'autres chimistes, mais les résultats qui ont été obtenus par cet ensemble de savants sont rarement concordants : quels qu'ils soient, on y trouve des chiffres intéressants, aussi bien au point de vue de science pure, qu'au point de vue d'application.

Les chaleurs de formation de l'acide formique, dans les diverses éventualités de sa genèse, sont les suivantes :

Chaleur de formation à partir des éléments :

C diamant, O et H étant supposés gazeux.

On a :

$$C + H^2 + O^2 = CO^2H^2.$$

Produit gazeux :	+	$97^{cal},7$	à 15°	Berthelot
»	+	96 »	à 100°	»
»	+	90 »	à 200°	»

Ce dernier chiffre est d'accord avec la décomposition exothermique de l'acide formique $+ 4^{cal},3$.

Produit liquide :	+	$90^{cal},7$	à 15°	Wurtz
	+	88 »,2	»	Tommasi
	+	93 »	»	Berthelot
	+	101 »	»	Wurtz
Produit solide :	+	98 »	»	Riban
	+	104 »	»	Berthelot
	+	95 »	»	Riban

Chaleur de formation en partant de l'oxydation du méthane ou formène CH^4.

On a :

$$CH^4 + 3O = CO^2H^2 + H^2O.$$

Produit gazeux :	+	$128^{cal},9$	»	Berthelot
Produit liquide :	+	143 »,5	»	»
Produit gazeux :	+	147 »,3	»	»

Chaleur de formation en partant de l'oxydation de l'alcool méthylique.

On a :

$$CH^3OH + O^2 = CO^2H^2 + H^2O,$$

Produit liquide :	$+ 100^{cal}$	»	Berthelot
	+ 100 »,2	»	Wurtz

Chaleur de formation en partant de l'hydration de l'oxyde de carbone.

On a :

$$CO + H^2O = CO^2H^2.$$

Les composants étant liquides.

On a :

Produit liquide : — $1^{cal},4$

Les composants étant gazeux.

Produit liquide : — $3^{cal},1$

Selon Berthelot, la réaction est endothermique ; selon Thomsen, elle est toujours exothermique et dégage, les corps étant gazeux, + $6^{cal},007$.

Chaleur de formation en partant de l'hydrogénation de l'acide carbonique.

On a :

$$CO^2 + H^2 = COH^2$$

Produit gazeux : + $8^{cal},164$ Thomsen (1871).

Selon Riban, au contraire, la réaction serait endothermique, et il y aurait absorption de — $5^{cal},8$.

Chaleur de formation en partant du méthine CH^2.

On a :

$$CH^2 + 2O = CO^2H^2,$$

Produit gazeux :	+ 160^{cal}	»	Berthelot
»	+ 128 »	»	Riban
Produit liquide :	+ 143 » ,5	»	Berthelot
Produit solide :	+ 147 »	»	»

Chaleur de formation en partant du radical CO^2H.

On a :

$$CO^2H + H = CO^2H^2,$$

Produit dissous : + $34^{cal},2$

LES PROPRIÉTÉS PHYSIQUES DE L'ACIDE FORMIQUE

L'acide formique, à la température ordinaire, se présente comme un liquide ; mais, à basse température, il peut donner, selon son degré de dilution :

1° Vers 0°, un acide cristallisé, très voisin de l'acide anhydre, puisqu'il ne contient guère que 0,2 0/0 d'eau : il est analogue à l'acide acétique cristallisable et son point de fusion se trouve vers + 8° ;

2° Des cryohydrates, isolés par Colles, à — 50°, à l'aide d'un mélange d'air liquide et d'alcool.

L'acide formique est soluble, en toutes proportions, dans l'eau.

De cette propriété peut-on déduire qu'il forme des hydrates, étant donné que, la chaleur de dissolution de l'acide cristallisé est de $2^{cal},35$.

La question, jusqu'à Colles, est restée très controversée et nous avons déjà passé en revue, à propos de la concentration de l'acide formique dilué, une partie des opinions émises.

Pelouze, puis Liebig affirment l'existence d'un hydrate CO^2H^2, H^2O, qui bout à + 108°, sous 760 millimètres de mercure.

Lorin trouve que l'on peut isoler un hydrate, contenant 77,5 0/0 de CO^2H^2 et 22,5 0/0 de H^2O, correspondant, par suite, à la formule $(CO^2H^2)^{17}$ $(H^2O)^{14}$, c'est-à-dire sensiblement voisin de l'hydrate de Liebig et ayant le même point d'ébullition, + 108°.

Roscoe a repris l'étude de la question et il a démontré que l'hydrate de Liebig, CO^2H^2, H^2O, n'était point un composé défini, car si on fait varier la pression, sa composition change.

Par contre, en distillant sous 760 millimètres, un mélange d'eau et d'acide formique, Roscœ a recueilli, en fin d'opération, un liquide de composition constante : il renferme, comme l'hydrate de Lorin, 77,5 0/0 d'acide formique et 22,5 0/0 d'eau et il a son point d'ébullition à + 107°.

Kreemann (*S. C.*, 5, 4, 1908) confirme ces résultats.

Si, on fait passer la pression de 1^{atm} à 1^{atm},83, la composition de l'hydrate qui distille change : il contient, alors, 83,2 0/0 de CO^2H^2 et 16,8 0/0 de H^2O ; le point d'ébullition passe de + 107° à + 134°,6.

La conclusion de Roscœ est que, si on fait varier la pression, à chaque variation, correspond un hydrate stable, distillant à une température différente de celui qui l'a précédé, à pression moindre.

Lorin prétend que, si on conserve longtemps, dans un exsiccateur à acide sulfurique, une dilution d'acide formique, il se forme un hydrate stable, contenant 37 0/0 d'eau et répondant à la formule $CO^2H^2, 3H^2O$.

Il soutient également que l'acide à 57,5 0/0 CO^2H^2 que l'on obtient, dans la méthode Berthelot par l'acide oxalique, est un hydrate à 4 molécules d'eau, dont le point d'ébullition fixe est à + 107°,1.

Suivant d'autres chimistes, enfin, l'acide à 94 0/0, qui bout à + 101°, et l'acide 98 0/0, qui bout à + 106°, seraient également, des hydrates particuliers.

Selon Kreemann (*S. C.*, 5, 4, 1908), il n'y aurait pas d'hydrates d'acide formique définis et, l'étude de la variation des points de fusion démontrerait qu'il n'y a point de combinaison avec l'eau. Il se formerait, seulement, un eutectique contenant 64 0/0 de CO^2H^2 pour 36 0/0 de H^2O : son point de fusion serait à — 53°,5.

Tsakalotos, se basant sur l'étude des coefficients de viscosité et sur l'étude des diagrammes des points de fusion, partage l'opinion de Kreemann et nie l'existence des hydrates d'acide formique.

Si, dit-il, il en existe un, contenant une molécule d'eau, il peut s'écrire de deux façons :

$$CO^2H^2 + H^2O = HC \begin{cases} OH \\ OH \\ OH \end{cases} = \begin{matrix} H \\ HCO \end{matrix} \rangle O \langle \begin{matrix} H \\ H \end{matrix} .$$

Form. n° 1. Form. n° 2.

Or, la formule n° 1 correspond aux carbérines de Grimaux et n'est autre que celle de l'acide orthoformique ; elle est donc à rejeter.

La seconde peut seule exister : or, pour l'écrire, il faut admettre que l'oxygène soit quadrivalent, ce qui n'est pas admissible.

Tsakalotos en déduit que l'hydrate à une molécule d'eau de CO^2H^2 n'existe pas.

D'autre part, l'acide formiaque a une constante de dissociation

$$R = \frac{R^2}{V(1-2)},$$

très supérieure, comme le prouvent les travaux de Riban, à celle de ses homologues : il s'ensuit qu'à l'état de dilution, son ionisation est excessive et, par suite, il est difficile d'admettre la formation d'un composé stable, entre CO^2H^2 et H^2O.

Tsakalotos donne encore une autre preuve à l'appui de son opinion. Le rhodium, comme nous l'avons vu, décompose CO^2H^2, en CO et en H^2O : l'acide formique ne serait, alors, qu'un hydrate d'oxyde de carbone ; il ne peut, par suite, former un second hydrate.

Cette argumentation un peu spécieuse était à citer, d'autant mieux que, les travaux de Colles ont démontré le mal fondé des théories qu'elle prétend soutenir.

L'acide formique, en effet, forme bien des hydrates.

Colles (*S. C.*, 1907) en refroidissant à — 50°, à l'aide d'un mélange d'air liquide et d'alcool, des dilutions aqueuses d'acide formique, a isolé quatre hydrates cristallisés, qui se séparent des eaux mères ; ce sont :

$$CO^2H^2,4H^2O,$$
$$(CO^2H^2)^4,7H^2O,$$
$$(CO^2H^2)^4,3H^2O,$$
$$(CO^2H^2)^3,2H^2O.$$

Il a obtenu également au hydrol $CH(OH)^3$, qui n'est autre que l'acide orthoformique.

L'acide formique anhydre, soumis au refroidissement, cristallise à 0°, selon Tommasi.

Les cristaux obtenus sont fusibles

à + 8°,6..........	selon Tommasi ;	
à + 8°,2..........	— Berthelot ;	
à + 8°,43..........	— Patterson ;	
à + 7°,45..........	— —	avec correction ;
à + 8°,6..........	— Behal ;	
à + 8°..........	— Wilm et Henriot.	

D'après la chaleur spécifique de l'acide formique, 0,14 selon Berthelot, et la chaleur de fusion des cristaux de CO^2H^2, 0,715, le point de fusion devrait être plus bas et se trouver vers + 5°.

On sait, d'après les lois de Raoult, que tout corps, en se dissolvant dans un composé défini liquide et capable de se solidifier, y abaisse le point de congélation.

L'abaissement de ce point, dans les dissolutions aqueuses d'acide formique, est de 0°,419 par gramme de CO^2H^2 contenu dans 100 grammes d'eau (*C. R.*, XCIV, p. 1517; XCV, p. 1030).

On sait également que l'abaissement moléculaire normal varie avec la nature du dissolvant : pour l'acide formique anhydre, il est de 28.

La chaleur de décomposition de l'acide formique pour

$$CO^2H^2 = CO^2 + H^2$$

est de + 5 calories et pour

$$CO^2H^2 = CO + H^2O$$

est de — 1^{cal},7.

La chaleur de neutralisation pour

$$CO^2H^2 + M = CO^2HM + H$$

est de 13^{cal},3, à l'état dissous, selon Gall et Werner.

La chaleur de combustion de CO^2H^2 a été étudiée par différents auteurs et leurs chiffres ne sont point d'accord : à pression constante, elle serait de

70	calories	....	selon Berthelot;	
62,8	—	......	— —	après correction;
59	—	......	— Hoffenhauer;	
61,7	—	......	— Kopp.	

La chaleur latente de fusion de l'acide formique est, à + 7°, la chaleur latente de fusion de l'eau étant 0^{cal},715.

selon Berthelot, de — 2^{cal},43 ;

selon Patterson, de — 2^{cal},639 ;

et, suivant d'autres auteurs, de + 0^{cal},705.

La chaleur latente de volatilisation, pour un volume de 22^{lit},32, correspondant au poids moléculaire, sous la pression atmosphérique, a été relevée par Berthelot, par Ogier et par Thomsen, qui trouvent des chiffres différents ; les voici :

Chaleur latente de volatilisation		$+ 4^{cal.},6$ (Berthelot).
—	—	$+ 5^{cal.},6$ (Ogier).
—	—	$+ 4^{cal.},8$ (Thomsen).

La chaleur de dissolution, pour une molécule de CO^2H^2 liquide, dans 200 parties d'eau varie entre $- 2^{cal},35$ et $+ 6$ calories, selon Berthelot : Tommasi prétend qu'elle est de $+ 2^{cal},35$.

La chaleur d'hydratation ou de dissolution de l'acide formique gazeux est, d'après Berthelot, de $+ 4^{cal},9$

Ces diverses questions ont été étudiées très à fond par Ludecking.

La chaleur spécifique de l'acide formique liquide est :

à + 15°, de	0,44	Berthelot.
de 24° à + 45°, de	0,536	Kopp.
de 0° à + 47°, de	0,512	—
de 0° à 100°, de	0,520	—

A l'état gazeux, elle est

à + 100°, de	0,520	Schiff.
— , de	0,513	Pettersen.

On peut calculer la chaleur spécifique, à l'aide de la formule donnée par Pettersen :

$$C = 0,4996 + 0,000354(t - t')$$

pour l'intervalle de deux températures t et t'.

La chaleur spécifique moléculaire moyenne, entre $+ 24°$ et $+ 45°$, est de $24^{cal},7$.

La température d'ébullition de l'acide formique anhydre est 99°, selon Tommasi : quand à celle des hydrates, nous avons vu que, sous 760 millimètres, elle varie entre + 104° et + 108°, pour augmenter avec la pression.

On peut calculer le point d'ébullition d'un de ces hydrates, d'après la formule de l'ébullioscope :

$$M = \frac{Kp}{aD}$$

M étant le poids moléculaire de CO^2H^2, p le poids dissous dans un poids D d'eau, a l'élévation du point d'ébullition et K une constante.

Un désaccord très grand règne, d'ailleurs, entre les divers observateurs, au point de vue du point d'ébullition des hydrates de CO^2H^2.

La question a été l'objet de nombreux mémoires, notamment de Fresenius, de Lorin, de Roscoë : là, comme sur beaucoup d'autres points, les opinions sont divergentes.

Voici un tableau résumant les divers points d'ébullition relevés, sous différentes pressions :

Pression.	Pt d'ébullition.	Observateurs.
50mm	+ 31°	Zander et Richardson.
200mm	+ 63°,1	—
350mm	+ 78°,8	—
500mm	+ 89°,5	—
650mm	+ 96°,7	—
750mm	+ 101°	—
753mm	+ 98°,5	Liebig.
756mm7	+ 104°,9	Landolt.
760mm	+ 104°	Berthelot.
—	+ 105°,3	Behal.
—	+ 101°,5	Zender et Richardson.
—	+ 105°	Draggendorff.
—	+ 99°	Wilm.
761mm	+ 100°	Gerhardt.
764mm	+ 105°,4	Kopp.

Selon Riban, de faibles traces d'eau dans l'acide anhydre en abaissent le point d'ébullition, au-dessous de + 99° ;

D'après Fresenius, Lorin et Roscoë, les hydrates ont, au contraire, un point d'ébullition plus élevé que l'acide cristallisable.

L'acide formique est soluble dans l'eau sans limite, sa pesanteur décroît donc uniformément avec la dilution, contrairement à ce qui arrive avec l'acide acétique : son maximum de densité, comme l'a justement observé Druncker (*S. C.*, 1907), coïncide, donc, avec son maximum de concentration et doit être attribué à l'acide à 100 0/0.

Richardson et Allaire (*Am. Ch. J.*, t. XIX, p. 149 ; 1897) ont déterminé, avec beaucoup de soin, la densité des solutions aqueuses d'acide formique à toutes les concentrations comprises entre 1 et 100 0/0.

Les déterminations ont été faites, à l'aide du pycnomètre, à 20°, pour la densité : les titrages de richesses ont été faits à la liqueur de soude normale, en employant la phtaléine comme indicateur.

Voici le résultat de cette étude, les contractions étant indiquées en centimètres cubes.

Pourcentage de CO^2H^2 en poids.	Densité.	Contraction en cm^3.
—	—	—
1	1,0020	—
10	1,0247	0,78
20	1,0489	1,23
30	1,0730	1,60
40	1,0964	1,81
50	1,1208	2,02
60	1,1425	1,90
70	1,1656	1,83
80	1,1861	1,45
90	1,2045	0,82
100	1,2213	—

Le maximum de contraction correspond à une teneur en acide de 50 0/0 environ.

Richardson et Allaire ont établi une formule qui permet de calculer le coefficient de dilatation de CO^2H^2, à une température t; on a :

$$x = 1 + 0{,}0092965t + 0{,}0_5 9316t^2 + 0{,}0_7 45666t^3$$

D'après Kopp, le coefficient de dilatation est de :

Entre 0° et 15°	0,001035
Entre 0° et 32°	0,001060

Kopp (*Enleit endi Cristallography*, p. 265) a donné une formule permettant de calculer la dilatation de CO^2H^2, à une température t°.

On a :

$$V_t = V_0 + at + bt^2 + ct^3,$$

V_t étant le volume à t degrés ;

V_0, le volume à 0° ;

a, b et c, des constantes qui ont pour valeur :

$$a = 0{,}009927,$$
$$b = 0{,}05062514,$$
$$c = 0{,}0705965.$$

A côté de Richardson et d'Allaire, de Kopp, Paterson et Scheff; Lorin, Berthelot, Ludecking, Fresenius, ont également fait l'étude des poids spécifiques de l'acide formique.

La densité de l'acide anhydre est de :

A 0°	1,227	selon Kopp.
A + 15°	1,2236	selon Paterson et Scheff.
A — 15°	1,227	selon Berthelot.
—	1,224	selon Lorin.
—	1,22415	selon Behal.
A + 19°8..............	1,2201	selon Paterson et Scheff.
A + 27°,83............	1,2095	—
A + 32°,83............	1,2029	—
A + 100°,3............	1,117	—

La densité des dilutions de CO^2H^2, selon leurs divers pourcentages, à la température de + 15°, se trouve résumée dans le tableau suivant :

A. formique %.	Densité.	Degrés Baumé.
10 %	1,025	4°
20	1,053	7°,5
30	1,080	11°
40	1,105	14°
50	1,124	16°
60	1,142	18°
70	1,161	20°
80	1,181	22°
90	1,201	24°
100	1,223	26°

Le volume moléculaire de l'acide formique est de 32,4, selon Patterson, à + 20, et selon Schiff de 41,8, à + 100°.

D'après les travaux de Clarke et Schröeler (*Jaresburg*, 1878, p. 25; *Deutsch Gesellschaft*, 1879, p. 1398), de Bodecker et de Gieseke, de Bream, de Bernardi et de Gehlen, de Stallo, de Breen, il résulte que le zinc, le manganèse, le plomb, le strontium, le calcium, peuvent se substituer à l'hydrogène basique de l'acide formique, sans changer son volume moléculaire.

La chaleur spécifique moyenne moléculaire, de + 24° à + 45°, est de 24^cal,7, pour CO^2H^2.

La densité théorique de vapeur est, pour l'acide formique, de $\frac{46}{28,75}$ soit de 1,593 : les chiffres relevés pratiquement en diffèrent assez sensiblement.

A + 100° la densité de vapeur de CO^2H^2 est de 2,125 selon Bineau.
A + 111°,5 — — 2,380 —
A + 160° — — 1,810 —
A + 214° — — 1,610 selon Petersen.

Bineau a fait l'étude des densités de vapeur, en faisant varier, à la fois, la température et la pression : voici le relevé des résultats qu'il a enregistrés :

Température.	Pression.	Densité de vapeur.
+ 10°,5	14mm,69 Hg	3,23
+ 12°,5	15 » , 2	3,14
+ 16°	15 » ,97	3,13
+ 20°	16 » ,67	2,94
+ 24°,5	17 » ,39	2,86
+ 30°	18 » ,28	2,76
+ 99°,5	690 »	2,52
+ 101°	693 »	2,44
+ 105°	691 »	2,35
+ 111°,5	690 »	2,24
+ 117°,5	688 »	2,13
+ 125°	687 »	2,05
+ 184°	756 »	1,68
+ 216°	690 »	1,61

D'après ces chiffres, on peut voir que la densité de vapeur ne devient normale, que 100°, au-dessus du point d'ébullition, c'est-à-dire vers 208°, sous la pression de 760 millimètres de mercure.

Les valeurs vont croissant avec l'abaissement de température : à + 115°, l'acide formique, en vapeur, représente environ 3 volumes et, à basse température, un volume un peu moindre : même raréfiée, dit Bineau, la vapeur d'acide formique ne suit pas la loi de Mariotte.

A température constante et à pression variable, on a obtenu avec l'acide formique les resultats suivants :

Température.	Pression.	Densité de vapeur.
+ 15°	2mm,6 Hg	2,87
—	7 » ,6	2,93
—	15 » ,6	3,06
+ 30°	3 »	2,61
—	8 »	2,70
—	18 »	2,76
—	27 »	2,81

De ces diverses observations, on peut conclure que, comme l'acide acétique, l'acide formique n'a point de composés condensés définis.

Les tensions de vapeur de l'acide formique ont été étudiées par Landolf (*Ann. de Poggiale*, t. II, p. 156).

En voici le relevé :

A + 10°	la tension de vapeur est de.....	18mm	de mercure.
20°	—	31	—
30°	—	51	—
40°	—	82	—
50°	—	127	—
60°	—	191	—
70°	—	280	—
80°	—	390	—
90°	—	558	—
100°	—	762	—

Il est probable que ces déterminations, déjà anciennes, ont été faites avec un produit impur, car, on ne peut admettre que l'acide formique anhydre, ayant son point d'ébullition entre 105° et 108°, sous 760 millimètres de mercure, ait une tension de 762 millimètres à + 100°.

Les chiffres relevés dans ces derniers temps par Knowaloff, méritent plus de confiance ; les voici :

A 17°,5	la tension de vapeur est de.....	29mm	de mercure.
40°,5	—	85 »	—
59°,7	—	187 »	—
70°,1	—	280 »	—

La tension superficielle de l'acide formique a été déterminée par Duclaux (*A. P. Ch.*, t. V, XIII, p. 93) ; la tension superficielle de l'eau étant prise comme unité, on a :

Acide formique °/₀ en volume.	Densité à + 15°	Tension superficielle H^2O = 1.
—	—	—
6,7	1,019	0,894
13,5	1,038	0,830
20	—	0,789
26,5	1,071	0,751
33,5	—	0,725
40	1,105	0,705
45	—	0,685
53	1,130	0,665
100	—	0,534

Au point de vue de la viscosité, l'acide formique a été étudié par Graham (*A. P. C.*, t. IV, I, p. 139), par Tsakalotos, par Traube, (*D. Ch. G.*, t. XIX, p. 804).

Cette viscosité peut se calculer, d'après la formule de Poiseulle.

$$n = \frac{\pi p r^4 t}{8 v l} \qquad n = K d t \qquad K = \frac{n}{d} \cdot \frac{1}{t}$$

π, 3,1415 ;
p, pression ;
r, rayon du tube du viscomètre ;
l, longueur ;
t, temps d'écoulement ;
V, volume ;
K, constante ;
δ, densité.

Le coefficient de viscosité diminue avec la température, selon la formule

$$n_t = \frac{n_0}{(1 + \beta t)^x}$$

β étant une constante.

La viscosité de l'acide formique est moindre que celle de l'eau et elle grandit avec la dilution : voici les résultats de Graham qui ont été obtenus, à + 20°.

Eau dans 100 p. CO^2H^2.	Densité.	Durée d'écoulement H^2O = 1.
3,60	1,2265	1,718
16,35	1,2019	1,653
20,93	1,1765	1,480
36,93	1,1524	1,402
40,64	1,1466	1,368
43,90	1,1468	1,372
49,44	1,1275	1,325
53,99	1,1205	1,284
57,79	1,1062	1,225

Rodeubecke a déterminé les constantes capillaires de CO^2H^2.

Au point de vue de diffusion, l'acide formique obéit à la formule de Voiglander,

$$a = cq \sqrt{\frac{Kt}{\pi}}$$

c, étant la concentration du liquide ;

a, la substance pénétrant dans la section q du cylindre d'expérience pendant un temps t;

K, étant le coefficient de diffusion.

Ce coefficient, pour l'acide formique, diffusant dans la soude ou dans la potasse, est le suivant :

Soude à 0°	K =	0,472
Potasse à 20°	«	0,867
— 40°	«	1,490

L'acide formique diffuse, plus énergiquement, que tous les autres acides organiques.

Selon Mills, l'attraction moléculaire dans CO^2H^2 et dans les formiates, correspond à une constante

$$\mu = \frac{L - E}{\sqrt[3]{a} - \sqrt[3]{D}}$$

en supposant que cette attraction varie, en raison inverse du carré des distances, entre les molécules.

L'équivalent de réfraction moléculaire de l'acide formique est de 13,40 selon Gladstone (*P. M.*, 4,36, p. 311).

L'indice de réfraction varie entre 1,371 et 1,370.

Selon Barbier et Roux (*S. C.*, I. XXXV, p. 621), le pouvoir dispersif $\frac{B}{d} = 0,3145$ et le pouvoir dispersif moléculaire $\frac{B}{d} - M = 15,8$, B étant égal à 0,4187.

D'après Perkin (*Ch. S.*, I. XLIX, p. 77), le pouvoir rotatoire magnétique de solutions équimoléculaires d'eau et d'acide formique est, sensiblement, égal à la somme des pouvoirs de deux composants : Perkin a conclu, de ce fait, à la non-formation d'hydrates.

D'après Becker, si on prend comme étalon de mesure de la sapidité, HCl = 100, CO^2H^2 aura comme coefficient 84 : on peut, à la dégustation, en distinguer une demi-molécule, soit 23 grammes, dans une dilution de 100.000 parties d'eau.

L'action de l'électricité ; soit sous forme de courant continu ou alternatif ; soit sous forme d'effluve et d'étincelles, sur l'acide formique, a été étudiée par de nombreux savants ; mais là encore, les divergences d'opinion sont nombreuses et la cause s'en trouve, probablement, dans ce fait que c'est seulement en ces dernières années, que l'on a pu conduire les expériences, en se servant d'un produit pur.

L'action de l'effluve sur l'acide formique a été étudiée tout d'abord, par Berthelot (*S. C.*, t. XIX, p. 820) : il a constaté, qu'en présence d'azote, COH^2, sous cette influence, se décompose : il se forme d'abord de l'oxyde de carbone; puis, par réaction secondaire, de l'ammoniaque.

En l'absence d'azote, il n'y a production que d'acide carbonique, d'hydrogène et d'oxyde de carbone.

Avec l'augmentation de pression, la proportion d'oxyde de carbone diminue, en passant de 46 à 25 0/0 et, à sa place, apparaissent l'acide carbonique et l'hydrogène, à volumes sensiblement égaux.

Avec l'étincelle d'induction, dans le vide barométrique, CO^2H^2 ne donne pas, selon de Wilde, d'acétylène, comme on pourrait le croire.

Dans le cas de l'effluve, une partie des éléments mis en liberté tendent à se condenser, pour former des produits que la brièveté de la décharge soustrait à une destruction ultérieure.

Dans le cas de l'étincelle, la durée étant plus longue, l'échauffement plus grand, il n'y a pas de condensation, mais bien décomposition.

La question de la décomposition de l'acide formique sous des influences diverses extérieures, chaleur ou électricité, a une importance très grande; aussi bien, dans la préparation du produit que dans ses applications.

Nous avons cité plus haut les études de Berthelot à ce sujet, nous devons résumer celles de Maquenne qui les complètent et les développent.

De façon à éviter les réactions secondaires qui masquent souvent l'objet principal de la recherche, Maquenne (*S. C.*, t. XXIX, p. 307), étudiant l'action de l'effluve sur l'acide formique, a agi avec un tube de Berthelot, relié à une trompe à mercure : cet artifice lui permettait de soustraire, ainsi, les gaz libérés, à l'action de l'effluve, presqu'à leur naissance et bien, avant qu'ils n'aient eu le temps de réagir les uns sur les autres.

L'acide formique monohydraté pur, dans de telles conditions, se décompose, presque entièrement, en produits gazeux, sans donner naissance à des polymères résineux.

Suivant les pressions, voici la composition des gaz obtenus.

	2 à 3^{mm}	10^{mm}	20^{mm}	30^{mm}	100^{mm}
CO^2...........	28,4	30,8	31,7	35,5	38,5
CO...........	46,3	38,6	35,1	29,6	25,4
H...........	25,3	30,6	33,2	34,9	36,1

L'acide formique semble, donc, se décomposer, sous l'action de l'effluve en CO^2, CO et H : CO et H se trouvent en volumes à peu près égaux.

Ces résultats sont identiques à ceux obtenus par Berthelot : Maquenne, d'ailleurs, en faisant passer des vapeurs d'acide formique, à travers un tube maintenu au rouge sombre et mis en communication avec une trompe, a recueilli un ensemble de gaz dont voici la composition.

CO^2	25 0/0
CO	51,1 0/0
H	23,9 0/0

Il est à noter toutefois, comme le montre le tableau précédent, que les quantités de CO^2 et de H apparaissent, en proportions croissantes, lorsque la pression s'élève; c'est-à-dire, quand les gaz séjournent plus longtemps dans l'appareil.

Berthelot a, d'ailleurs, démontré que l'acide formique, vers + 180° donne des gaz qui renferment, d'autant plus de CO^2, que la chauffe a été plus prolongée.

Le production de CO^2 observée, pendant la décomposition de CO^2H^2, par la chaleur ou l'effluve, et l'influence du temps sur la proportion centésimale de ce gaz, donnent à penser que CO^2H^2, se décomposant tout d'abord en CO et H^2O, CO^2 et H résultent d'une action secondaire de CO sur H^2O.

Cette action, dit Maquenne (*S. C.*, t. XXIX, p. 308-309), est normale, car la chaleur de combustion de CO dépasse, de 5 calories, celle de H; H^2O produit étant supposé gazeux.

Au rouge, la décomposition se fait très bien, mais elle est limitée, en raison de phénomènes de dissociation qui s'ajoutent à la réaction chimique.

A basse température, sous l'influence de l'effluve, on obtient les résultats suivants :

Durée	5 minutes	1 heure	3 heures
CO^2	14,3	49,5	48,3
CO	71,4	2,9	4
H	14,3	47,6	47,7

L'action se produit rapidement, mais semble ne pouvoir devenir complète, en raison de la dissociation de CO^2 formé ; la limite est voisine de 3 à 4 centièmes.

Si l'on chauffe, en tubes scellés, à $+250°/275°$, CO pur et H^2O, on a toujours, après vingt-quatre heures, de l'acide carbonique : mais, il se forme, en même temps, une quantité notable d'acide formique qui reste unie aux alcalis du verre.

En présence de mousse de platine, la réaction s'effectue, à $+150°$, sans attaque du récipient. Dans ces conditions, on a les résultats suivants :

Durée de chauffe....	4 heures	22 heures	30 heures
CO................	72,1	0,6	0,0
CO^2................	11,4	48,8	48,8
H	16,5	50,6	51,2

CO disparaît et, un peu de CO^2 est retenu par le verre.

De ces essais, on peut déduire que CO^2 et H, souvent recueillis dans la décomposition de CO^2H^2 ou de ses sels, sont le résultat d'une réaction secondaire, qui s'exerce entre les produits centraux de décomposition, CO et H^2O, dans des conditions favorables de milieu, de température et de pression.

Au point de vue électrolytique, l'acide formique présente un certain intérêt : nous avons décrit plus haut, son mode de formation par l'action du courant; voici quelques renseignements sur l'effet direct de ce dernier, sur CO^2H^2.

En agissant sur l'acide formique purifié, par congélation, Saposnikoff prétend que sa conductibilité électrique est nulle.

Hartwig et, surtout, Ostwald soutiennent une opinion contraire.

Hartwig, en particulier, a démontré que, contrairement à la loi générale voulant que les liquides purs ne soient pas conducteurs, CO^2H^2 a une conductibilité de 6,473 : par congélations répétées il est vrai, on l'abaisse à 0,4 en la diminuant seize fois ; mais il se produit là, probablement, une modification d'état moléculaire.

En solution, dans l'acide chlorhydrique, il devient très bon conducteur ; le fait ne se reproduit pas avec l'acide bromhydrique.

La conductibilité de CO^2H^2 est toujours supérieure à celle de l'eau : selon Whetam (*P. M.*, 44, 1897) un mélange de 69 0/0 d'eau et de 31 0/0 d'acide formique possède une conductibilité, estimée en éléments C. G. S., comme égale à $10,1 \times 10^{12}$. Si on mesure en même, temps les points de congélation, on constate que l'eau n'est pas dissociée, en ses ions : aussi le phénomène demeure-t-il inexplicable actuellement.

L'électrolyse de l'acide formique a été faite par Bourgouin (*An. Ph.*, t. XIV, p. 381 ; t. XXVIII, p. 122), par Bunge (*M. Ph. C.*, t. XII, p. 415), par Renard, puis elle a été reprise par Tommasi.

D'une façon générale, les acides organiques ne se présentent, comme électrolytes, qu'en solution étendue: c'est un peu le cas de CO^2H^2 qui ne se laisse électrolyser qu'étendu de son volume d'eau.

Selon Boussigné (*S. C.*, t. XXXIV, p. 561), le rendement en CO^2, résultant de l'action électrolytique, augmente avec sa concentration et est fonction :

1° De l'élévation de température ;

2° De l'augmentation de surface des électrodes ;

3° De l'intensité du courant.

Si on remplace dans une pile Bunsen, l'acide nitrique par de l'acide formique ; il y a, à la fois, dégagement de H et de CO^2.

En électrolyse directe, si on agit sur CO^2H^2, étendu de son volume d'eau, en courant continu, sous l'action de six éléments Bunsen, soit, avec une différence de potentiel d'environ 7,2 volts, le courant passe facilement ; mais, les résultats obtenus, selon les premiers observateurs, varient selon la nature des électrodes.

Avec des lames de platine, on a, au pôle +, 2 volumes de CO^2 et 1 volume de O ; avec des fils de platine, on a, au pôle +, 4 volumes de CO^2 et 1 volume de O ; enfin, selon Brutor (*Arch. néerlandaises*, I, p. 256), l'H dégagé, au pôle —, est de volume moindre que les gaz prenant naissance, au pôle +.

Bourgouin a obtenu, en électrolysant un mélange d'un volume de CO^2H^2 et de deux volumes de H^2O, obtient au pôle +, CO^2 et O ; au pôle —, H.

Selon ce savant [*Ann. Ph. et Ch.* (4), XLV, p. 185], la réaction comprend deux phases : une réaction fondamentale qui se chiffre,

$$(CO^2H^2)^2 = CO^3H^2 + H^2 + CO,$$

et une réaction secondaire qui peut s'écrire :

$$CO^3H^2 + O^2 = CO^2 + CO^2H^2.$$

Maquenne, en faisant l'électrolyse de CO^2H^2, prétend avoir obtenu CO^2 et H à volumes égaux.

En électrolysant une dilution étendue, additionnée de SO^4H^2, Renard a recueilli, au pôle +, CO et CO^2 : ce résultat est à rapprocher de celui observé par Ehrenfeld, dans l'électrolyse de SO^4H^2, traversé par un courant de CO^2 ; avec une dissolution de carbonate d'ammoniaque, la réaction est la même, la réduction portant sur le ion CO^3H.

A très haut voltage, on n'obtient que CO^2 à l'anode.

Selon Bougue, la proportion de CO^2 augmente, dans l'électrolyse, quand les conditions en facilitent l'oxydation ; c'est-à-dire, si O, provenant de la décomposition de H^2O de dilution, entre en jeu.

Suivant Brochet et Petit (*C. R.*, 1905), on a, avec les courants alternatifs, des rendements beaucoup plus élevés ; ils passent de 50 à 80 et à 85 0/0.

Selon Jones (*S. C.*, t, XXVI, p. 661), la constante diélectrique de CO^2H^2 est de 62 ; et la susceptibilité électrique moléculaire est de 83,5 ; enfin dans l'acide formique, l'oxygène doublement lié à l'atome de C, est dimagnétique.

L'ANALYSE DE L'ACIDE FORMIQUE

ANALYSE QUALITATIVE

Les moyens de diagnose de l'acide formique sont assez limités, et, sauf l'action des sels d'argent, de mercure et de plomb, les réactions obtenues manquent de netteté; les principales sont les suivantes :

Azotate d'argent. — A l'état concentré, on a un précipité blanc de formiate d'argent, noircissant rapidement et se transformant peu à peu en argent métallique. Si la liqueur est étendue, la réaction n'est pas immédiate, mais à la longue, l'argent métallique se dépose.

Ces réactions ne se produisent pas en présence d'un excès d'ammoniaque.

Bichlorure d'argent. — A froid il ne se produit rien; à chaud, entre 60° et 70°, il y a formation d'un précipité de chlorure argenteux.

Perchlorure de fer. — On obtient une coloration rouge foncé, passant au jaune, sous l'influence de l'acide chlorhydrique.

A + 100°, il y a formation d'un précipité brun d'hydrate ferrique et décoloration de la liqueur, surtout en présence d'un excès de formiate.

Acétate de plomb. — Les solutions d'acide formique et de formiates, *à une certaine concentration*, déterminent dans la solution de ce sel, la précipitation de formiate de plomb peu soluble.

Bisulfate de soude. — Ajouté à une solution contenant de l'acide formique ou un formiate, il détermine la naissance d'une coloration jaune, passant au rouge orangé, par la chauffe et se détruisant complètement à l'ébullition.

Ce réactif est très sûr et permet la recherche de petites quantités de CO^2H^2.

Acides sulfurique, chlorhydrique, azotique. — Agissant à chaud sur l'acide formique, tous trois donnent naissance à de l'oxyde de carbone facilement reconnaissable.

En présence de l'alcool éthylique, il y a formation de formol.

Jaune de métanile. — Si l'acide formique est mélangé d'acides minéraux, il prend une coloration violette; s'il est pur ou s'il contient des acides organiques, il ne se produit aucune coloration.

ANALYSE QUANTITATIVE

Méthode Wegner. — Ce mode de dosage de l'acide formique est basé sur la décomposition des formiates par l'acide sulfurique concentré, en eau et en oxyde de carbone et, sur la mesure du gaz dégagé.

L'appareil employé est analogue au double ballon, servant à doser l'acide carbonique, par le procédé Frésenius.

On commence par déplacer l'air par l'acide carbonique, puis on provoque la décomposition, et CO, recueilli sur de la potasse, est mesuré.

Si le formiate contient un oxalate, celui-ci est éliminé avec précaution ; s'il se trouve, en mélange, avec des acides tartrique, citrique, malique, on sépare d'abord l'acide formique par distillation.

Si, on a des nitrites, on ajoute du chlorydrate d'ammoniaque et on fait bouillir dans un appareil à reflux; le nitrate d'ammoniaque obtenu par double décomposition se décompose; une partie aliquote des eaux mères refroidies sert au dosage de l'acide formique (*S. C.*, t. XXXVI, p. 349).

Méthode Nicloux. — Le procédé a pour but le dosage de quantités très faibles d'acide formique et, d'après son auteur, il est sensible même jusqu'à une teneur de 1/300.

Il consiste à traiter le corps où l'on soupçonne la présence d'acide formique, après en avoir isolé toutes les matières oxydables, par un mélange de bichromate de potasse et d'acide sulfurique pur.

La réaction, qui sert de base à la méthode, se fait, selon l'équation :

$$3(CO^2H^2) + Cr^2O^7K^2 + 4(SO^4H^2) = (SO^4)^3CrSO^4H^2 + 3CO^2 + 7H^2O.$$

On emploie une solution de 11 grammes de bichromate par litre : 1 centimètre cube de cette solution correspond à 5 centimètres cubes d'une solution à 1 gramme par litre d'acide formique.

Pour chaque essai, on emploie 5 centigrammes d'acide sulfurique pur bouilli, par 5 centimètres cubes de solution à doser : on chauffe pendant une minute, et on attend pendant 30 secondes.

On doit employer, comme comparaison, un tube témoin préparé avec une solution titrée et donnant exactement la valeur de la teinte jaune vert indiquant la réduction de bichromate. Le nombre de centimètres cubes de solution de bichromate, employés pour arriver à cette coloration, indique la richesse en CO^2H^2 de la solution examinée (*S. C.*, t. XVIII, p. 830, année 1897).

Méthode Haberland. — Dans ce dosage, l'acide formique est supposé mélangé avec des acides acétique, propionique et butyrique.

Le procédé est basé sur la solubilité différente des sels de plomb et de zinc de ces divers acides gras, dans l'eau et dans l'alcool.

Le mélange acide évaporé, en présence d'un excès d'oxyde de plomb, puis repris par l'eau, doit abandonner du propionate basique de plomb.

Les autres acides sont transformés en sels de zinc.

Par dissociation la perte est de 18 0/0 pour l'acide butyrique et 90 0/0 pour l'acide formique : la méthode est peu pratique (*S. C.*, 26, 442).

Méthode Sparr. — Dans ce dosage, l'acide formique est supposé mélangé d'acide acétique.

Comme, dans la méthode de Porte et Ruyssen, on ajoute, à 25 centimètres cubes de la solution de CO^2H^2 à 1 0/0, 5 grammes d'acétate de soude et 200 centimètres cube d'une solution de sublimé à 4,5 0/0; on chauffe une heure au bain-marie, puis on étend à 500 centimètres cubes.

On détermine, alors, le nombre de centimètres cubes de la liqueur filtrée nécessaires, pour amener 1 gramme d'iodure de potassium à la coloration rouge et l'on en déduit l'acide formique (*S. C.*, 26, 443).

Méthode Jones. — Elle diffère peu de celle de Lieben et elle consiste à titrer l'acide formique, par un excès de permanganate de potasse, en présence du carbonate de potassium.

On titre ensuite cet excès de permanganate, par l'acide oxalique, après avoir acidifié par l'acide sulfurique.

Méthode Scala (*S. C.*, t. X, p. 99). — Elle a pour but le dosage de l'acide formique en présence d'acide acétique et butyrique.

Ce procédé est une modification de celui de Porte et Ruyssen, basé sur la réduction du chlorure mercurique, en chlorure mercureux.

Au lieu de titrer du sublimé non réduit, ce qui peut donner lieu à des erreurs de 25 0/0, on pèse le chlorure mercureux précipité; le poids du calomel obtenu est dix fois supérieur à celui de l'acide formique.

La dissiccation du précipité doit être faite à une température ne dépassant pas + 100°. Si les acides sont libres, il faut les neutraliser par la potasse, ou la soude, de façon à les transformer en sels gras sodique ou potassique.

La chauffe, d'après Lieben, doit être prolongée pendant huit heures.

Méthode Leys (*S. C.*, t. XIX, p. 472). — Le dosage de l'acide formique, en présence d'autres corps organiques tels que l'acide acétique, offre bon nombre de difficultés : la distillation ne permet qu'un isolement imparfait et l'emploi direct des oxydants est, la plupart du temps, impossible.

Franz Freier a donné une méthode (*Quesneville*, juin 1896) que nous relatons d'autre part, mais elle n'est employable que si on a affaire à des produits purs et qu'il ne se trouve point d'alcool.

Cette méthode est basée, sur les expériences de Chapmann et Thorp, visant la non-oxydation, à + 100°, de l'acide acétique par l'acide chromique.

Il est possible de vaincre ces difficultés et de doser rigoureusement l'acide formique mélangé à l'acide acétique, à l'alcool méthylique ou éthylique et aux aldéhydes : la méthode de Leys, utilisable en de tels cas, est basée sur les principes suivants.

Si on prend une solution d'acétate mercurique et qu'on y verse des quantités minimes d'acide formique, aucune réaction ne semble se produire à la température ordinaire; le mélange reste limpide et, ce n'est, qu'après quelques heures, que des écailles nacrées, excessivement légères, commencent à se déposer dans le vase de réaction que l'on a tenu fermé, pour éviter toute évaporation. Ces écailles sont des cristaux d'acétate mercureux dont le dépôt augmente, pendant huit à quinze jours, selon la température ambiante et les masses réagissantes : il se dégage également de fines bulles de gaz.

Avec de plus fortes quantités d'acide formique, le sens de la réaction ne change point ; on n'observe aucun trouble dans le mélange, seulement la réaction met moins de temps à se produire et, au lieu d'écailles légères, on obtient un précipité blanc pulvérulent.

Lente à la température ordinaire, cette réaction se fait, rapidement, si l'on chauffe à l'ébullition.

Si on arrête au premier bouillon, on voit déjà de légers cristaux flotter en surface ; au refroidissement, tout le liquide se prend en masse et donne des cristaux d'une blancheur éclatante.

La présence d'acide acétique, d'alcool, d'aldéhyde n'empêche nullement cette réaction ; mais, quand leurs proportions deviennent considérables, le volume du précipité varie.

Les cristaux sont moins grenus, plus denses et n'occupent plus toute la masse : il y a, néanmoins, le même rapport entre l'acide formique, mis en jeu, et le précipité mercureux.

La réaction est toujours totale, quand on atteint la température d'ébullition du mélange et, le liquide filtré ne se trouble plus, même après plusieurs jours.

Le phénomène peut s'expliquer ainsi : l'acide formique déplace l'acide acétique, en donnant du formiate mercurique instable qui se change instantanément, comme l'a reconnu Liebig, en formiate mercureux. Celui-ci, attaqué par l'acide acétique libéré dans la réaction antérieure, donne de l'acétate mercureux, qui peu soluble cristallise. La réaction peut être représentée par les équations suivantes :

$$\left(\begin{matrix}CH^3\text{-}CO\text{-}O \\ CH^3\text{-}CO\text{-}O\end{matrix}\Big> Hg\right)^2 + (CO^2H^2)^4 = (CH^3\text{-}CO^2H)^4 + \left(\begin{matrix}H\text{-}COO \\ H\text{-}COO\end{matrix}\Big> Hg\right)^2,$$

$$[(HCO^2)^2\,Hg]^2 = (CO^2H)^2\,Hg^2 + CO^2H^2 + CO^2,$$

$$(HCO^2)^2\,Hg^2 + (CH^3\text{-}CO^2H)^2 = (CH^3CO^2)^2\,Hg^2 + 2(CO^2H^2).$$

A une molécule d'acide formique correspond ainsi une molécule d'acétate mercureux.

La concentration la meilleure, en acide formique, pour cet essai est de 1 0/0 : il y a donc lieu de diluer la liqueur sur cette base.

On procède ainsi dans la pratique : on prend un verre de Bohême jaugé à 100 centimètres cubes, on y verse 10 centimètres cubes de la dilution d'acide formique et 20 centimètres cubes d'une solution d'acétate mercurique à 20 0/0 ; on complète à 100 centimètres cubes avec de l'eau distillée et on chauffe jusqu'à l'ébullition ; on arrête, quand celle-ci est atteinte et, on laisse refroidir lentement.

Dans le cas d'un mélange d'acides acétique et formique, on procède avec les précautions suivantes :

On commence par prendre le titre acidimétrique du mélange et on évalue le tout en acide acétique : deux cas se présentent.

1° Le mélange est riche en CH^3-CO^2H et pauvre en CO^2H^2 : on l'étend d'eau de façon à avoir une richesse acidimétrique de 20 à 30 pour cent.

2° Le mélange a la proportion de une partie de CO^2H^2, pour 20 parties de CH^3CO^2H.

A partir de ce rapport, et pour tout rapport supérieur, on étend d'eau de façon à avoir un liquide marquant une acidité de 2 0/0.

La liqueur étant suffisamment étendue, on en prélève 10 centimètres cubes que l'on met dans un verre de Bohême, on ajoute 20 à 30 centimètres cubes d'acétate mercurique à 20 0/0 et on complète à 100 centimètres cubes avec de l'eau distillée : l'excès de sel mercurique est nécessaire, autrement le sel mercureux n'est pas stable.

On chauffe, alors, de façon à atteindre l'ébullition, en sept ou huit minutes ; dès qu'elle a commencé, on retire du feu et on laisse refroidir jusqu'au lendemain.

Le précipité très blanc, qui s'est formé, est filtré, par le vide, sur de la soie de verre et on le lave, avec de l'alcool 95°, contenant 2 0/0 d'acide acétique cristallisable. On empêche, ainsi, la décomposition par l'alcool de la solution d'acétate mercurique qui imprègne le précipité : après trois lavages à l'alcool, on lave une dernière fois à l'éther anhydre.

Le produit est enfin desséché sur de l'acide sulfurique, dans le vide, puis dissous dans un volume donné d'acide azotique : il ne reste plus qu'à doser le mercure, à l'état d'azotate mercureux.

On prend 10 centimètres cubes de la solution et on les précipite par le chlorure de sodium : ce précipité est ensuite lavé, puis séché et pesé.

Le poids de chlorure mercureux trouvé, multiplié par 0,0976, donne le poids d'acide formique correspondant.

L'isolation du facteur 0,0976 est basée sur les considérations suivantes : à une molécule d'acide formique, correspond, dans les réactions précitées, une molécule d'acétate mercureux, mais, pour le dosage, l'acétate étant converti en chlorure, on peut écrire :

$$471x = 46 \quad \text{d'où} \quad x = 0{,}0976.$$

Si, on a affaire à un mélange d'acide formique et d'alcool, après avoir déterminé l'acidité, on étend la liqueur d'eau pour la ramener à un titre d'acide de 1 à 2 0/0.

On procède, ensuite, comme précédemment, mais en ayant soin d'ajouter 2 0/0 d'acide acétique cristallisable à la solution à 20 0/0 d'acétate mercurique.

Pour les mélanges d'acides formique, acétique et d'alcool, il est inutile de prendre cette précaution.

Le titrage se fait toujours de la même façon, qu'il s'agisse d'alcools éthylique, méthylique, amylique ou d'aldéhydes.

Méthode Crossmann et Auprecht. — C'est un dosage par le permanganate de potasse, mais la chauffe, et, c'est ce qui le différencie du procédé Vanino et Satter, doit être prolongée pendant une heure au lieu de dix minutes.

Méthode à l'iode. — On attaque, à froid, le formiate ou l'acide formique neutralisé, par l'acide iodique : l'iode, qui est mis en liberté, est recueilli sur de l'iodure de potassium et titré par l'hyposulfite.

Méthode Lieben (*M. f. Ch.*, t. XIV, p. 746). — Pean de Saint-Gilles avait proposé de doser CO^2H^2 par le permanganate de potasse en solution acide : on obtient de meilleurs résultats, en dissolvant l'acide formique dans un léger excès de carbonate de soude, puis, en faisant tomber dans le mélange, du permanganate de potasse en poudre, jusqu'à décoloration.

Il se forme un précipité de bioxyde de manganèse qui n'empêche pas de voir la coloration du permanganate; surtout, si on opère au bain-marie, température où le précipité se rassemble rapidement.

L'équation de formation est la suivante :

$$3(CO^2HK) + 2(MnO^4K) = 2(MnO^2) + 2(CO^3K^2) + CO^3KH + H^2O.$$

Méthode Portes et Ruyssen (*C. R.*, t. LXXXII, p. 1504). — On se fonde, pour doser CO^2H^2 dans CH^3-CO^2H, sur l'action réductrice que CO^2H^2 exerce sur le bichlorure de mercure et, sur le titrage de chaque sel, avant et après réduction, par l'iodure de K, selon la méthode Personne.

La réaction n'est complète et rapide que, si on sature ce produit; ce qui est facile, par l'addition d'acétate dilué.

On verse, dans un matras, 5 grammes de NaOH, 25 centimètres cubes d'une solution à 10 0/0 du mélange à essayer et, 200 centimètres cubes de solution de sublimé, à 45 grammes par litre; on chauffe une heure au bain-marie, on étend à 1/4 de litre, on filtre et on titre à l'iodure de K.

Il faut faire, environ, une correction de 1/4 en plus, aux chiffres trouvés.

Méthode Rapp. — Elle consiste à décomposer l'acide formique par une solution de NaOBr, renfermant un poids d'iode connu.

Il se forme CO^2 + NaBr.

Dans le calcul, on tient compte qu'une molécule NaOBr équivaut à deux atomes de I et qu'une molécule d'acide formique égale deux atomes de I.

Le titrage revient, finalement, à un dosage d'iode par l'hyposulfite.

Si on combine le dosage iodométrique, avec un ttirage acidimétrique; on peut, dans un mélange, effectuer, séparément, le dosage de l'acide formique libre et d'un formiate.

On peut, aussi, employer un iodate, en présence d'acide sulfurique; l'oxydation se fait en trente minutes au bain-marie. Avec l'acide bromique, en solution sulfurique, l'oxydation se fait encore mieux; en effet, Br libéré, n'est plus oxydable et est facilement volatilisable.

Rupp emploie également le permanganate : il dilue la solution de CO^2H^2 à 1 0/0 : il y ajoute un excès de solution de MnO^4K au dixième et $0^{cm3},5$ d'une dissolution de carbonate de soude; puis il chauffe à + 100°, pendant quinze à trente minutes.

Lorsque la liqueur est refroidie, il additionne 75 centimètres cubes d'eau, 25 centimètres cubes d'acide sulfurique et 1 à 2 gramme d'iodure de potassium.

L'iode déplace le permanganate non réduit ; on le dose avec une solution d'hyposulfite à 1/10, 1 centimètre cube représentant 0,0023 CO^2H^2.

Méthode Vanino et Seitter — On y traite, par 50 centimètres cubes de liqueur diluée de permanganate, 50 centimètres cubes d'acide formique, en présence de 200 centimètres cubes d'acide sulfurique au 1/20.

On laisse ce mélange, en flacon bouché, pendant six heures, à froid, ou quatre heures à 40° ; puis on titre, par l'acide oxalique, jusqu'à décoloration et disparition de Mn^2O^3.

Méthode Duchemin et Criquebeuf (*S. C.*, 1907). — En voici l'exposé : dans une solution d'un formiate, colorée par le violet méthyle, on fait tomber, goutte à goutte, une liqueur titrée d'acide sulfurique ; l'acide formique est mis en liberté : ce n'est que lorsqu'il y a de l'acide sulfurique libre, dans la liqueur, que celle-ci vire au bleu.

Il faut faire une correction de 1 centimètre cube, sur le titre lu en SO^4H^2 ; l'acide formique libre déterminant le virage au bleu un peu trop tôt : cette différence est constante.

Méthode Mac Nair. — On y oxyde l'acide formique, par un mélange de bichromate et d'acide sulfurique, en excès : on y dose l'excès d'oxydants restant par l'hyposulfite de potassium.

Méthode Host et Klein (*S. C.*, 5, 3, 1909). — On y chauffe l'acide formique, avec un excès d'acide sulfurique et, on recueille l'oxyde de carbone produit : 100 centimètres cubes de CO, à 0° et sous 760 millimètres de pression, correspondent à $0^{gr},2056$ d'acide formique.

Méthode Berthelot et Pean de Saint-Gilles. — Cette méthode permet de doser les acides formique et acétique mélangés.

Elle est basée sur la réaction suivante : le permanganate, en milieu acide, est sans action sur CO^2H^2, mais oxyde $C^2O^4H^4$; en milieu alcalin, il agit, par contre, sur CO^2H^2.

On oxyde alors le mélange d'acides, d'abord par le permanganate acide ; puis on neutralise et on rend la liqueur alcaline, ce qui permet d'agir sur l'acide formique et de le doser.

La quantité d'acide carbonique produite, dans chaque opération, indique la teneur en chaque acide.

En effet, on a dans les deux réactions qui viennent d'être exposées, l'équation suivante :

$$CO^2H^2 + O = CO^2 + H^2O,$$
$$C^2O^2H^4 + (O)^4 = (CO^2)^2 + 2H^2O.$$

Méthode Jouas. — On y traite l'acide formique, par un carbonate jusqu'à alcalinisation ; on ajoute du permanganate et, on titre, ce qui reste libre de ce dernier sel, par l'acide oxalique.

Méthode Behal. — On y traite le formiate par l'acide iodique, à l'ébullition, pendant une heure, au réfrigérant ascendant : puis, on dose l'excès d'acide iodique restant libre, par les méthodes habituelles.

Méthode Dobereiner et d'Ostwald. — Après neutralisation de la solution d'acide formique à essayer et réduction à un petit volume, on l'introduit dans un ballon à long col de 100 centimètres cubes : on y ajoute une solution exactement mesurée de chlorure mercurique ; on chauffe au bain-marie, pendant deux heures, on filtre et, on titre par l'iodure de potassium : l'indice est l'apparition d'un trouble rougeâtre.

La réaction, sur laquelle, est basée le procédé de titrage est exprimée par deux équations que voici :

$$HgCl^2 + 4KI = HgI^2, 2KI + 2KCl,$$
$$HgI^2 2KI + HgCl^2 = 2HgI^2 + 2KCl.$$

L'obtention des solutions concentrées de sublimé est facilitée par l'addition de chlorure de sodium.

Méthode Freter. — On y traite 10 à 20 centimètres cubes de solution d'acide formique, dans un ballon à réfrigérant ascendant, pendant une heure, au bain-marie, par 50 centimètres cubes d'une solution à 6 0/0 de bichromate de potasse et par 10 centimètres cubes de SO^4H^2.

L'acide chromique, non décomposé, est titré par l'iodure de potassium, avec l'amidon comme indicateur, ou bien, par l'hyposulfite.

Méthode Delehaye. — Elle est basée sur les réactions suivantes :

$$2HgO + CH^2O^2 = Hg^2O + CO^2 + H^2O,$$

1 gr. de CO^2H^2, y correspond à 9gr,4 de HgO,

ou

1 gr. de CO^2H^2, y correspond à 10gr,78 de $HgSO^4$.

La réactif est constitué par 10 grammes d'oxyde jaune de mercure, dissous dans SO^4H^2 pur, étendu de son volume d'eau, à chaud, et amené à 250 centimètre cubes avec de l'eau. Cinquante centimètres cubes de cette solution mercurique renferment, alors, 2 grammes d'oxyde de mercure.

La solution d'acide formique à titrer est employée, de façon à mettre en jeu, de 0gr,1 à 0gr,2 de CO^2H^2 pur.

Il faut noter que, 0gr,1 CO^2H^2 correspond à 0gr,94 de HgO, ou à 25 centimètres cubes de la solution mercurique dont on vient d'indiquer la composition.

La solution d'acide est placée dans une fiole conique et additionnée de la solution mercurique en léger excès : après avoir muni l'appareil d'un réfrigérant ascendant, on porte à l'ébullition, au bain-marie.

Il se dégage de l'acide carbonique et il se précipite du sulfate mercureux ; le dégagement ayant cessé, on refroidit la fiole à + 15° et on filtre.

Le volume du filtrat est mesuré et on compte une correction

de $0^{gr},2$ Hg^2SO^4, par 100 centimètres cubes de solution, correspondant à la solubilité de Hg^2SO^4, à + 150° (1 : 500).

On lave, d'abord, avec une solution saturée de sulfate de mercure, puis avec de l'eau alcoolisée, volume pour volume; on sèche à + 110° et on pèse : en multipliant le poids trouvé, par la constante 0,0927, on a le poids d'acide formique mis en œuvre.

L'acide acétique n'a aucune influence sur le titre.

LES PRODUITS D'ADDITION DE L'ACIDE FORMIQUE

L'ACIDE ORTHOFORMIQUE

On désigne, sous ce nom, un corps hypothétique analogue à l'acide orthophosphorique : en voici la formule :

$$HC \begin{cases} OH \\ OH \\ OH \end{cases} \quad \text{par analogie avec} \quad PO \begin{cases} OH \\ OH. \\ OH \end{cases}$$

A la température ordinaire, l'acide formique ne se polymérise pas pour donner naissance à de l'acide orthoformique : ce dernier en dériverait, plutôt, par fixation d'une molécule d'eau :

$$HC \begin{cases} OH \\ O \end{cases} + H^2O = HC \begin{cases} OH \\ OH. \\ OH \end{cases}$$

C'est donc un produit d'addition beaucoup plutôt qu'un produit de substition.

Si l'acide lui-même n'a pas été isolé, on en connaît, du moins, les éthers qui portent le nom d'*éthers de Kay* et que l'on dérive du chloroforme.

Si on se reporte à sa formule, l'acide orthoformique ne serait point un acide, mais bien un alcool triatomique, l'alcool triméthénylique, dérivé du méthényle ou méthine HC.

Les éthers en seraient des éthers mixtes méthényliques.

$$HC \begin{cases} OH \\ OH \\ OH \end{cases} \qquad CH \begin{cases} OC^2H^5 \\ OC^2H^5, \\ OC^2H^5 \end{cases}$$

Alcool méthénylique. Éther méthénylique-tri-éthylique.

L'action de l'éthylate de sodium sur le chloroforme, dans la réaction de Kay se passerait selon l'équation :

$$CHCl^3 + 2NaOC^2H^5 = 2NaCl + CH \begin{cases} OC^2H^5 \\ OC^2H^5. \\ OC^2H^5 \end{cases}$$

Les éthers dérivés seraient, alors, des éthers mixtes méthyléniques.

LES DÉRIVÉS SUBSTITUÉS DE L'ACIDE FORMIQUE

L'ACIDE CHLOROFORMIQUE

Selon beaucoup de chimistes, l'acide chloroformique CO^2HCl, dont l'existence théorique est indéniable, n'a pas pu, jusqu'à ce jour, être isolé.

Cependant, selon Moissan, en soumettant à l'action de l'effluve électrique, un mélange d'oxyde de carbone et d'acide chlorhydrique gazeux contenant une trace d'humidité, on obtiendrait l'acide chloroformique, selon l'équation :

$$HCl + CO + H^2O \quad = \quad CO^2HCl + H^2.$$

L'opinion de Wilderman, de Dyson et de Harden est identique à celle du savant français.

On donne, aussi, à ce corps le nom de chlorure de formyle et il serait employable dans l'aldéhydation.

Gathermann et Koch, en faisant agir, d'une façon concomitante, l'oxyde de carbone et l'acide chlorhydrique, en présence de chlorure de cuivre et de chlorure ou de bromure d'aluminium, à — 20°, ont obtenu des aldéhydes; ils ont préparé ainsi, l'aldéhyde toluidique, la benzaldéhyde. Il semble très probable que dans cette réaction, à un moment donné, le chlorure de formyl a pris naissance pour se voir détruire, presque aussitôt.

Cl réagissant directement sur CO^2H^2, ne donne pas de chlorure de formyl, mais bien, selon Clœz, des acides carbonique et chlorhydrique.

Le perchlorure de phosphore ne donne pas de résultats plus heureux.

L'acide chloroformique

$$H - \underset{\underset{O}{\|}}{C} - Cl$$

doit cependant exister, et, comme nous venons de l'exposer, il est avéré, par les produits qui en résultent, qu'il prend naissance dans la réaction de Gathermann et Koch, mais il doit être excessivement instable.

Sa formation répondrait à l'équation suivante :

$$X + HCl + CO + H = COClH + XH = XCOH + HCl,$$

$$C^6H^4\begin{matrix}\diagup CH^3 \\ \diagdown H\end{matrix} + Cl\text{-}COH = C^6H^4\begin{matrix}\diagup CH^3 \\ \diagdown COH\end{matrix} + HCl.$$

Selon von Heyden, il se forme, avec les terpènes, des éthers d'acide chloroformique.

Il se peut qu'en faisant passer dans un tube de Senderens, garni de chlorure de cuivre, de l'oxyde de carbone, des vapeurs d'acide chlorhydrique et d'essence de térébenthine, on arrive à la formation d'un chloro-formiate d'isobornyle.

L'ACIDE CHLOROFORMIQUE CHLORÉ

Ce corps n'est autre que l'oxychlorure de carbone $COCl^2$, auquel on donne, aussi, le nom de Phosphogène : c'est le seul acide substitué de CO^2H^2 que l'on connaisse bien.

Il se présente sous la forme d'un liquide incolore, jusqu'à + 8°, possédant une odeur suffocante et provoquant le larmoiement : il rougit le tournesol.

Il est soluble, dans, un à deux fois, son volume d'eau et, à la longue, il s'y détruit.

$$COCl^2 + H^2O = CO^2 + 2HCl.$$

Il se dissout, également, dans la benzine et l'acide acétique; mais il s'en dégage par l'ébullition.

Il est absorbé par la potasse, l'ammoniaque, la soude, la craie et le chlorhydrate d'ammonique.

Il est détruit par l'oxyde de zinc, par le zinc, par l'arsenic, par le potassium et par les oxydes :

$$ZnO + COCl^2 = ZnCl^2 + CO^2.$$

Le mercure est sans action sur lui.

Avec l'alcool, il donne un éther chloroxycarbonique qui se forme immédiatement, dès la mise en contact des corps.

Il est décomposé par le bicarbonate de soude humide : on obtient alors un mélange de chlorure de sodium et d'acide carbonique.

Mélangé à H et à O, il détone dans l'eudiomètre, en donnant de l'acide carbonique et de l'eau.

Agissant sur les alcools, il fournit des éthers chloroformiques chlorés, de la forme $Cl\text{-}CO^2\text{-}R$, plus connus sous le nom d'éthers chloroxycarboniques.

En réaction avec l'aniline, il donne du chlorhydrate d'aniline et de la diphénylurée.

Avec l'ammoniaque, selon Davy, Regnault, Bouchardat et Hofmann, il donne de la carbamide et du chlorhydrate d'ammoniaque.

Selon Kekulé, avec l'aldéhyde formique, il donné de la paraldéhyde; puis, suivant Eckenrolt, du chlorure d'éthylène.

Avec le glycol, il fournit du carbonate d'éthylène, d'après Nemirowski.

Avec les chlorures d'amines, il donne des chlorures amidocarbonyles substitués, d'après Gathermann et Schimdt.

Avec les diamines, il donne des urées, selon Hartmann et Lœ.

Avec le mercaptan il fournit du chlorure éthylthiocarbonique, selon Salomon, et, enfin, avec le zinc-méthyle, de la diméthylamine.

Agissant sur l'urée, l'acide chloroformique chloré donne du biuret ; l'étude de cette réaction a été faite par Schmidt qui a, aussi, examiné l'action de l'acide chloroformique chloré sur l'acétamide, l'oxamide et la benzamide.

En présence du phénol, il donne, selon Kempff, à l'état liquide, de l'aldéhyde benzoïque.

Gabl a étudié son action sur le cyanure d'argent; et Græbe, celle sur l'anthracène.

Friedel et Craft, Wildermann, Dyson et Harden, Dixon ont reconnu, qu'à l'état de gaz, en présence de chlorure d'aluminium, il attaquait les hydrocarbures.

Avec les alcools et les phénols, il donne à froid de l'éther chloroxycarbonique et de l'éther carbonique, selon les équations :

$$Cl\text{-}CO\text{-}Cl + ROH = Cl\text{-}CO\text{-}OR + HCl,$$
$$Cl\text{-}CO\text{-}Cl + 2ROH = RO\text{-}CO\text{-}OR + 2HCl.$$

Avec les alcools iodés, selon Berthelot, on n'obtient que de l'éther carbonique.

A + 400°, avec le chlorhydrate d'ammoniaque, ce corps donne du chlorure d'urée :

$$Cl\text{-}CO\text{-}Cl + NH^4Cl = 2HCl + Cl\text{-}CO\text{-}NH^2;$$

Avec l'ammoniaque, selon Bouchardat, on obtient de l'urée.

$$Cl\text{-}CO\text{-}Cl + 2NH^3 = 2HCl + NH^2\text{-}CO\text{-}NH^2.$$

A + 120°, avec les acides, il donne des chlorures d'acides :

$$CH^3\text{-}CO^2H + Cl\text{-}CO\text{-}Cl = CO^2 + HCl + CH^3 - COCl.$$

En raison de ces diverses propriétés, il a été souvent utilisé, dans les réactions synthétiques, pour la préparation des matières colorantes.

Selon Rivière, on peut en dériver l'acide chlorothiocarbonique que nous étudions plus loin.

Sa composition élémentaire est :

Carbone........................	12-13 0/0
Oxygène........................	16,67 0/0
Chlore........................	71-70 0/0

Sa chaleur de formation, à partir des éléments, est, selon Thomsen, de $55^{cal},1$, et, selon Berthelot, de $44^{cal},6$.

Selon Emmerling et Lengyl, sa densité, à 0°, est de 1,432.

Son point d'ébullition est à + 8° : au-dessous, il est liquide.

Sa densité de vapeur est de :

3,068, selon Davyl ;
3,4249, selon Thomson ;
3,505, sous 760 millimètres, selon Emmerling et Lengyl.

Son pouvoir réfringent est 3,936.

Il a été découvert par Davy, en 1812, en faisant réagir, volume pour volume, Cl et CO, sous l'action de la lumière solaire : il y a dans cette formation, contraction et diminution de moitié dans le volume.

Ce procédé d'obtention a été perfectionné par Wilm et Wischin.

On peut, aussi, le préparer, en portant le perchlorure d'antimoine, à l'ébullition, en présence d'oxyde de carbone, selon Hoffmann ; d'après Goebel, le chlorure de plomb et le chlorure d'argent donnent les mêmes résultats.

Paterno l'obtient, en faisant réagir Cl sur CO, en présence de noir animal, sous l'influence de la lumière solaire.

Dans des conditions identiques, à + 400°, Schutzemberg a observé que CO et Cl, en présence de mousse de platine, donnent aussi naissance à $COCl^2$.

On le prépare, encore, par l'action du tétrachlorure de carbone, sur l'oxyde de zinc, en vase clos, à + 200°, ou sur la pierre ponce, à + 400°, selon Schutzemberger, Prudhomme, Armstrong et Erdmann : le tétrachlorure, réagissant sur les acides sulfurique ou phosphorique, à + 200°, donne aussi $COCl^2$, suivant Gustavson.

Emmerling et Liebig l'obtiennent encore par l'action de l'acide chromique sur le chloroforme : avec ce même corps, Gautier l'a, aussi, obtenu en faisant, simplement, réagir la lumière solaire.

Emmerling et Langly présentent une réaction plus compliquée : elle consiste à faire réagir, au rouge, concomitamment, sur l'oxysulfure de carbone, le chlore et le perchlorure d'antimoine, en présence de chlorure cuivrique fondu

Cahours préconise, pour son obtention, la distillation sèche des éthers méthyliques perchlorés, oxalates formiates ou trichloracétates, ou bien encore, l'action de l'acide sulfurique sur le sulfite de chlorure de carbone, selon l'équation :

$$CCl^4SO^2 + H^2O = COCl^2 + 2HCl + SO^2.$$

Dewar et Cramston emploient, dans le même but, le chlorure de sulfuryle réagissant sur le chloroforme, suivant l'équation :

$$CHCl^3 + SO^3HCl = SO^2 + 2HCl + Cl\text{-}CO\text{-}Cl.$$

L'ACIDE THIOFORMIQUE

En présence d'acide sulfhydrique ou de corps à base de soufre, à + 200°, l'acide formique se souille d'un produit sulfuré, à odeur alliacée, cristallisable dans son sein, en aiguilles blanches ; ce corps, selon Lempricht (*A. Ch. P.*, 3, t. XLVIII, p. 117 ; *S. C.*, 1883, p. 415), est l'acide thioformique.

L'existence de cet acide a été niée par Hurst.

Il fond à + 120° ; il est soluble dans l'alcool, l'éther, les acides acétique et formique.

Il donne avec l'azotate d'argent un précipité blanc, soluble dans l'ammoniaque et dans l'alcool bouillant.

On l'obtient souvent, selon Auger (*S. C.*, t. XIX, p. 131) dans la préparation de CO^2H^2 anhydre, par action de H^2S, sur le formiate de Pb.

Selon Whœler, on l'obtient, aussi, dans le traitement de la trithioformaldéhyde.

Auger présente une autre mode de préparation de l'acide thioformique, en faisant réagir, à la température de fusion, le métathiophosphate de sodium sur l'acide formique pur.

On peut, aussi, faire réagir le sulfhydrate de sodium sur les éthers phénoliques, selon l'équation :

$$RCO\text{-}OC^6H^5 + NaHS = RCOSNa^2S + C^6H^5OH,$$

On traite, par exemple, le formiate de phényle pur par une solution de sulfure de sodium, dans l'alcool absolu ; on obtient ainsi un thioformiate que l'on isole par l'acide formique : le corps obtenu, qui est l'acide thioformique, est incristallisable et fort instable ; il se polymérise facilement, en perdant de l'hydrogène.

Selon Lempricht, à + 200°, CO^2H^2 réagit sur tous les corps contenant du soufre, comme les acides sulfureux ou sulfhydriques et donne de l'acide thioformique.

L'ACIDE BROMOFORMIQUE

C'est l'oxybromure de carbone $COBr^2$.

On le prépare, selon Schiel, en exposant, au soleil, de l'oxyde de carbone, en présence de vapeurs de brome ou, selon Emmerling, en faisant réagir l'acide chromique sur BrH^3 : on distille le produit obtenu, sur de l'antimoine.

Selon Besson, $PhBr^3$ réagissant sur $COCl^2$, à + 200°-150°, donne de l'acide bromoformique.

C'est un liquide incolore, et d'odeur suffocante.

Sa densité à, + 0°, est de 2,48.

Son point d'ébullition, selon Besson, se trouve à + 63°-66°.

C'est un excellent solvant du caoutchouc.

ACIDES FORMIQUES DIVERS

L'ACIDE FORMIQUE AMIDÉ

Si on suppose possible, la formation d'un biformiate d'ammoniaque, on en dérive, par perte d'eau, un amide particulier, à fonctions complexes, à la fois amide et acide, selon l'équation :

$$HCO^2NH^3\text{-}CO^2H^2 = H\left\langle\begin{matrix}CONH^2\\CO^2OH\end{matrix}\right. + H^2O.$$

Ce composé est l'acide formique amidé.

L'ACIDE SILICOFORMIQUE

C'est un anhydride de l'acide silicique, que l'on nomme acide silicoformique par analogie de formation ; il y a substitution d'un Si à C dans CO^2H^2.

L'ACIDE MÉTHYLNITROLIQUE OU NITROFORMIQUE

En faisant agir l'acide nitreux sur la nitrométhane, on a la réaction :

$$CH^3\text{-}AzO^2 + AzO^2H = H^2O + CH\left\langle\begin{matrix}AzO^2\\AzOH\end{matrix}\right.$$

Neutralisé par le carbonate de soude et isolé par l'éther, ce corps cristallise en prismes incolores, fusibles à + 64°, et qui, traités par l'acide sulfurique, donnent du protoxyde d'azote et de l'acide formique.

L'ACIDE CHLOROTHIOCARBONIQUE OU CHLOROTHIOFORMIQUE

Ce corps a été isolé par Rivière, il donne des éthers avec les alcools et les phénols.

Le plus remarquable est l'éther de phényle, huile insoluble dans l'eau, soluble dans les solvants organiques, bouillant vers + 101° sous 13 millimètres de mercure, et à + 225° à la pression normale, avec décomposition : sa densité est 1,285.

Par double décomposition, il peut donner un éther éthylique, bouillant à + 232°, à la pression normale, et ayant une densité, à + 15°, de 1,139.

L'ACIDE PINOYLFORMIQUE

Ce corps a été découvert par Bœyer et répond à la formule :

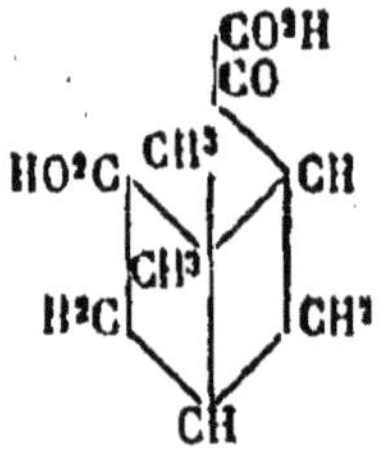

CO^2H
CO
HO^2C CH^3 CH
CH^3
H^2C CH^2
CH

Il est fusible à + 78-80°, soluble dans l'eau chaude, dans les éthers et dans l'acide acétique et peu soluble dans le chloroforme : il donne une combinaison cristallisée avec les bisulfites.

Traité par l'acide sulfurique dilué, il donne de l'acide homopinoylformique, fusible à + 126°, peu soluble dans l'eau, dans l'éther et dans le chloroforme, où il cristallise en feuillets.

L'ACIDE TRITHIOFORMIQUE

Il a été obtenu par Holmberg, en faisant réagir CO^2H^2, sur les éthyl et phényl-mercaptans : on obtient, ainsi, des éthers d'acide trithioformique qui ont été peu étudiés.

L'ACIDE HYDROQUINONEFORMIQUE

Ce corps a été isolé par Mylius (*D.Ch.G.*, t. XXXIX, p. 999).

On le prépare de la façon suivante; on chauffe, à + 230°, pendant trois ou quatre heures, 1 partie d'hydroquinone et 2 parties d'acide formique cristallisable, en tube scellé ; on obtient, à côté d'oxyde de carbone, une matière cristallisée en lamelles brillantes, décomposable par l'eau, l'alcool, les éthers, l'ammoniaque, la soude, les acides sulfurique et formique, en oxyde de carbone et en hydroquinone; elle fond, en se décomposant, à + 170°.

Ce n'est ni un éther formique, ni un composé d'addition car, en y ajoutant de l'aniline, il ne donne pas de méthyldiphénylamine.

Il semble avoir comme formule $(C^6H^6O^2)^4 CHO^2$: à + 250°, il donne un anhydride.

L'ACIDE BENZYLFORMHYDROXYLAMIQUE

Il est obtenu, en faisant réagir l'acide formique 90 0/0, sur l'α-benzylhydroxylamine

Il est susceptible d'être transformé, par la chaleur, suivant Briddle (*S. C.*, t. XXXIV, p. 283) en acide fulminique.

Il est oxydé, en présence de fer, par l'eau oxygénée, d'après Fenton et Jones (*S. C.*, t. XXXIV, p. 292).

L'acide formique donne de même, en agissant sur l'hydroxylamine, de l'acide formylhydroxylamique qui a son point de fusion vers + 80°, selon Schroeter (*S. C.*, t. XXVI, p. 31).

TABLE DES MATIÈRES

L'ACIDE FORMIQUE OU MÉTHANOIQUE

L'ÉTAT NATUREL

L'HISTORIQUE

LA CONSTITUTION ET LA STRUCTURE

LES MODES DE FORMATION

LES MODES DE PRÉPARATION

LA CONCENTRATION DE L'ACIDE FORMIQUE

L'ANHYDRIDE FORMIQUE

LES ANHYDRIDES FORMIQUES MIXTES

LES PROPRIÉTÉS CHIMIQUES DE L'ACIDE FORMIQUE

LES PROPRIÉTÉS THERMOCHIMIQUES

LES PROPRIÉTÉS PHYSIQUES

L'ANALYSE

LES PRODUITS D'ADDITION

LES PRODUITS DE SUBSTITUTION

ACIDES FORMIQUES DIVERS

FIN

TOURS. — IMPRIMERIE DESLIS FRÈRES ET Cie, 6, RUE GAMBETTA.

de la Société d'encouragement pour l'industrie nationale et de la Société industrielle de Rouen.

Tome Ier : Métalloïdes et composés métalliques. Gr. in-8° 16×25 de 750 p. 20 fr.

Introduction à la chimie. Les principales applications de la chimie. Sources bibliographiques. Législation sur les brevets d'invention, sur les établissements dangereux, incommodes ou insalubres, sur le transport des matières dangereuses ou infectes. Métalloïdes et métaux. Hydrogène. Fluor. Chlore. Brome. Iode. Oxygène et leurs composés. Eau, nature et analyse, différentes espèces, propriétés, usages et applications, purification, etc. Oxydes. Soufre, sulfures. Acide sulfurique, sulfates, etc. Azotes et composés. Nitrates. Phosphore. Arsenic. Antimoine. Bismuth. Bore. Silicium et leurs composés. Carbone. Carbonates. Composés. Cyanogène et composés.

Tome II : Composés du carbone (chimie dite organique) et métaux. Gr. in-8° 16 × 25 de LXXVIII-756 pages . . . . 20 fr.

Carbures d'hydrogène. Bismuth. Pétroles. Gaz d'éclairage. Goudron. Essences et résines. Alcools. Éthers. Oxydes. Boissons. Eaux-de-vie. Distillerie. Parfumerie. Phénols. Aldéhydes. Acides. Éthers-sels. Corps gras. Amines. Amides. Composés azoïques et hydrazines. Glucoses et glucosides. Saccharoses. Dextrines et gommes. Amidons. Celluloses. Alcaloïdes. Matières albuminoïdes. Ferments. Matières colorantes. Produits pharmaceutiques. Métaux, alliages et carbures métalliques.

Prix des 2 tomes de l'ouvrage complet pris ensemble. . . . . 35 fr.

Chimie analytique, par le Dr F.-P. Treadwell, professeur à l'Institut polytechnique de Zurich, traduit de l'allemand sur la 6e édition, par Stanislas Goscinny, chimiste. Préface de M. Georges Urbain, professeur de chimie à la Faculté des sciences de Paris.

Tome I : *Analyse qualitative.* In-8° 14 × 22 de XVI-522 pages, avec 23 figures et 3 planches spectrales. Cartonné. 9 fr.

Généralités. Réaction des métaux (cations). Métaux alcalins. Métaux alcalino-terreux. Autres métaux. Réactions de métalloïdes (anions). Marche de l'analyse. Réaction de certains métaux rares. Recherches du lithium, rubidium et cæsium en présence de potassium et de sodium.

Tome II : *Analyse quantitative.* In-8° 14 × 22, avec figures et 1 planche en couleur (*En préparation*).

Analyse chimique industrielle, par G. Lunge, professeur de chimie au Polytechnicum de Zurich, traduit par Em. Campagne, ingénieur-chimiste.

1er volume. *Industries minérales.* In-8° 16 × 25 de 650 pages, avec 105 figures. Broché, 22 fr. 50 ; cartonné. 24 fr.

Analyse des argiles. Essai de produits céramiques. Sels d'alumine. Industrie des mortiers. Verre. Industrie du goudron de houille. Fabrication du gaz. Ammoniaque. Dérivés du cyanogène. Carbure de calcium et acétylène. Fabrication des allumettes. Explosifs. Couleurs minérales.

2e volume. *Industries organiques.* In-8° 16 × 25 de 904 pages, avec 118 figures. Broché, 27 fr. 50 ; cartonné . . . . 29 fr.

Huiles minérales. Huiles, graisses et cires. Méthodes spéciales de l'industrie des corps gras. Caoutchouc. Huiles essentielles. Industrie du sucre. Amidon. Essai des matières tannantes. Papier. Encres. Industrie de l'acide tartrique. Fabrication de l'acide citrique. Matières colorantes organiques. Matières colorantes naturelles.

L'appareillage mécanique des industries chimiques. Adaptation française de l'ouvrage allemand de A. Parnicke : *Die maschinellen Hilfsmittel der chemischen Technik,* par Em. Campagne, ingénieur-chimiste. In-8° 16 × 25 de 362 pages, avec 208 figures. Broché, 12 fr. 50 ; cartonné. . . . . 14 fr.

TOURS. — IMPRIMERIE DESLIS FRÈRES ET Cie, 6, RUE GAMBETTA.

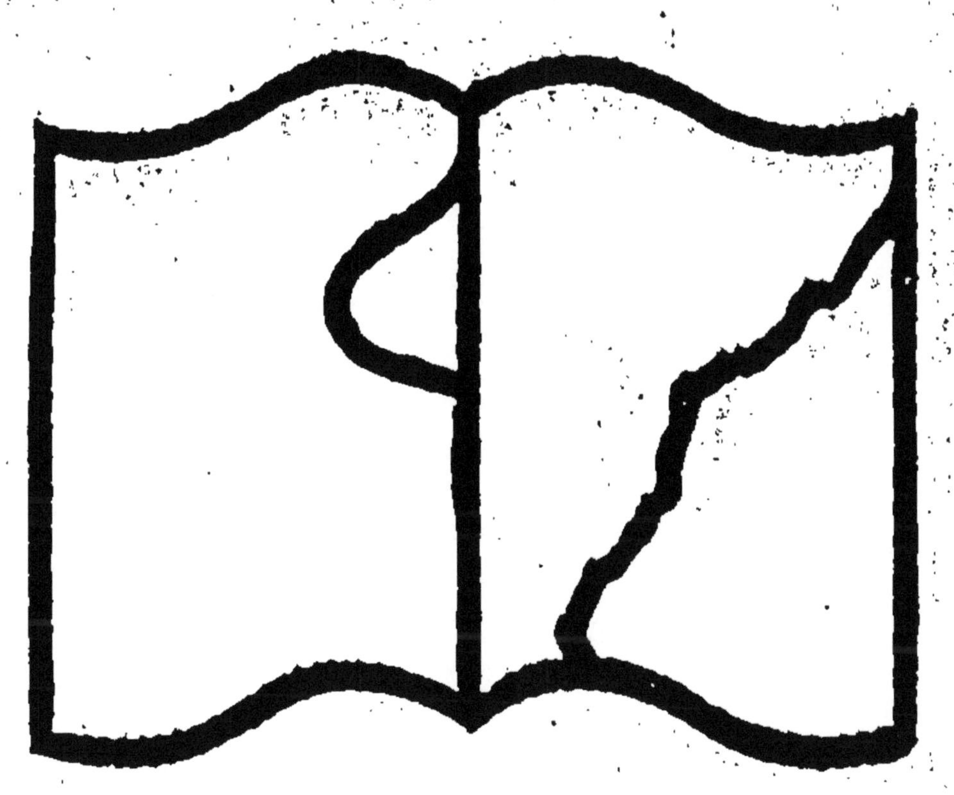

www.ingramcontent.com/pod-product-compliance
Ingram Content Group UK Ltd.
Pitfield, Milton Keynes, MK11 3LW, UK
UKHW021845190726
13855UKWH00001B/153